ゲームから学ぶ AI

環境シミュレータ×深層強化学習で広がる世界

Nishida Keisuke
西田圭介
［著］

技術評論社

本書について

本書は「DeepMindが発表した論文」を中心として、現代的な「AI」（人工知能）がどのように作られているのかを解説します。テーマは「ゲームをプレイするAI」です。おもに「深層強化学習」の技術を取り上げます。

2016年に発表された「囲碁AI」である「AlphaGo」が世界チャンピオンに勝利したことは広くニュースにも取り上げられ、現在のAIブームのきっかけともなりました。

AlphaGoの根幹となる「深層強化学習」は、いま世の中で広く使われている「深層学習」（ディープラーニング）をゲームの世界に応用した技術です。深層強化学習には「高性能なシミュレータ」が必要であり、ゲームのような架空の世界を舞台として最先端の研究が進められています。

本書に登場する数々の技術は、まだまだ発展途上の分野であり、読者の大半にとっては実社会ですぐに役立つものではないかもしれません。それでも本書を執筆したのは、この分野が「真に知的なAI」を目指して世界中の研究者が取り組むエキサイティングな学術分野だからです。

筆者自身が一人のエンジニアとして、現代の「AI」と呼ばれるものが「具体的に何をしているのか」を知りたいと考えています。よく「AIが人を超えた」とか「人の仕事がなくなる」とか言われていますが、実際のところAIは何をやっているのでしょうか。

本書では2015～2020年の論文を中心として、「世界最先端のAI研究所」の一つであるDeepMindが発表してきた成果を順に見ていきます。専門家でなくともわかるように、なるべく平易な言葉で技術解説に努めます。

背景　歴史を知らなければ最先端のAIは理解できない

2016年にAlphaGoを開発したDeepMindは、「囲碁の次のターゲット」として「リアルタイムストラテジーゲーム」である「StarCraft II」の攻略を宣言しました。そして、2019年には「AlphaStar」を発表し、世界トップクラスの強さを実現しました。

AlphaStarが人間に勝利し、そのしくみが論文として発表されたことは多くのブログなどでも取り上げられましたが、その技術的な詳細はあまり知られていません。

筆者がAlphaStarの論文を読んだとき、書かれてあることがまるでわからないことに愕然としました。よくよく調べてみるうちに、筆者には「前提となる予備知識」が根本的に足りないのだとわかりました。AlphaStarに至るまでには数多くの先行研究があり、それらを理解しないまま「AlphaStarだけを理解しようとしても無理」だったということです。

深層強化学習の歴史を遡ると、2013年に発表された「DQN」に辿り着きます。本書ではそれ以降に発表された数々の論文を読み解くことで、最新のAIを理解するのに必要な予備知識を身につけます。

■―――本書の目的　汎用AIの現状を知る

「囲碁」や「StarCraft II」を攻略することは、AI研究のゴールではありません。DeepMindが取り組んでいるのは、「汎用AI」(AGI)とも呼ばれる汎用的なAIの研究です。

汎用AIの実現には、まだまだ時間が掛かると言われています。DeepMindはその実現を目指す数少ない研究機関の一つであり、その論文には「研究の現状」、ひいては「将来のAIの姿」が示されていると考えます。

本書は教科書ではないので、現代のAIの技術を網羅的に解説することはしていません。本書の目的は、これまでに発表されてきた論文を通して、「いま技術的に何ができて、何が難しいのか」を理解することです。そしてその先に、DeepMindが実現を目指す汎用AIの姿が見えてくるのではないでしょうか。

本書では論文解説をその中心に据えていますが、それ以外の「小ネタ」もコラムという形で多数取り上げています。おもに3〜6章で論文には直接的に書かれていない話題は、すべてコラムとして区別できるようにしました。なかでも大きなテーマの一つとして、「人間の脳とAI」を比較することで、AIの技術がどれだけ脳と似ているのか、あるいは異なるのかを見比べながら、「知能」とは何なのかを考えていきます。

■——想定読者と予備知識 高校2年生以上

本書は技術書として、「AIのしくみ」を知りたいと思う人に向けて執筆しています。読み物として読み進められるのは1章だけであり、それ以降は技術解説が続きます。章が進むにつれて難易度が上がります。

なるべく数式は使わないようにしており、四則演算よりも複雑な計算式はほとんど登場しません。とはいえ、ベクトル(2022年施行の学習指導要領からは数学Cへ移行)や確率分布などの概念を知らないと、さすがに理解は難しいかもしれません。高校2年生で習う数学Bくらいの予備知識はあるものとします。

一方、プログラミングの知識は必要ありません。機械学習や深層学習の知識はあると助けになりますが、最低限の用語は2章でも解説してあります。

■——本書の構成

1章では、「ゲームAIの歴史」を説明します。「チェスプログラム」に始まったゲームAIの研究は、2016年の「AlphaGo」によって人類を超えるレベルに到達し、今もなおゲームを題材として多数の研究が進められています。

2章では「機械学習の基礎知識」として、3章以降を読み進めるのに必要となる基本的な用語を解説します。用語解説が続くので、すでに知識のある人は読み飛ばしてしまっても問題ありません。

3章では、「囲碁」を中心とするボードゲームのAIについて説明します。世界ではじめて世界チャンピオンに勝利した囲碁AIである「AlphaGo」をはじめとして、世界最強の将棋AIとなった「AlphaZero」などのゲームAIを順に取り上げます。

4章では、「Atari 2600」をプレイするAIについて説明します。2013年に登場し、「深層強化学習」の先駆けとなった「DQN」をはじめとして、全部で57個ものゲームをプレイする「Agent57」へと至る約8年の歴史を説明します。

5章では、「StarCraft II」をプレイするAIについて説明します。AlphaStarは本書に登場するAIの中でも最も複雑であり、現代的なゲームAIの設計を理解する上で多くの示唆を与えてくれます。

6章では少し趣向を変えて、「Minecraft」をプレイするAIをいくつか取り上げます。6章のAIはDeepMindが開発したものではなく、最先端のテクノロジーというわけでもありません。Minecraftをプレイするのは現代のAIにとってもまだ難しく、今の技術には足りないものを強く感じさせられます。

6章の最後では「今後の展望」として、これからのAI研究に使われそうなゲームをいくつか取り上げています。DeepMindが発表した「XLand」や、Facebook AI Researchが発表した「NLE」など、次の時代を感じさせられる新しいゲーム環境が次々と登場しています。

……………………………………………

現代のAIは「汎用性」という意味では、まだ人間には遠く及びません。本書を読み終えて、「いまだにこんなことしかできないのか」と感じる人もいるかもしれません。

とはいえ、一つ一つの技術を積み上げた先に、次の時代のAIが来ることもたしかです。本書がこれまでの5年間を振り返り、次の5年に備える助けとなれば幸いです。

2022年7月　著者

本書の補足情報

本書の補足情報は、以下から辿(たど)れます。

URL https://gihyo.jp/book/2022/978-4-297-12972-9

目次●ゲームから学ぶAI ——環境シミュレータ×深層強化学習で広がる世界

1章 ゲームAIの歴史

6章 Minecraftを学ぶAI Malmo、MineRL、今後の展望

Column

Note

TIP

ゲームから学ぶAI
環境シミュレータ×深層強化学習で広がる世界

1章

ゲームAIの歴史

ボードゲーム、汎用ビデオゲーム、深層強化学習、RTS

本章では、AI研究にどのようなゲームが利用されてきたのかについて、歴史を追いながら順に取り上げます。あまり技術の詳細には立ち入らずに、「なぜそうした研究がされたのか」「その成果が世の中にどう受け止められてきたのか」を見ていきます。

1.1節では、チェスや将棋、囲碁などのボードゲームをプレイするAIの歴史を説明します。

1.2節では、近年の「深層強化学習」の興隆のきっかけとなった「DQN」と、その研究に使われてきたAtari 2600について説明します。

1.3節では、2016年に相次いで発表された「Malmo」「OpenAI Gym」「DeepMind Lab」などのゲーム環境について説明します。

1.4節では、2017年に発表された「StarCraft II」「Dota 2」などのリアルタイムストラテジーゲームをプレイするAIについて説明します。

図1.A チェス専用のコンピュータ「Deep Blue」

画像提供　日本IBM
1997年、Deep Blueはチェスの世界チャンピオンであるGarry Kasparovに勝利した。Deep BlueはIBMのスーパーコンピュータをベースとして、2つのタワー型コンピュータと30個のプロセッサから構成された。チェスをプレイするために480個のチェス専用チップが組み込まれ、毎秒2億通りの手を評価することができた。

1.1 ボードゲームとゲームAI
チェス、将棋、囲碁

本節では、囲碁AIが世界チャンピオンに勝利するまでの歴史を時間に沿って説明します。

チェスをプレイするAI

人工知能（*artificial intelligence*、**AI**）とゲームの関係は古く、コンピュータが誕生して間もない頃からゲームを題材としたアルゴリズムの研究が続けられてきました。世界で最初の電子計算機は1945年に開発された「ENIAC（エニアック）」だといわれていますが、その数年後にはチェスをプレイするコンピュータプログラムが提案され、1951年には実際に動くものが開発されています*1。

世の中に「人工知能」という学術分野が誕生したのは、1956年の「ダートマス会議」（*The Dartmouth Summer Research Project on Artificial Intelligence*）だといわれているので、それよりも前からゲームは研究の題材であったわけです。とはいえ、初期のコンピュータは今と比べてあまりにも非力であり、人間を上回るほどのゲームAIが誕生するまでには計算能力の大幅な向上を待つ必要がありました 表1.1 。

表1.1 ボードゲームとゲームAIの歴史（2018年まで）

年	出来事
1951	世界で最初のチェスプログラムが開発される
1997	チェスAI「Deep Blue」が世界チャンピオンに勝利
2013	将棋AI「Ponanza」がプロ棋士に平手で勝利
2016	囲碁AI「AlphaGo」が世界チャンピオンに勝利
2018	AlphaZeroがチェス、将棋、囲碁で最強のAIに

■――［1997年］AIが世界チャンピオンに勝利した

「チェスをプレイするAI」としてはじめて人類の世界チャンピオンに勝利したのは、1997年にIBMが開発した「Deep Blue」だといわれています。Deep Blueはチェスのために開発されたスーパーコンピュータであり、毎秒2億通りもの手を先読みするように作られていました。

*1 URL https://en.wikipedia.org/wiki/Turochamp

Deep Blueは、内部にチェスの「オープニング」*2の巨大なデータベースを持ち、あらかじめ決められたとおりに序盤の手を決定します。当時のAIはまだそれほど賢くはなく、オープニングを作成したのは人間であり、Deep Blue自身が何かを考えているわけではありませんでした。

■——探索と評価関数

チェスの中盤では、考えられる多数の手からどれが有利であるかを**探索**(*search*)することで決定します。このとき重要なのが、**評価関数**(*evaluation function*)と呼ばれるしくみです。

図1.1 は三目並べの例ですが、Ⓐの時点で○のプレイヤーが打つことのできる手は5通りあります。しかし、もしⒷ以外の手を打つと × の勝利が決まるので、Ⓒのような手は打ってはいけないことがわかります。

図1.1 次の手を探索する

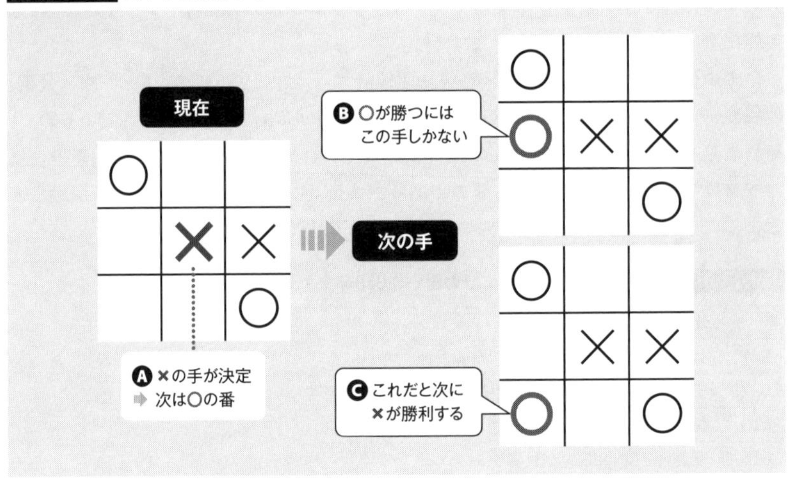

Ⓒの手が悪いとわかるのは、その次の手、つまり「二手先の未来」を先読みしているからです。このようにして未来を予測するのは、三目並べのような単純なゲームであれば簡単ですが、チェスのような複雑なゲームでは考えられるすべての未来を先読みすることはできません。

そのため、次の手が良いのか悪いのかを「数値的に評価する」ことを考えます。たとえば「×が2つ並んで、その隣が空いているのは危険」という知識があれば、そのような状況に対してマイナスの評価を与えられます。

*2 ゲーム序盤の最善とされる駒の動かし方のこと。将棋でいう定跡(じょうせき)のようなもの。

「どのような場面が有利」(あるいは不利)であるかを判断するために多数のルールを用意して、それに従ってあらゆる手を評価するのが「評価関数」です。そうして評価関数を使いつつ、「自分に有利な手を探索する」のが当時のチェスAIでした。

[2000年代]市販のコンピュータが人間を超えた

コンピュータの性能向上はその後も続き、2000年代の終わりには市販のコンピュータで動くチェスAIが人間のトッププレイヤーを超える強さになりました。もっとも、その間「探索と評価関数」を用いるチェスAIのしくみは変わっておらず、「いかに効率良く探索し多くの手を評価できるか」が勝負を決める時代が続きました。

Column

ゲームの中のAI、ゲームをプレイするAI

本書ではこれから**ゲームAI**(*game AI*)の技術を見ていきますが、一つ注意点として「ゲームAI」という言葉は大きく異なる二つの意味で使われています 図C1.A 。

まず一つは「ゲームの中に組み込まれたAI」という意味があります。人間のプレイヤーの対戦相手として登場したり、あるいはゲーム中に登場するNPC(*Non-player character*)の制御に使われたりします。本書では、これを「ゲームの中のAI」(*AI in gaming*)と呼びます。

もう一つは「ゲームを題材としたAI研究」としての意味です。この場合、人間と同じようにAIにゲームをやらせることを考えます。本書では、これを「ゲームをプレイするAI」(*game playing AI*)と呼びます。

これら二つは完全に別物というわけではなく、たとえば同じ「将棋AI」であっても、研究テーマとして扱っているうちは「ゲームをプレイするAI」であり、それが市販の将棋ソフトに組み込まれて販売されれば「ゲームの中のAI」となります。

とはいえ、両者のAIは技術的に大きく異なる傾向があり、本書でいう「ゲームAI」は原則として「ゲームをプレイするAI」のことを意味します。

図C1.A 「ゲームAI」の二つの意味

将棋をプレイするAI

2010年頃になると、チェスよりも複雑なボードゲームである「将棋」をプレイするAIが話題になることが増えました。2011年から2017年にかけて開催された「将棋電王戦」では、将棋AIの強さが日本のプロ棋士を超えたことがニュースとなりました。

当時の将棋AIも、「探索と評価関数」を用いて次の手を決めるという点ではチェスAIと変わりありません。ただ、将棋はチェスと比べると選べる手の数が多く、それだけ探索にも時間がかかるため、強いAIを作るのが難しいとされてきました。

[2006年]Bonanza 過去の棋譜データから学習する

ボードゲームにおいてAIの強さを決めるのは、「効率の良い探索」と「質の良い評価関数」を作ることです。コンピュータの高速化によって探索は速くなりましたが、評価関数は人の手で細かくチューニングされることが多く、それによってAIごとの特徴や強さが決まっていました。

評価関数の作り方が変わったのは、2006年の第16回「世界コンピュータ将棋選手権」(*World Computer Shogi Championship*、WCSC)で優勝した「Bonanza」からです。それまでの将棋AIとは違って、Bonanzaでは「機械学習」(2章で後述)の技術を使って、既存の棋譜データから評価関数を機械的に作るようになりました。

2009年にBonanzaのソースコードが公開されると、2010年には上位の将棋AIのすべてが機械学習を使い始めました。評価関数を手作りする時代は終わり、「大量のデータから学習する時代」へと変わったわけです **図1.2** 。

図1.2 将棋AIの歴史

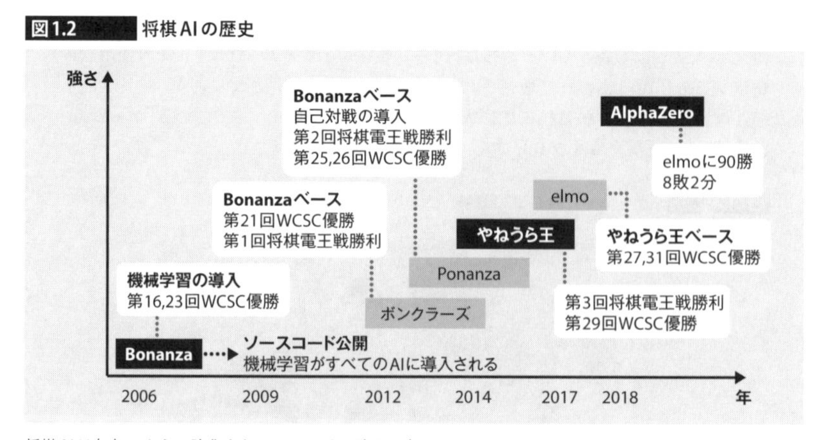

将棋AIは毎年のように強化されており、その強さは年によって異なる。

[2013年]Ponanza 自己対戦を繰り返して強くなる

2013年になると、Bonanzaを参考にした将棋AI「Ponanza」が佐藤慎一四段（当時）を破り、将棋AIの強さがついにプロ棋士のレベルに達しました。

Ponanzaも機械学習で評価関数を作るのは同じですが、Bonanzaがインターネットから入手した棋譜データを使っていたのに対して、PonanzaはAI同士の**自己対戦**（*self-play*）を繰り返し、そのデータを使ってさらに強くなるように設計されていました。

この頃から将棋AIは、「対戦すればするほど強くなる」というAIらしい特徴を手に入れます。その一方で、機械学習のために膨大な計算リソースを必要とするようになります。2014年の時点でPonanzaは「200を超えるCPUコア」を使って自己対戦を繰り返しており、事前の計算量が強さを決めるような時代へと入っていきます[*3]。

[2018年]AlphaZero 人間の領域を超えた世界へ

その後もプロ棋士に対して連勝を重ね、2015年と2016年のWCSCでは第1位に輝いたPonanzaでしたが、2017年には新たな将棋AI「elmo」に敗北しています。elmoも自己対戦により強くなるAIですが、学習方法を工夫することでさらなる強さを手にしました[*4]。

---

*3 「プロ棋士に連勝！将棋ソフト「Ponanza」はなぜここまで強いのか」（TECH.ASCII.jp、2016）
URL https://ascii.jp/elem/000/001/171/1171630/

*4 瀧澤誠、伊藤毅志「進化し続けるコンピュータ将棋：2. elmoの開発と技術 - 第27回世界コンピュータ将棋選手権優勝プログラムインタビューから」（情報処理、2018）
URL http://id.nii.ac.jp/1001/00185243/

Column

人工知能は「知能」なのか？

Deep Blueは大雑把にいうと、「人間が用意したルールに従って多数の手を評価し、その中から最も有利な手を選ぶ」というコンピュータです。ある意味、力技のような手法ですが、それでも世界チャンピオンに勝利できるくらいにコンピュータの計算能力が進歩したということです。

一方、そのようなコンピュータを「人工知能」と呼ぶことに違和感を感じる人もいるかもしれません。よくいわれることですが、賢いのは「コンピュータを作り上げた人」であり、コンピュータ自身が賢くなったわけではありません。

そもそも「知能とは何か」という問いに対する答えは、専門家であっても意見の分かれるところです[*a]。ゲームAIは人工知能を研究する過程で作られてきた成果物ではありますが、それがどこまで知的であるといえるのか、本書では各AIの実装を見ながら考えていきます。

*a S. Legg and M. Hutter「A Collection of Definitions of Intelligence」（arXiv, 2007）
URL https://arxiv.org/abs/0706.3639

そして、そのelmoも、2018年には後述する「AlphaZero」に90対8の大差で敗北しています。もはや将棋AIの強さは、人間には太刀打ちできない領域に達したといわれており、「人間のプロ棋士が将棋AIを使って研究する時代」へと変わってきています*5。

Note

コンピュータ将棋と将棋AI

「コンピュータに将棋をプレイさせる」ことを学術的には「コンピュータ将棋」と呼びます。「将棋AI」という呼称が一般に使われるようになったのは2016年頃からですが、本書では「将棋AI」という呼び方で統一します。

囲碁をプレイするAI

チェスと将棋に続いて研究の対象になったのが「囲碁」です。囲碁は他のボードゲームと比べると手の数が桁違いに多く、従来と同じようなやり方では、コンピュータがどれほど高速化しようとも最適な手は見つけられないといわれていました。

人間が次の行動を決めるときには、「可能なすべての行動」を検討しているわけではなく、過去の経験に従って直感的に良さそうな手を選びます。囲碁をうまくプレイするには、同じように「直感的に良さそうな手を選ぶ」ことができなければなりません。

再び、三目並べの例に戻って考えます。図1.3❶の場面で◯のプレイヤーが打つことのできる手は5通りありますが、人は直感的に図1.3❷を選択し、他の手は考えることもしないはずです。これと同じことを、コンピュータにやらせるにはどうすれば良いのでしょうか。

図1.3 人は直感的に次の手を見つけられる

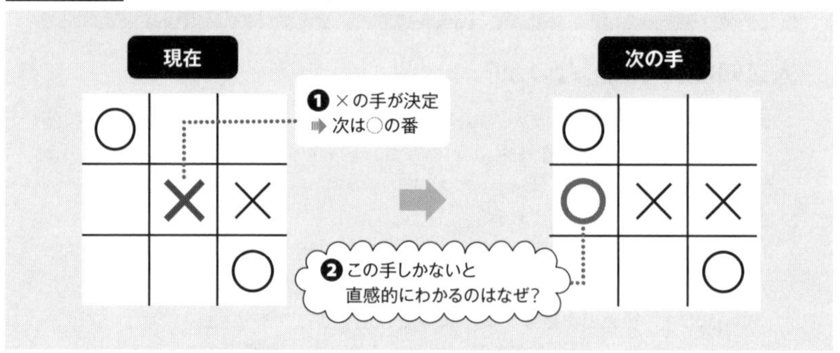

[2016年]AlphaGo 過去の経験から勝てそうな手を選ぶ

2016年に発表された囲碁AIである「AlphaGo」(3章)は、まだまだ難しいと考えら

*5 「羽生善治九段に聞く、AIの将棋界への影響と人間が使いこなす方法」(ダイヤモンド・オンライン、2020) URL https://diamond.jp/articles/-/239270

れてきた囲碁において、AIが世界チャンピオンに勝利したことで大きなニュースとなりました。

AlphaGoも「探索と評価関数」で次の手を決めるのは、従来のAIと変わりありません。ただし、評価関数だけでなく「探索にも機械学習を取り入れる」ことで、次の手を効率良く絞り込めるようになりました。

先の三目並べであれば、図1.3❷の手を指さずに負けるという経験を何度も重ねるうちに、負けそうな手が候補に上がることはなくなり、次からは勝ちにつながる手だけが選ばれるようになります。なぜ図1.3❷が良いかという理屈は知らずとも、「過去の経験」としてどうだったかという膨大な積み上げさえあれば、「自分が勝ちそうな手」は選べるということです。

■―― 膨大な計算リソースを活用する

とはいえ、世界チャンピオンに勝てるほどの膨大な経験を積み上げるのは簡単ではありません。AlphaGoは、探索と評価関数の両方を機械学習だけで作り上げており、何度も自己対戦を繰り返すことで強くなっています。

AlphaGoにどのくらいの開発費が投じられたのかは公表されていませんが、AlphaGoの改良版である「AlphaGo Zero」(3章)では、自己対戦のために3500万ドル(約38億円 *6)が費やされたと試算されています *7。

AlphaGoの開発元であり、AIを専門とするイギリスの研究所「DeepMind」は、2014年にGoogleに5億ドル(約550億円)で買収され、それから毎年数百億円もの研究開発費をAIのために投じています。

---

*6 1ドル=110円として計算(以下同)。
*7 「How much did AlphaGo Zero cost?」 URL https://www.yuzeh.com/data/agz-cost.html

Column

従来型AIと深層学習AI

ゲームAIは「深層学習」(2章)の発展によって、2016年頃を境に大きく変化しました。それまでのAIでは、「ゲームをプレイする手順」(ルール)を人間が細かく記述してやることも多かったのですが、新しいAIは「大量のデータ処理」によって自らゲームを学習するようになりました。

本書では、以前のAIを「従来型AI」、新しいAIを「深層学習AI」と呼び、おもに後者の深層学習AIについて説明します。3章で解説するAlphaZeroも深層学習AIの一つです。

ただし、一般にゲームAIと呼ばれるものがみな深層学習AIかというと、そんなことはありません。深層学習AIは膨大な計算を必要とするため、市販のゲームに組み込まれた「ゲームの中のAI」などは今でも従来型AIであることが多いようです。

現代のAI研究は、機械学習のために膨大な計算リソースを費やすことで成り立っており、大量のコンピュータを保有する企業がリソースを貸し出すことで最先端の研究が行われる時代になりました。

■――[2018年]AlphaZero　チェス、将棋、囲碁の3つで最強のAIに

2018年に発表された「AlphaZero」は、AlphaGoを改良することで「チェス」「将棋」「囲碁」の3つのボードゲームで世界最強のAIとなりました。

AlphaZeroの特徴は、各ゲームに固有の定跡のような「人類が積み上げてきた知識」には一切頼らずに、その名が示すように「ゼロからの機械学習」だけで3つのゲームをマスターしたことです。人の知識に頼るのをやめたことで、これまで人には発見できなかった新たな戦法を見つけ出したともいわれています。

当時最強だった将棋AI「elmo」をAlphaZeroが大差で破ったことに対して、羽生善治九段が次のようにコメントしています。

> 王を中段に動かすなど、いくつかの手は将棋のセオリーに反しており、人間的な観点からすると、自らを危地に置いているように見える。しかし、信じられないことに、それが場を支配し続ける。この独創的なプレイスタイルは、将棋というゲームにまだ新しい可能性があることを教えてくれる。
>
> ――「AlphaZero: Shedding new light on chess, shogi, and Go」より。日本語訳は筆者。
> URL https://deepmind.com/blog/article/alphazero-shedding-new-light-grand-games-chess-shogi-and-go

こうしたAlphaZeroの成果を受けて、ついに「AIが創造性を持つようになった」と盛んに報じられました。では実際のところ、今のAIはどのくらい創造的であり、そしてどのくらい知的なのでしょうか。3章ではAlphaZeroの実装を見ることで、その可能性と限界について考えます。

Column

汎用AI　AGI

GoogleやDeepMindが巨額の費用をかけてまでゲームAIを開発するのは、なにも最強の囲碁ソフトを作りたいからではなく、その過程で得られた知見や技術を活用して、より汎用的なAIを実現することにあります。

いま作られているほとんどのAIは、何か特定の問題しか解決できない「特化AI」であるといわれています。それに対して、世の中のさまざまな問題を解決できるようなAIのことを**汎用AI**（*artificial general intelligence*、**AGI**）と呼びます。

DeepMindが最終的に目指しているのは汎用AIの開発であり、本書で取り上げるゲームAIはどれもその過程で作られてきた基礎的な成果物です。汎用AIの実現にはまだまだ時間がかかるため、少しでもできることを増やしていくために、ゲームを題材として基礎研究を進めているのが現状です。

1.2 汎用ビデオゲームプレイ ALE、Atari-57

本節では、2013年以降の深層強化学習の興隆のきっかけとなった「汎用ビデオゲームプレイ」という研究分野と、そこで使われるゲームについて説明します。

ビデオゲームをプレイするAI

ボードゲームを使ったAIでは、どうしても勝負に勝つことが最大の目的となるので、「知的なコンピュータを作成する」というAI本来のテーマが薄れてしまいます。

より複雑で多様な問題に対処するために、選ばれた題材の一つが**ビデオゲーム**(*video game*、テレビゲーム)です。ビデオゲームの多くは人間の知的能力を試すように作られており、何度も練習して少しずつ上達するような性質があります。

もしAIが人間と同じようにゲームをプレイして、経験から学習して上達するようになれば、それは知的なコンピュータであるといえるかもしれません。このようなAIの研究分野を**汎用ゲームプレイ**(*general game playing*)、あるいは**汎用ビデオゲームプレイ**(*general video game playing*)と呼びます。

Note

汎用ゲームプレイ

ここでいう「汎用」(*general*)とは「不特定多数」の意味であり、何か特定のゲームをプレイするのではなく、人間と同じように任意のゲームを学習できるようなAIの開発を目的としています。

[2013年]DQN　Atari 2600によるAI研究

汎用ビデオゲームプレイでよく題材となるのが「Atari 2600」です。Atari 2600 図1.4は、1977年に米国で発売された家庭用ゲーム機で、カートリッジを交換することで多数のゲームを遊べます。

このAtari 2600のゲームをプレイするAIとして開発されたのが、2013年にDeepMindが発表し、2015年に『Nature』に掲載された「DQN」(4章)です。DQNは人が一切ルールを教えなくても、Atari 2600のゲームを何度も繰り返しプレイすることで「自らゲームのやり方を学習するAI」として、当時大きなニュースとなりました。

図1.4 Atari 2600（4スイッチVCSモデル）

URL https://en.wikipedia.org/wiki/Atari_2600

■——［2015年］TensorFlow　深層強化学習の時代

DQNが画期的だったのは、当時普及が始まっていた**深層学習**（*deep learning*、**ディープラーニング**）を活用することで、人がルールを記述する従来型AIとはまったく異なる方法でゲームAIを実現したことです。

DQNは従来から活用されてきた**強化学習**（*reinforcement learning*）の技術に深層学習を組み合わせて、**深層強化学習**（*deep reinforcement learning*）という新しい学術分野を世に広める先駆けとなりました。

2015年になると、深層学習のライブラリとして有名な「TensorFlow」がリリースされ、深層強化学習を使ったゲームAIの研究が急速に広がりました。

ALE　Atari 2600のための学習環境

少し時間を遡って、「Atari 2600」がAI研究に使われるようになった背景を説明します。Atari 2600は今となっては古典的なゲーム機ですが、それだけに必要とされるCPUやメモリも少なく、研究目的での利用に適しています。

実際の研究では、ゲーム機本体は使わずに「Stella」というオープンソースのエミュレータを利用します 図1.5 。このStellaを使ってゲームAIを動かすためのライブラリ「Arcade Learning Environment」（ALE）が2012年に発表され、汎用ビデオゲームプレイに広く用いられるようになりました。

Column

論文の発表時期

AI研究の分野では、多くの論文は最初に非営利の論文共有サイト「arXiv」に投稿され、その後、査読を経て学術誌などに正式に掲載されます。査読には時間がかかるので「最初の発表年」と「正式に掲載された年」が異なるときもあります。

本書で取り上げる論文のいくつかはarXivに投稿されたものを参照しており、公的に認められた発表年とは異なる場合があるので注意が必要です。

図1.5 Stellaから実行されるゲームの画面

URL https://stella-emu.github.io

■―― 50以上のAtari 2600ゲームに対応

ALEの役割は、Stellaを使ったゲームの起動や終了などをコンピュータプログラムから制御しやすくすることです。ゲーム画面を取り込んでAIプログラムへと渡したり、あるいは逆にAIプログラムの出力をジョイスティック入力としてStellaに渡したりしてくれます。

ALEは、インベーダーゲームやブロック崩しなどの50以上のゲームに対応しています。単に画面をそのまま転送するだけではなく、ゲームごとのスコアを数値に変換して渡してくれるなど、ゲームAIを開発する上で有用な機能を提供してくれます。

Column

ゲームの著作権は切れていない

StellaやALEはオープンソースですが、その上で実行される「ゲームROM」は各ゲームの開発元が著作権を保持しています。

本書原稿執筆時点で米国で発売されたゲームの著作権は少なくとも70年間は保護されるため、パブリックドメインになっているものはありません。ただし、米国でソフトウェアの著作権が認められたのは1980年のことなので、それ以前に発売されたゲームには著作権の概念がありません。このあたりの扱いはグレーなので、ゲームROMの取り扱いには注意が必要です。

■ 汎用的なゲームAIの開発を目指して　ドメイン知識をなくす

汎用ビデオゲームプレイで主眼となるのは「汎用的なゲームAI」の開発です。つまり、性質の異なるゲームの遊び方を経験から学ぶようなAIです。

どれか一つのゲームをプレイするだけなら、そのゲームに特化したプログラムを書けば済む話です。たとえば、インベーダーゲームなら、敵を攻撃したり回避したりするプログラムを書くのはそう難しくはないでしょう。しかし、それを人が書いている限りは知的なゲームAIとはいえません。

Column

深層強化学習の歴史的なつながり

図C1.B は、2020年に東京大学で開催された「深層強化学習サマースクール講義資料」から抜粋したものです。DQNの登場を境にして、非常に多くの手法が発表されてきたことを示しています。

これらの手法の多くは歴史的につながりがあり、その背景を知ると理解の大きな助けになるでしょう。DQNに始まったAtari-57のAI研究は、2020年の「Agent57」(4章)に至ってようやく人間を上回るスコアを達成しています。

図C1.B　強化学習の基礎と深層強化学習

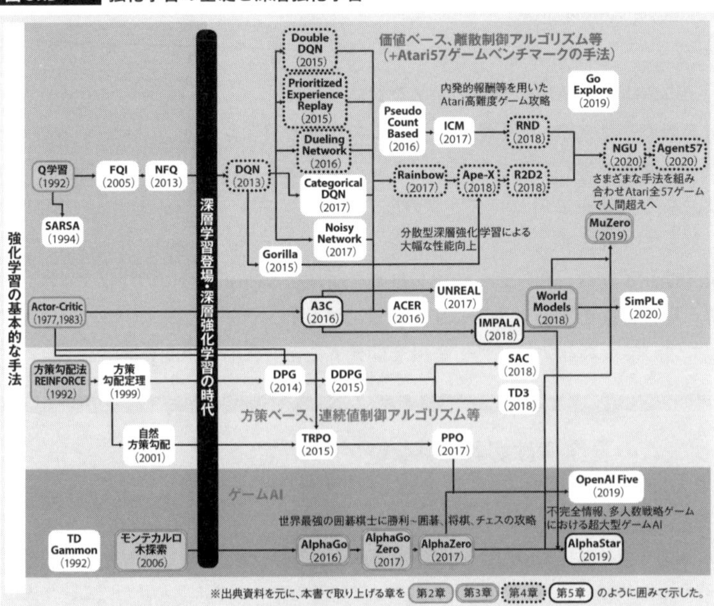

出典　今井翔太「強化学習の基礎と深層強化学習」(東京大学松尾研究室深層強化学習サマースクール講義資料、2020)
上記を元に、本書で取り上げる技術を凡例のように示した。

一般に、ある領域に特化した知識を**ドメイン知識**（*domain knowledge*）と呼びます。特定のゲームにしか通用しないようなドメイン知識は一切使わずに、どんなゲームにでも使える「汎用性の高い手法」だけを使ってAIを開発するのが汎用ビデオゲームプレイの目指すところです。

Atari-57ベンチマーク

Atari 2600が汎用ビデオゲームプレイのために使われるのは、性質の異なる多数のゲームがあるからです。**図1.6** を見てもわかるように、一つの画面の中だけで敵と戦うものもあれば、複数画面から成るダンジョンを冒険するようなゲームもあります。

図1.6　Atari 2600のゲームの例

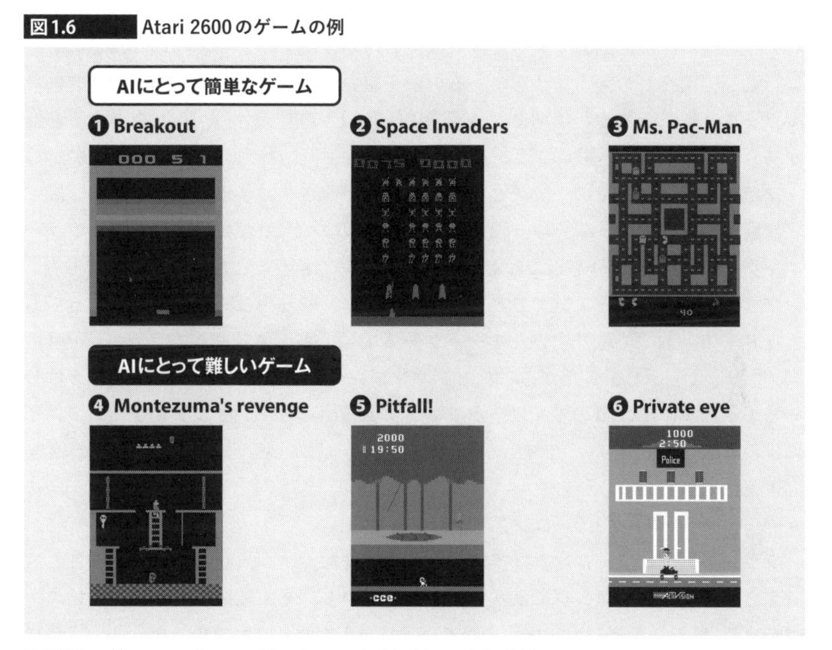

URL https://www.gymlibrary.ml/environments/atari/complete_list/

実際のAI研究では、ALEから57個のゲームが選ばれて性能比較に用いられます。これは「Atari-57ベンチマーク」（以下、Atari-57）と呼ばれ、AIの進歩を測る指標となっています。

■――― AIにとって簡単なゲーム、難しいゲーム

人間にとっては簡単なことでも、現在のAIには難しいことがたくさんあります。単に正確な動きが求められるようなゲームでは、AIは簡単に人間を上回りますが、

長期的に計画を立てて行動するようなゲームは苦手です。

Atari-57のゲームの中には、AIが人間を上回るまでに何年もかかるものもありました。図1.6の❶❷❸はAIにとって簡単なゲームで、❹❺❻は苦手なゲームの例です。図1.6の❶❷❸はどれも画面が固定されていて、その中でキャラクターが動き回ります。ある瞬間の画面が与えられると、次にどう行動すべきかはおおよそ決まるため、長期的な計画を必要としないゲームです。

■──プランニングとラーニング　行動計画と学習

一方、図1.6の❹❺❻はいわゆる「謎解き」の要素があるゲームです。キャラクターが移動すると次々と画面が切り替わり、鍵などを手に入れなければ先に進めない構造となっています。

そうなると、今の画面を見るだけでは次の行動は決まりません。過去にどのように行動し、現在どのような状態にあるのかを記憶しなればなりません。短期的にキャラクターを動かすのとは別に、長期的に「何をどの順に実行するか」を考える必要があります。これは一般に**プランニング**(*planning*、行動計画)と呼ばれる領域です。

プランニングは、AIの一分野として古くから研究されてきました。一方、深層強化学習の登場以降は、事前に計画を立てるのではなく、AIが自ら経験を積んで**ラーニング**(*learning*、学習)することで高い性能を発揮できることがわかってきました。

プランニングとラーニングのどちらを使うかは、取り組む問題の種類によっても異なります。前節で取り上げたボードゲームでは、AIがさまざまな手を先読み(探索)することを示しましたが、これもプランニングの一種です。一方、DQNをはじめとするAtari-57のAIの多くは、ラーニングの技術だけで汎用ビデオゲームプレイに挑みます。

■──プランニングとラーニングを組み合わせる

プランニングとラーニングは排他的な概念ではなく、両方を組み合わせることも考えられます。ラーニングによって経験を積みつつ、その結果を使ってプランニングをすれば「自らの経験から賢く未来を予測する」ようなAIが開発できるというわけです。

前節で取り上げたAlphaZeroをさらに発展させた「MuZero」(3章)が実際にそれを実現しています。MuZeroは未来予測のしくみを独自に作り上げることで、チェスや将棋だけでなくAtari-57までをもプレイできるAIへと成長しました。

Column

GVGAI フォワードモデルを用いたプランニング

Atari 2600のような著作権で保護されたゲームに頼るのではなく、ゲームそのものをオープンソースにする取り組みもあります。「GVGAI」(*General video game AI*)は2014年にスタートしたゲームAIの学習環境で、これまでに200以上のミニゲームが公開されています。

GVGAIは「プランニング」と「ラーニング」の両方に対応しており、プランニングのために便利な「フォワードモデル」という機能が提供されているのが特徴的です 図C1.C 。

プランニングでは「ゲームのルールを知っている」ことが必要です。チェスなどのボードゲームでは、AIには事前にゲームのルールが組み込まれており、そのお陰で未来を先読みすることが可能です。しかし、汎用ビデオゲームプレイではルールが複雑すぎて、そのままでは先読みすることができません。

フォワードモデル(*forward model*)は、実際にゲームの中でキャラクターを動かすことはせずに、「もしこう動いたらどのような結果になるか」を予測するための**シミュレータ**です。GVGAIはフォワードモデルの機能をゲームAIに提供することで、プランニングの研究に使われています。

図C1.C フォワードモデル

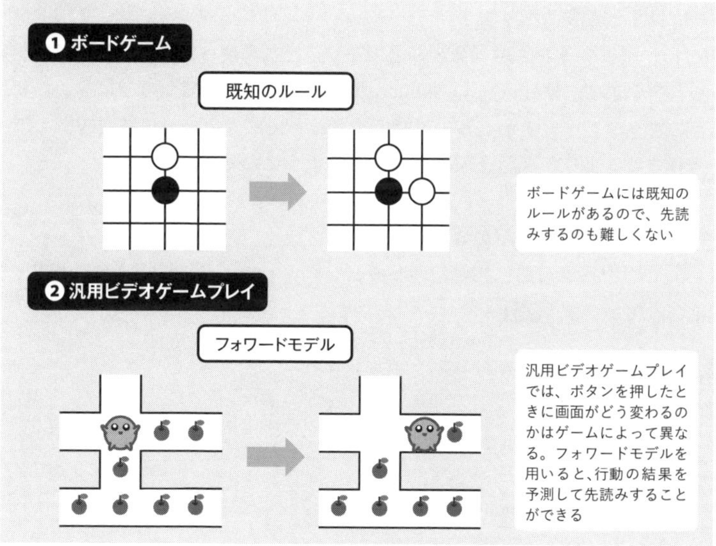

❶ ボードゲーム
既知のルール
ボードゲームには既知のルールがあるので、先読みするのも難しくない

❷ 汎用ビデオゲームプレイ
フォワードモデル
汎用ビデオゲームプレイでは、ボタンを押したときに画面がどう変わるのかはゲームによって異なる。フォワードモデルを用いると、行動の結果を予測して先読みすることができる

1.3 深層強化学習とゲーム環境
Malmo、OpenAI Gym、DeepMind Lab

本節では、2016年に相次いで発表された「深層強化学習のためのゲーム環境」をいくつか取り上げます。

Malmo　MinecraftによるAI研究

2016年3月にMicrosoftから発表された「Malmo」*8は、有名な3Dゲームである「Minecraft」(マインクラフト)をプレイするAIを開発するための環境です。Malmoをインストールするとゲーム本体とは別にAPI(*Application programming interface*)サーバーが起動し、外部プログラムからゲームの世界にアクセスできるようになります。

Minecraftの世界は、Atari-57などと比べると遥かに複雑です。ゲームは3D空間であり、視点を上下左右に動かすこともできるなど、AIが受け取る情報量や行動のパターンはずっと多くなります。

Malmoが提供するのはAI開発の基盤であり、それを使って何をするかは利用者に委(ゆだ)ねられています。MalmoではMinecraft標準のマップを使うのではなく、利用者が独自のマップを用意することも可能です。たとえば、自分で迷路を設計して、それを通り抜けるような課題をAIに与えられるようになっています。

Malmoを使ったAIのコンペティション

Malmoのリリース以降、毎年何らかのコンペティション(競技会)が形を変えながら開催されています **表1.2** 。

表1.2 Malmoを使ったAIのコンペティション

年	名称
2017	The Malmo Collaborative AI Challenge
2018	MarLo 2018
2019	NeurIPS 2019　MineRL Competition
2020	NeurIPS 2020　MineRL Competition
2021	NeurIPS 2021　MineRL Diamond Competition
2021	The MineRL BASALT Competition 2021
2022	NeurIPS 2022　MineRL BASALT Competition

*8 「Project Malmo」 URL https://www.microsoft.com/en-us/research/project/project-malmo/

2017年と2018年のコンペティションでは、「他者と協力して行動するAI」をテーマとしたミニゲームが用意されました。たとえば、2017年のミニゲームでは、小さな柵の中にブタが閉じ込められており、もう一人のキャラクター(主催者が用意したAI)と協力してブタを捕まえることが期待されます **図1.7** 。

図1.7 The Malmo Collaborative AI Challenge

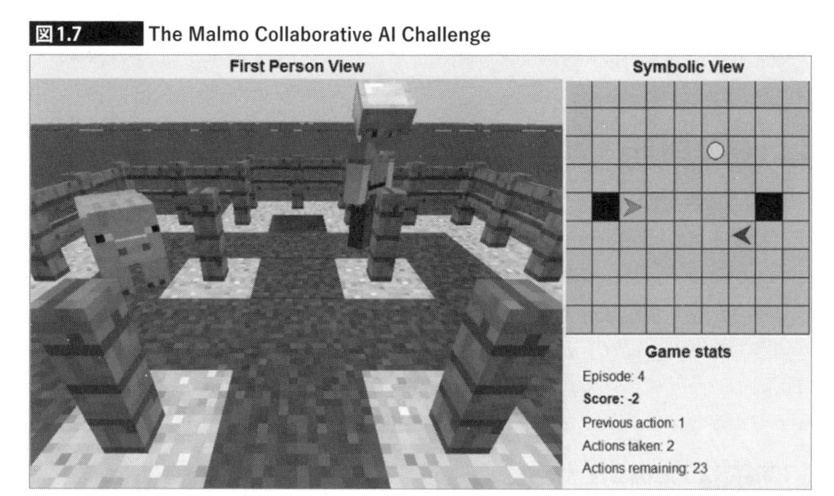

「Presenting the winners of the Project Malmo Collaborative AI Challenge」
URL https://www.microsoft.com/en-us/research/blog/malmo-collaborative-ai-challenge-winners/

コンペティションの結果、従来型のプランニングを活用したAIや、深層強化学習を利用したAIなど、さまざまなアプローチが提案されました。いずれのAIも同じようなスコアを達成した一方で、未知の状況に対してリアルタイムに判断を変えるような能力には欠けていたようで、今後の研究課題として結論づけられています。

TIP

AIと共同作業するのはまだ難しい

Malmoの特徴として、一つの世界に人とAIとが同時にログインすることで、**人とAIとのインタラクション**(相互作用)を可能とする機能が提供されています。2018年までのコンペティションはそれを意識したものだと思われますが、残念ながら現在のAIはそれほど賢くはないので、時代を先取りしすぎたのかもしれません。

MineRL Competition 人の行動を見て学習する

2019年以降のコンペティションでは、人がMinecraftをプレイする動画を見て、それと同じように行動するAIの開発が競われました。具体的には、ランダムに生成されたマップでダイヤモンドを手に入れられるかが試されました。

Minecraftの世界で何かをクラフトする(物を作る)には、まず素材を集めるなど、段階を踏んで行動しなければなりません。たとえ人間であっても予備知識なしにゲームをするのは困難であり、多くの人が動画などを見てゲームの進め方を学んでいます。

AIも同じようにして、動画を見るだけで行動を真似ることができるでしょうか。これは想像以上に難しい課題であり、本書の執筆時点ではまだ誰もダイヤモンドの入手には成功していません(6章)。

OpenAI Gym 標準化された強化学習環境

2016年4月にOpenAIから発表された「OpenAI Gym」は、深層強化学習を簡単に実行できるようにしたPythonライブラリです。多くの書籍やブログなどで取り上げられているので、ご存知の方も多いでしょう。

OpenAI GymはPythonだけで簡単にインストールして実行できます。リスト1.1のようなコードを実行すると小さなスクリーンが表示されてミニゲームが始まります。このコードはランダムに行動を選んでいるだけですが、実際にはもっと賢く行動するようなAIを開発します。

リスト1.1 OpenAI Gymを使ったコードの例

```
import gym

# 環境を初期化（ミニゲームを選択する）
env = gym.make('CartPole-v0')
env.reset()

# 以下を1000回繰り返す
for _ in range(1000):
    env.render()                          # 画面を更新
    env.step(env.action_space.sample()) # ランダムに行動
env.close()
```

参考 URL https://github.com/openai/gym

■——標準化した環境で比較する

新しい研究成果を発表するときには、他の研究者がそれを検証したり比較したりできるように共通のデータセットを公開します。深層強化学習ではデータセットだけでは不十分であり、実際にゲームを動かして見られるオープンな環境が必要です。

OpenAI Gymは誰でも自由に使うことのできる小さなゲームを集めて公開することにより、研究者が互いに知見を交換し、研究成果を比較しやすくしてくれます。前節で取り上げたAtari-57のゲームも、OpenAI Gymを経由して呼び出せるようになっています。

DeepMind Lab　オープンソースな3Dゲーム環境

2016年12月にDeepMindから発表された「DeepMind Lab」は、オープンソースの3Dゲームエンジンである「Quake III Arena engine」をベースにした強化学習環境です。前述したMalmoと同様、3Dのゲーム空間にミニゲームを作成できるようになっています 図1.8 。

図1.8　DeepMind Labのゲーム画面

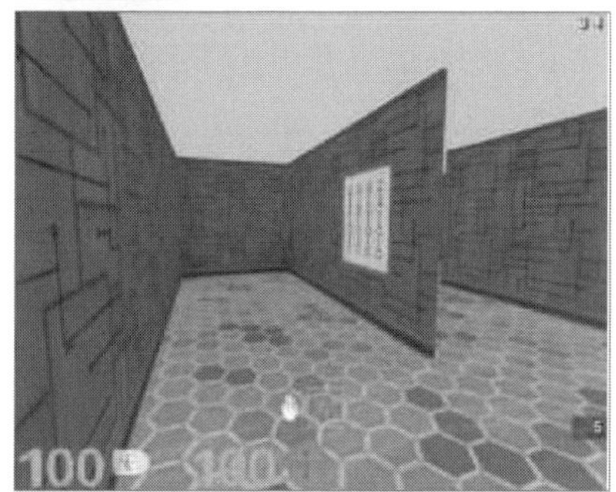

URL https://github.com/deepmind/lab

DeepMindではゲームを使ったAI研究を活発に行ってきた経緯があり、Atari-57のようなベンチマークを指標として研究成果を発表しています。

Atari-57は古典的な2Dゲームですが、より現代的な3DゲームでもAIの研究ができるように、誰もが自由に使えるオープンソースのゲーム環境として開発されたのがDeepMind Labです。DeepMindのいくつかの論文には、Atari-57に加えてDeepMind Labの評価結果も記載されています。

■──── 世界を観測し行動する

DeepMind Labでは、AIはFPS（*First-person shooter*、一人称視点のシューティングゲーム）の主人公と同じように情報を受け取り、その世界の中で行動することになります。AIは観測データとして「画像」と「報酬」（ゲームのスコアなど）を受け取り、移動やジャンプのような「行動」をすることができます。

DeepMind Labでは研究者が新しくゲームを追加することができ、GitHubでソースコードも共有されています。DeepMind Labでは人が遊ぶために作られたゲームをプレイするのではなく、研究用のミニゲームを使って新しいアルゴリズムが評価されています。

今後もAIの技術が発達するにつれて段階的に難しいゲームが追加され、それを解くためにまた新しい技術を開発するというサイクルが繰り返されるのかもしれません。

1.4 リアルタイムストラテジーゲーム StarCraft II、Dota 2

本節では、2017年に相次いで発表された「リアルタイムストラテジーゲームによるAI研究」のプロジェクトについて説明します。

StarCraft II 競技性の高い戦略ゲーム

「StarCraft II」は米国のBlizzard Entertainmentによって開発されている「リアルタイムストラテジーゲーム」(*real-time strategy*、RTS)で、2010年のリリース以降、代表的なeスポーツの一つとして数えられる競技性の高い戦略ゲームです **図1.9** 。

図1.9 AlphaStar v.s. Team Liquid's TLO and MaNa

「AlphaStar: Mastering the real-time strategy game StarCraft II」
URL https://deepmind.com/blog/article/alphastar-mastering-real-time-strategy-game-starcraft-ii
2018年12月、DeepMindが開発したゲームAI「AlphaStar」はStarCraft IIのプロプレイヤーに勝利した。

2017年8月、DeepMindとBlizzard Entertainmentが共同で「StarCraft IIをAI研究の環境としてオープンにする」との発表がありました*9。その背景としては、2016

*9 「DeepMind and Blizzard open StarCraft II as an AI research environment」 URL https://deepmind.com/blog/announcements/deepmind-and-blizzard-open-starcraft-ii-ai-research-environment

年に囲碁AIとして成功した「AlphaGo」の存在が大きかったと考えられます。

AlphaGoとその後継となるAlphaGo Zeroは、囲碁に特有のドメイン知識をほとんど用いず、汎用性の高いラーニングの手法だけで強力なAIを開発できることを示しました。ボードゲームという分野はこれが大きな節目となり、次なる研究目標が必要とされていました。

■——— 長期的な戦略で人間と勝負する

ビデオゲームとしてはすでにAtari-57が広く研究されていたものの、そこに「人との対戦」という概念はなく、AIはゲームのスコアを上げることだけを目標としていました。

そこで、より直接的に人間と対戦できるようなゲームとして選ばれたのがStarCraft IIです。StarCraft IIを含めたRTSと呼ばれるゲームでは、インターネットを通じて多くの人が毎日対戦しているため、AIの学習に必要な大量のデータが手に入れられます。

RTSは「戦略ゲーム」と呼ばれるだけあって、長期的な戦略が勝敗を左右するとされます。次々と変化する状況の中で、勝利へと結びつく戦略をどのように見つけて行動に移すのか。それが、RTSを題材としたAI研究の課題となります。

Column

なぜゲームを使って研究するのか

AIの研究にゲームが用いられるのは、現在のAIが「成功と失敗とを何度も繰り返して学習する」というしくみである以上、仕方のない面があります。現実のロボット制御などにAIを使う研究もありますが、実験のために何百台ものロボットを用意するのは大変すぎます。

ロボットの代わりに「物理演算のシミュレータ」を用意して、仮想空間で研究する方法もあります。仮想空間なら何度失敗しても初期化すれば元通りだし、現実の何倍もの速さで実験を繰り返すことも可能です。

より実世界に近い環境でのAI研究のために、DeepMindは物理演算エンジンである「MuJoCo」も無償公開しています*a。

とはいえ、画像認識や行動計画、あるいは効率的な機械学習の基盤作りなど、物理法則に従う必要のない基礎的な研究はいくらでもあります。そうした研究のために物理演算のシミュレータを使うのも非効率なので、より単純化されたゲームの世界で新しい手法を試すのです。

*a 物理演算エンジン「MuJoCo」
URL https://deepmind.com/blog/announcements/mujoco

限られた情報から相手よりも優位に立つ

StarCraft IIでは、2人以上のプレイヤーがマップ上に自分の軍事ユニットを作り、相手と戦わせることで勝敗を競います。1回のゲーム時間は数分から数十分であり、毎回新しくユニットを作るところから相手を倒すまでが繰り返されます。

ゲーム画面には広大なマップのうちのごく一部だけが表示され、別の場所を見るにはカメラを移動しなければなりません 図1.10 。カメラには味方の周辺しか映し出されず、一度に観測できる情報は限られています。その状況で意思決定しなければなりません。

図1.10 単純化したStarCraft IIの1v1対戦マップ(例)

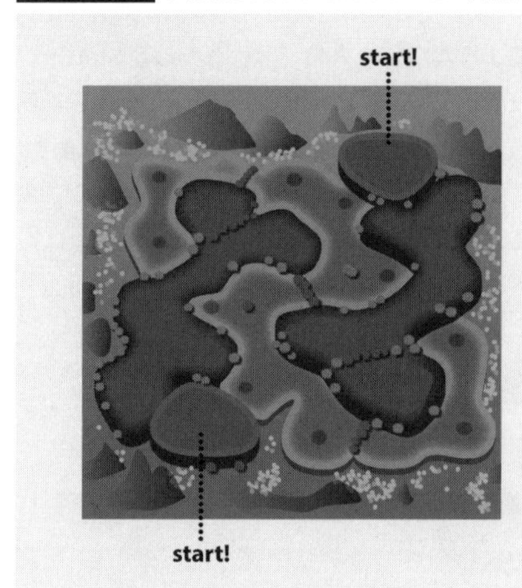

各プレイヤーは広大なマップの対角線上の位置からスタートする。限られた資源を使って素早くユニットを作成し、相手の陣地へと至るいくつかのルートのうち、いずれかを通って攻め込む

ゲームはリアルタイムに進行し、将棋のようにじっくりと考える時間はありません。常に手を止めることなく、キーボードやマウスを動かし続けることになります。その場の状況にすばやく対応する判断力や、相手よりも優位に立つための長期的な戦略など、複合的な能力が必要とされます。

BWAPI スクリプトAIの時代

StarCraftとAIの関係は長く、StarCraft IIの前身である初代「StarCraft」(1998年に発売)の時代から、AIの技術でStarCraftをプレイする方法が研究されてきました。2010年には第1回「StarCraft AI Competition」が開かれ、その後も毎年コンペティションが開催されています。

初代StarCraftでは、「Brood War API」(BWAPI)という非公式のフレームワークにより自動化されたエージェント(いわゆるbot)が開発されます。BWAPIは深層学習以前の時代から開発されてきたため、いわゆる「スクリプトAI」(AIの行動を一つ一つ人間が実装したもの）を想定した設計となっています リスト1.2 。AIの実装にはC++が使われます。

リスト1.2 BWAPIによるスクリプトAIの実装例（C++）

```
// 所有するすべてのユニットについて以下を繰り返す
for (auto &u : Broodwar->self()->getUnits())
{
  // ワーカーユニットであれば以下を実行する
  if ( u->getType().isWorker() )
  {
    // もしワーカーがアイドル状態であれば・・
    if ( u->isIdle() )
    {
      // 資源を持っていれば、それをセンターに運ぶ
      if ( u->isCarryingGas() || u->isCarryingMinerals() )
      {
        u->returnCargo();
      }
      else if ...
    }
    else if ...
  }
  else if ...
}
```

参考 URL https://github.com/bwapi/bwapi/blob/main/bwapi/ExampleAIModule/Source/ExampleAIModule.cpp

BWAPIによるAIは、人間ではありえないほどの素早い意思決定をすることで、短期的には人を上回るパフォーマンスを発揮します。一方、長期的な戦略では人間の方が上手であり、トッププレイヤーに勝てるほどのAIは長らく存在しませんでした。

短期の戦闘と長期の戦略 マイクロとマクロ

StarCraftではゲームの進行中、目の前の敵と戦う「短期的な戦闘」と将来の戦闘を見据えた「長期的な戦略」とを同時並行で考えます。前者を「マイクロ」（*micro*）、後者を「マクロ」（*macro*）と呼びます。AIはマイクロには強いが、マクロに弱いと考えられてきました。

StartCraftの各ユニットは近くの敵を自動攻撃するように作られており、プレイヤーはいつどこにユニットを動かすかだけを指示します。たとえば、数体程度のユニットを集めて小部隊を作り、それらを敵地に送り込んで相手の軍事基地を破壊するといった作戦を実行します。

もし途中で敵の部隊と遭遇したときには、戦うかどうかの判断を迫られます。不利な状況では撤退した方が損害を抑えられます。一方、敵を各個撃破することで数を減らすなど、戦い方次第では戦力的に上回る相手に勝てる場合もあります。こうした局地的な戦いがマイクロと呼ばれ、AIは判断の素早さと正確さで人間を上回ってきました。

■——— 長期的に戦力差を生み出した側が勝つ

しかし、マイクロだけでは勝てないのが戦略ゲームです。たとえば、うまく囮を使って時間を稼いでいる間に、強力なユニットを作成して次の戦いで挽回できるかもしれません。ゲームの勝敗は、長期的な戦力差によって決まるものであり、マイクロの強さだけで勝利できるわけではありません。

StarCraft IIでは、自軍の拠点に次々と建物を建設し、将来的に強力な軍隊を生み出せるように先を見越して準備します。そのようなマクロの戦略で相手を出し抜くことができなければ、トッププレイヤーには勝てません。

■——— SC2LE StarCraft IIのための機械学習環境

StarCraft IIを学習するために、新たに開発されたのが「SC2LE」(*StarCraft II Learning Environment*)という機械学習環境です。従来のようなスクリプトAIではなく、深層学習を活用したAIを組み込めるように公式APIが提供され、ゲームが無償化されたことで研究目的にも利用しやすくなりました。

SC2LEは、Atari-57における「ALE」と同じように、汎用的に使えるAI研究のライブラリとして提供されます。具体的には、次のような機能やデータが無償提供されています。

- StarCraft II API
- リプレイパック
- PySC2(Python用ライブラリ)
- ミニゲーム
- ベースライン実装

■——— AlphaStar StarCraft IIのプロプレイヤーに勝利

そして、2018年12月、DeepMindが開発した「AlphaStar」はStarCraft IIのプロプレイヤーであるTLO氏やMaNa氏に勝利を収めます。AlphaStarは世界中のプレイヤーが参加するオンラインリーグでも上位0.2%に入り、最高ランクである「グランドマスター」の称号を得ています。この成果は、2019年10月の『Nature』で発表されました*10。

TLO氏は、AlphaStarのプレイについて次のようにコメントしています。

> AlphaStarのゲームプレイは非常に印象深い。戦略的なポジションを確保することに長けており、敵といつ交戦するか、あるいは撤退するかを正しく理解し

*10 「AlphaStar: Grandmaster level in StarCraft II using multi-agent reinforcement learning」
URL https://deepmind.com/blog/article/AlphaStar-Grandmaster-level-in-StarCraft-II-using-multi-agent-reinforcement-learning

ている。AlphaStarはゲームの操作を見事に正確にやってのける一方で、それが超人的であるとは感じられない。少なくとも、人が理論的に達成できないレベルではない。全体として、とてもフェアであると思う。つまり、StarCraftの、本当の(人と人との対戦のような)ゲームをプレイしているように見える。

——「AlphaStar: Grandmaster level in StarCraft II using multi-agent reinforcement learning」より。日本語訳は筆者。 URL https://deepmind.com/blog/article/AlphaStar-Grandmaster-level-in-StarCraft-II-using-multi-agent-reinforcement-learning

StarCraft IIのような複雑なゲームをAIがどのようにプレイしているのかは、一見に値します。AlphaStarの詳細は、5章で詳しく解説します。

TIP

AlphaStarはマクロで人間に勝てたのか?

ただし、AlphaStarが「マクロの戦略で人間に勝つ」ことができたかどうかには議論の余地があるようです。AlphaStarのマクロ戦略が優秀なのはたしかだとしても、最終的な勝因は「ミスのない正確な動き」、つまりミクロで人間を上回ったからだとする見方もあります。

Dota 2 5つのAIによるチームプレイ

2017年8月、SC2LEの発表と時を同じくしてOpenAIから発表されたのが「Dota 2」をプレイするAIです*11。Dota 2は「マルチプレイヤーオンラインバトルアリーナ」(*multiplayer online battle arena*、MOBA)と呼ばれる種類のゲームであり、こちらも代表的なeスポーツの一つに挙げられます。

MOBAではプレイヤーが5人1組のチームを作り、2つのチームが 図1.11 のようなマップで対戦します。マップには3つの通り道があり、各プレイヤーはそのいずれかを通って相手の拠点へと攻め込みます。

MOBAでは、RTS同様にリアルタイムにキャラクターを動かしますが、RTSのようなユニットを製造するプロセスはなく、各プレイヤーは最初から最後まで一つのキャラクターだけを操作します。

MOBAではチームプレイが重要とされ、各プレイヤーがバラバラに行動していたのでは勝利できません。敵と味方の両方を見ながら戦況を把握し、各自がそれぞれの役割を果たすことでチームの勝利へとつながります。

*11 URL https://openai.com/blog/dota-2/

図1.11 MOBAの一般的なマップの構成

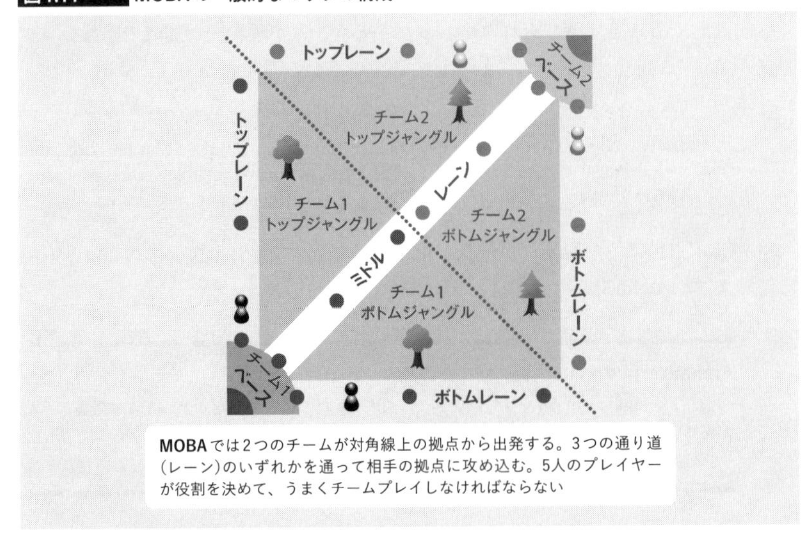

参考 URL https://en.wikipedia.org/wiki/Multiplayer_online_battle_arena

■ OpenAI Five 5v5で世界チャンピオンに勝利

2017年の発表の時点で、OpenAIのゲームAIはすでに「1v1」(個人対戦)でトッププレイヤーに勝利しており、「5v5」(チーム対戦)の開発に着手したところでした。

2018年6月になると、5v5に対応した「OpenAI Five」が発表され、人間のアマチュアレベルのチームに勝利しました。そして2019年4月、OpenAI Fiveはついに世界チャンピオンに勝利します*12。OpenAI Fiveでは、5つのAIが個別にキャラクターを操作し、それらのAIが協調して動くことでチームプレイを実現しています。

膨大な計算機パワーによるAI開発競争

StarCraft IIにせよDota 2にせよ、RTSを使ったAIの開発ではゲームを動かすだけでも多大な計算リソースを必要とし、並の研究チームでは同じような実験を試みることさえできなくなっています。

それぞれのAI研究にいくらが投じられたのかは明かされていませんが、AlphaStarでは公表されている資料から推察するだけでも1ヵ月に数億円を超える規模のインフラが使われたのは間違いなさそうです。

*12 「OpenAI Five Defeats Dota 2 World Champions」
URL https://openai.com/blog/openai-five-defeats-dota-2-world-champions/

また、OpenAI Fiveは10ヵ月かけて合計4万5000年分の自己対戦を実行したと発表しています。ここから単純計算すると、10ヵ月でおよそ73億円の費用を支払ったことになります*13。

AlphaStarもOpenAI Fiveも、どちらもGoogle Cloud Platform上にAI開発の基盤を構築しています*14。両社が実際に支払った金額は正規料金よりも割引されているとは思いますが、いずれにせよ、インフラだけで億単位のコストをかけて開発されているのが、今の時代のゲームAIです。

……………………………………

以上のような「大規模なゲームAIの設計」が見られる機会は、なかなかあるものではありません。各社の論文には研究から得られた知見が凝縮されており、現代のゲームAIが直面している課題やその解決策を垣間見ることができます。

*13 筆者計算。GPUとしてP100を3年契約で2,048個、CPUとしてn2d-highcpu-128をプリエンプティブルで8,000個、それぞれ10ヵ月間使用した場合の正規料金。

*14 発表当時の情報。その後、OpenAIはMicrosoftとの提携を発表しており、現在はAzureを利用していると思われます。

Column

Dota 2の学習環境

Dota 2には「Bot Scripting」と呼ばれるAPIがあり、OpenAIもそれを用いてAIを開発しています。ただし、Dota 2はAIを作りやすいゲームではなく、OpenAIは学習環境の構築に大きな労力を割くことになったようです。

現代のAIはラーニングのために大量の計算リソースを使うため、クラウド環境で多数のコンピュータを立ち上げて分散処理します。しかし、Dota 2はそのままではクラウド環境では実行できず、仮想のモニタを接続したり、GPUのライブラリを置き換えたりといった工夫が必要でした。

Dota 2の学習環境はSC2LEのようにオープンにはなっておらず、「AIの開発競争を妨げる」という意見もあります*a。

*a 「The End of Open AI Competitions」
URL https://towardsdatascience.com/the-end-of-open-ai-competitions-ff33c9c69846

1.5 まとめ

本章では、「ゲーム」を用いたAI研究の歴史を駆け足で見てきました。従来のゲームAIは**探索**と**評価関数**を用いて、**あらゆる可能性を網羅的に調べる**ことで最善の手を見つけだそうとします。しかし、そのためには膨大な計算が必要であり、スーパーコンピュータ並みの計算能力がなければチェスに勝つのも難しい、という時代が長らく続きました。

深層強化学習の時代

2013年、DeepMindが**ビデオゲームをプレイするAI**である「DQN」を発表したことで、時代が大きく変わります。DQNは**深層強化学習**の技術を用いて、AIがゲームをプレイして**うまくいったやり方を学習する**ことができると示しました。

この頃から、AIは**大量のデータを用いて学習する時代**へと移ります。2015年に深層学習のライブラリ「TensorFlow」がリリースされると、深層強化学習を用いたゲームAIの研究が急速に広がりました。

2016年、DeepMindは次なる研究成果として**囲碁をプレイするAI**である「AlphaGo」を発表し、世界に衝撃を与えました。そして、2018年に発表された「AlphaZero」は、囲碁に加えてチェスと将棋もマスターし、AI研究の題材としてボードゲームが使われる時代は終わりました。

ビデオゲームによるAI研究

次なる研究課題として、2016年に「Malmo」「OpenAI Gym」「DeepMind Lab」などの、**ゲームAIのための強化学習環境**が相次いでリリースされます。

2017年には「StarCraft II」や「Dota 2」などの**RTS**（リアルタイムストラテジーゲーム）を題材としたゲームAIが発表され、いずれも2019年には世界チャンピオンに勝利しています。

「Atari-57」を題材とした**汎用ビデオゲームプレイ**の研究も続けられ、2020年に発表された「Agent57」は、ついに57個のすべてのゲームで人のスコアを上回ることに成功しました。

…………………………………………

以上のようなゲームAIが、具体的に**どのような技術によって作られているのか**を理解するために、次章からは基礎となる概念を順に説明していきます。

Column

マルチエージェントゲーム

2019年以降は**マルチエージェント**（*multi-agent*）を題材としたゲーム環境がいくつも登場しています。これらに関連した論文発表は今も続いており、これからまだまだおもしろい成果が出てくるかもしれません。

- Capture the Flag
  2018年7月にDeepMindが発表し、2019年5月に『Science』に掲載された「Capture the Flag」*a は、3Dの世界で多人数が参加する旗取りゲーム
- Neural MMO
  2019年3月、OpenAIが発表した「Neural MMO」*b は、「MMO」（*Massively multiplayer online*）を題材とした多人数参加型のゲーム環境。複数のAIが互いに協力、あるいは敵対しながら勝利を目指す。2021年にはAIcrowdとMITが主催でコンペティションを開催している *c
- Google Research Football
  2019年6月、Googleが発表した「Google Research Football」*d は、3Dのサッカーゲーム。人とAIとが対戦することもできる。2020年にはイギリスのサッカークラブであるManchester City FCとGoogle Researchとが共同でコンペティションを開催している *e
- Hide-and-Seek
  2019年9月、OpenAIが発表した「Hide-and-Seek」*f は、チーム対戦型のかくれんぼゲーム。AIが二つのチームに分かれて、一方が相手を捕まえようとし、他方が相手から隠れようとする
- DeepMind Lab2D
  2020年12月、DeepMindが発表した「DeepMind Lab2D」*g では、テキストファイルとLuaスクリプトだけで新しいマルチエージェントゲームを作成できる。軽量に動作することから基礎研究に向いている
- XLand
  2021年7月、DeepMindが発表した「XLand」*h は、「Capture the Flag」や「Hide-and-Seek」などの複数のゲームを実行できる仮想的な3D空間を生成する。AIは誰から教わるともなく道具の使い方を学習し、「汎用AIの実現に一歩近づいたのではないか」ともいわれている

*a URL https://deepmind.com/blog/article/capture-the-flag-science
*b URL https://openai.com/blog/neural-mmo/
*c URL https://www.aicrowd.com/challenges/the-neural-mmo-challenge
*d URL https://ai.googleblog.com/2019/06/introducing-google-research-football.html
*e URL https://www.kaggle.com/c/google-football
*f URL https://openai.com/blog/emergent-tool-use/
*g URL https://github.com/deepmind/lab2d
*h URL https://deepmind.com/blog/article/generally-capable-agents-emerge-from-open-ended-play

2章

機械学習の基礎知識

深層学習、RNN、自然言語処理、強化学習

本章では、機械学習の基本的な概念と用語を説明します。本章で取り上げる内容は、どれも3章以降を理解するための予備知識となります。

2.1節では、「機械学習」や「深層学習」の基礎を説明します。「CNN」や「ResNet」のような画像認識のしくみについても取り上げます。

2.2節では、「RNN」や「LSTM」による時系列データの学習について説明します。

2.3節では、「自然言語処理」に使われるいくつかの技術、たとえば「Attention」や「Transformer」について説明します。

2.4節では、「強化学習」について説明します。価値ベースの「Q学習」や、方策ベースの「REINFORCE」、そして「Actor-Critic」などのアルゴリズムを取り上げます。

図2.A　ニューラルネットワークが学習した猫の概念(2012年当時)

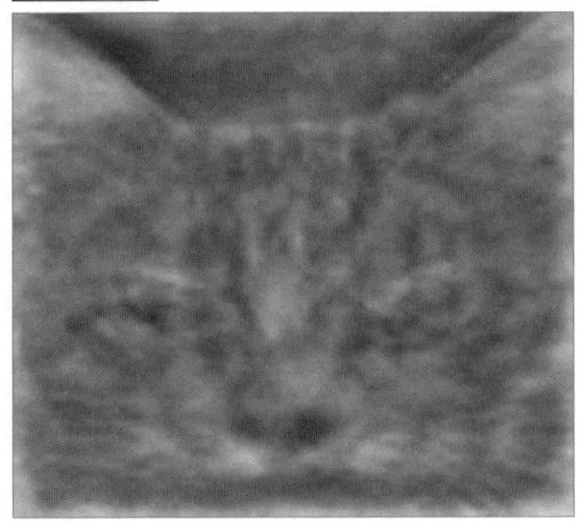

URL https://blog.google/technology/ai/using-large-scale-brain-simulations-for/
2012年、Googleは大規模なニューラルネットワークでYouTubeの動画を学習することにより「猫」の概念が獲得されたことを発表した。この計算には16,000コアのCPUが利用され、その後のAI技術の開発に大きな影響を与えた。

2.1 深層学習の基礎知識

本節では、現代のAIに欠かせない技術となった「機械学習」や「深層学習」などの基本的な概念について説明します。

人工知能、機械学習、深層学習

人工知能（*artificial intelligence*、**AI**）という言葉は歴史的に幅広い意味を含んでおり、何か特定の技術を指すものではありません。ニュースなどではよく「AIを使っている」などという表現を目にしますが、それでは具体的に何の技術なのかさっぱりわかりません。

近年よく使われるのは**機械学習**（*machine learning*）の技術です。機械学習では「データから学ぶ」ことで何かを予測します。もともと機械学習はAIの一分野でしたが、今では幅広いデータ処理に用いられるため、すでにAIとは別の一つの学術分野であるとも考えられています[*1]。

機械学習の一つの手法として人気を集めているのが**深層学習**（*deep learning*、**ディープラーニング**）です。最近はすっかり「AIといえば深層学習」のような雰囲気もありますが、深層学習はあくまで機械学習の一種であり、AIが必ずしも深層学習を使うとは限りません。AIとは「技術」ではなく、「学術分野」であると考えるとしっくりきます。

機械学習の考え方　データから予測する

機械学習では、「過去のデータ」から未知の何かを予測します。たとえば、ある場所にコンビニを出店した場合、どれくらいの売上が見込めるのかを予測したいとします。その場所が住宅街なのかビジネス街なのか、人通りはどれくらいか、近所に他のお店はあるか、などといった情報があれば、同じようなコンビニのデータから予測ができるかもしれません。

機械学習の目的は、**モデル**（*model*）と呼ばれる計算式を作成することです **図2.1** 。モデルに入力データを与えることで、何らかの計算をして予測結果が出力されるようにします。

---

*1　従来はAIとして研究されてきた技術が、一般化することでAIとは呼ばれなくなることもよくあります。たとえば、手描き文字の認識には機械学習が使われますが、郵便局でハガキを仕分けるシステムをAIだと考える人は少ないでしょう。

図2.1 モデルを用いて予測する

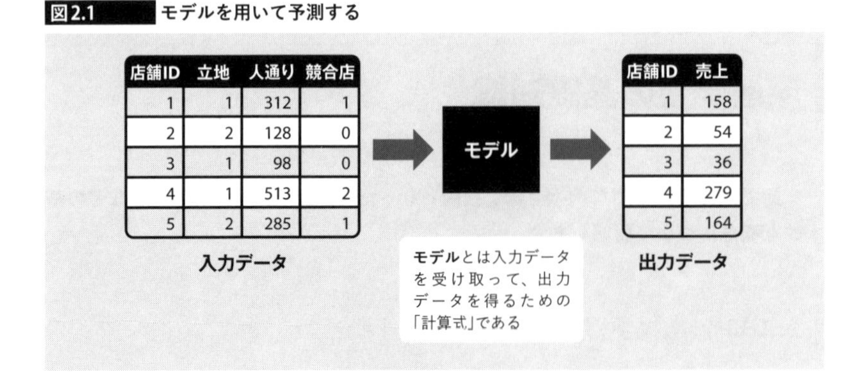

店舗ID	立地	人通り	競合店
1	1	312	1
2	2	128	0
3	1	98	0
4	1	513	2
5	2	285	1

店舗ID	売上
1	158
2	54
3	36
4	279
5	164

モデルを作るためには、すでに結果のわかっている過去のデータを使って、入力と出力がうまく一致するように計算式を組み立てます。そうしてモデルが完成すれば、未知のデータを与えてもそれらしい予測ができるようになります。そのような計算式を手作業で作るのは大変なので、うまく自動化してくれるのが機械学習の技術です。

■――［例］身長から体重を予測する

具体的な例として「身長から体重を予測する」ことを考えます。ここでは 図2.2❶ のようなサンプルデータを用います。Excelでこのデータの近似曲線を表示すると「$y=ax+b$」という形式の近似式が得られます 図2.2❷ 。ここで横軸xは「身長」であり、縦軸yは「体重」を示します。

図2.2 身長と体重の関係

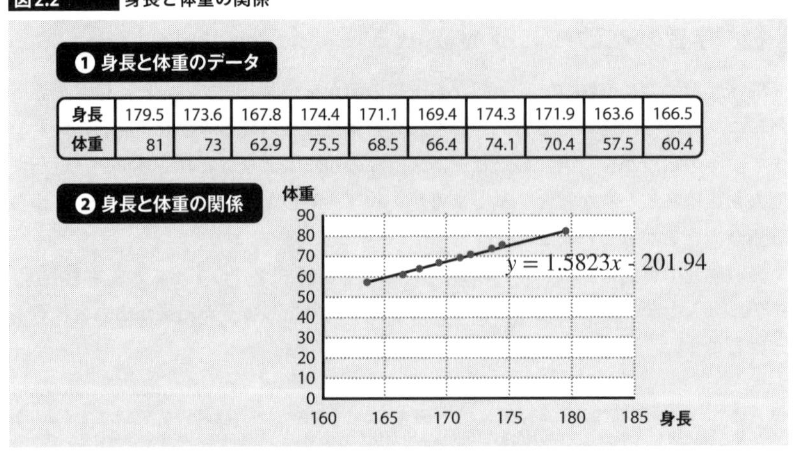

身長	179.5	173.6	167.8	174.4	171.1	169.4	174.3	171.9	163.6	166.5
体重	81	73	62.9	75.5	68.5	66.4	74.1	70.4	57.5	60.4

このとき得られた数式が「モデル」です。モデルは数学やプログラミングでいうところの**関数**(*function*)のようなものです。図中のモデルに「身長x=175」を渡すと、「体重y=75」という結果が返されます。これが予測された体重となります。

データが複雑になると、モデルを作るのも難しくなります。たとえば「動物の写真」を入力として、その「動物の名前」を返すようなモデルを数式だけで作るのは、人間の手では不可能でしょう。そこで、大量のデータを用意してモデルの作成をコンピュータに任せるのです。

■―― 勾配法 パラメータを変えて誤差を小さくする

機械学習では、しばしば**勾配法**(*gradient method*)という手法でモデルを作ります。先ほどの「身長と体重」のモデルを勾配法で作ってみましょう。ここでは、次のような数式(一次関数)になると仮定します。

$$y = \square\, x + \square$$

□には、何かの数値が入ります。何が入るかはわからないので、仮に「1.0」としておきます。「身長と体重」の表から最初のデータを読み込んで、数式に当てはめると次のようになります。

$$81.0 = \boxed{1.0} \times 179.5 + \boxed{1.0}$$

実際に計算してみると、左辺「81.0」と右辺「180.5」とでまったく計算が合わないので、モデルが間違っているのだとわかります。

計算した値と正しい値との誤差を**ロス**(*loss*、**損失**)といいます。勾配法では、なるべくロスが小さくなるように□の値を少しずつ変更します。たとえば、二つめの□を「−1.0」にすると、右辺が「178.5」となってロスは小さくなります。

□のように変更可能な数値のことを**パラメータ**(*parameter*)と呼びます。データをいくつも読み込んでパラメータを変えるうちに「これ以上ロスを小さくできない」という状態になったら、モデルの完成です。

■―― 機械学習=モデルのパラメータを見つける技術

先の例ではモデルが一次関数になると仮定しましたが、実際にはもっと複雑なモデルになるのが普通です。**図2.3** は入力データにパラメータを掛けて合計し、その結果にさらに別のパラメータを掛けるようなモデルを示しています。

図2.3 複雑なモデルの例

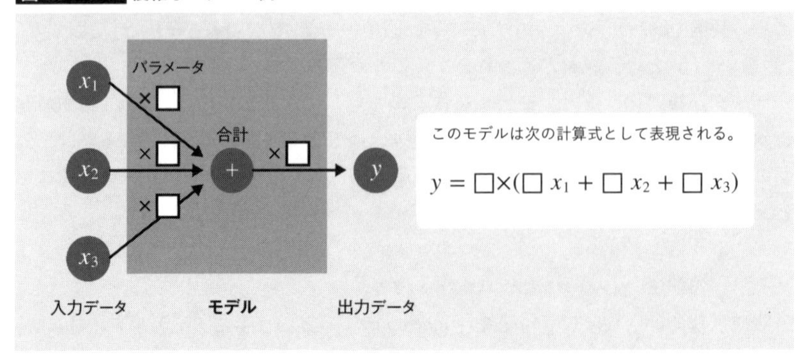

多数のパラメータをどのようにつなぎ合わせて数式を作るのかは、モデルの開発者に委ねられています。たとえば、後述する「ResNet」では数千万個ものパラメータを組み合わせてモデルを作ります。

数式を考えるのは人間ですが、パラメータを探す作業は機械に任せます。望ましい出力を得るために「最適なパラメータの組み合わせを見つける」のが、機械学習の基本的なプロセスです。

教師あり学習、教師なし学習、強化学習

機械学習には、大きく分けて「教師あり学習」「教師なし学習」「強化学習」の三つの種類があります。AIの開発では、これらの技術をうまく組み合わせて一つのシステムを作ります。

■――― 教師あり学習　入力データを正しい出力に変換する

教師あり学習（*supervised learning*）は、モデルが出力すべき正しい答えがわかっているときに使われます。たとえば、画像に写っているものが何かを学習したいのであれば、正しい入力と出力の組み合わせを**教師データ**（*training data*）としてモデルに渡します 図2.4 。

教師あり学習では、正しい答えを誰かが用意しなくてはいけません。答えがわからないときに教師あり学習は使えません。たとえば、「将棋で次の手をどう打つと勝てるのか」という問いに正しく答えるのは困難です。

図2.4 教師あり学習

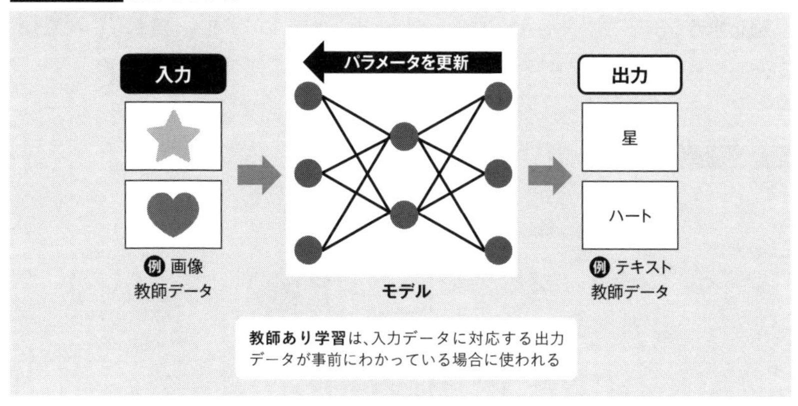

■――― **教師なし学習** 正解がなくともデータを分類する

教師なし学習（*unsupervised learning*）は、正しい答えがわからずとも、データをうまく振り分けたいときに使われます。たとえば、教師なし学習の一つである**クラスタリング**（*clustering*）では、似たようなデータの集合をグループとして振り分けることができます 図2.5 。

図2.5 教示なし学習（クラスタリング）

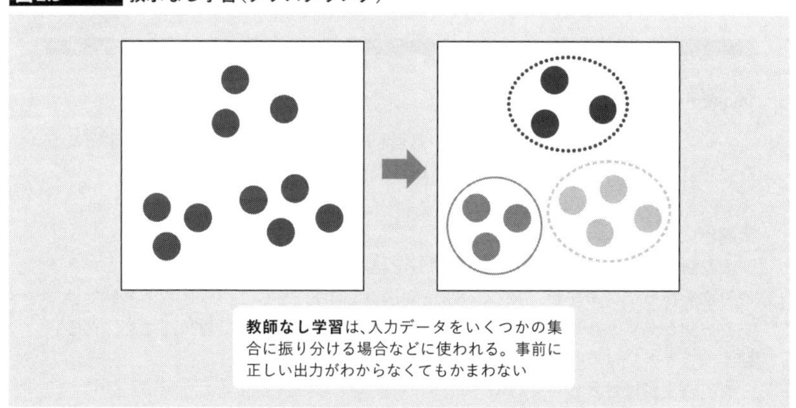

人間は初対面の人に会ったときに、その顔を見て「知らない人」だとわかります。そして、次に見たときには、前に会ったことを思い出すこともできます。このようなことが可能なのは、一度見たものを「既知のものと同じかそうでないか」を判別できるような教師なし学習をしているからです。

強化学習 望ましい状態に辿り着く手順を覚える

強化学習（*reinforcement learning*）は、正しい答えはわからずとも「望ましい状態」がわかっている場合に使われます。たとえば、図2.6 のような迷路を抜けて、入り口からゴールへと移動するロボットを考えます。

図2.6 強化学習で迷路を抜ける

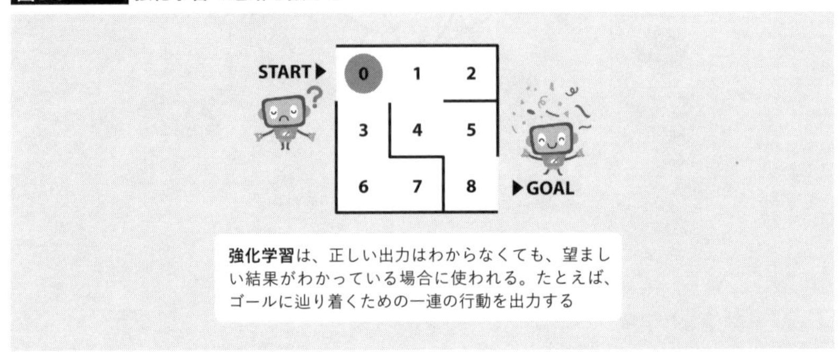

強化学習は、正しい出力はわからなくても、望ましい結果がわかっている場合に使われる。たとえば、ゴールに辿り着くための一連の行動を出力する

ロボットは最初、どう移動したらゴールに辿り着けるのかを知りません。しかし、何度か試行錯誤してゴールする方法を見つけると、その手順を記憶します。そして、次からは同じように行動することで、スムーズにゴールに辿り着けるようになるというのが強化学習です。

Column

機械学習と脳の関係

人間の脳には機能的に異なる複数の器官があり、それらの組み合わせによって高度な知能を実現していると考えられています 図C2.A 。

大脳新皮質 教師なし学習

大脳新皮質（*cerebral neocortex*）は記憶や意思決定など、知能の根幹をなすさまざまな役割を担っていますが、機能的には「教師なし学習」をしていると考えられています。人間が外界から情報を受け取るとき、それ自体に決まった意味はなく、どう行動すべきかという「正しい答え」もあるはずがありません。

大脳新皮質は外界から受け取った情報を抽象化し、過去に見たり聞いたりした経験と照らし合わせて記憶します。同じものを何度も見ることで、それを既知のものとして、他のものとは区別できるようになります。これは機能的には教師なし学習の一種である「クラスタリング」を実現していることになります。

大脳新皮質はものの形や動き、音や匂い、それらの時間変化など、さまざまな特徴を区別できる能力を備えています。これと同じ機械学習のしくみは、今もまだ実現されていません。

小脳　教師あり学習

小脳(*cerebellum*)は行動を滑らかにする能力、いわゆる「身体で覚える」役割を担っており、機能的には「教師あり学習」をしていると考えられています。成長した人間は、コップを手に取って水を飲むときに「指をどう動かすか」などいちいち考えたりはしません。これは小脳が「コップを取るときの指の動かし方」を覚えているためです。

人ははじめてのことをするときには試行錯誤を繰り返しますが、慣れてくると身体で覚えて無意識のうちに動けるようになります。これは「どう動くと正しいのか」という「教師データ」を小脳が学習しているためです。

人は意識的に行動するときには、大脳を使って行動計画を立てています。そうして大脳が作り出した行動を「教師データ」として学習し、次回からは小脳が同じ行動を再現します。小脳が何かを覚えると無意識に身体が動くようになり、大脳はより重要なことに意識を向けられるようになります。

大脳基底核　強化学習

大脳基底核(*basal ganglia*)は感情や動機付けなどのさまざまな機能に関わっていますが、機能的には「強化学習」をしていると考えられています。人は美味しいものを食べたり、怪我で痛みを感じたりすると、そのときの状況や行動を覚えておいて、次にまた同じことを繰り返したり避けたりするようになります。

前述した大脳新皮質や小脳は知識を蓄えるだけであり、「どう行動すべきか」という判断基準を与えてはくれません。人間には「欲」や「感情」といった本能的な判断基準があり、それを満たすために自分の行動を変えていく力があります。

「空腹を満たす」といった「望ましい状態」を経験したときに、そこへと至る手順を記憶しておいて、必要に応じて再現できるようにするために強化学習が用いられます。

機能の組み合わせが知能を作る

こうして見るだけでも、知能は複数の機能の組み合わせにより成り立っているのだとわかります。AIも高度化するにつれて、複数の機械学習の技術を組み合わせて作ることが増えてくるかもしれません。

図C2.A　脳の構造

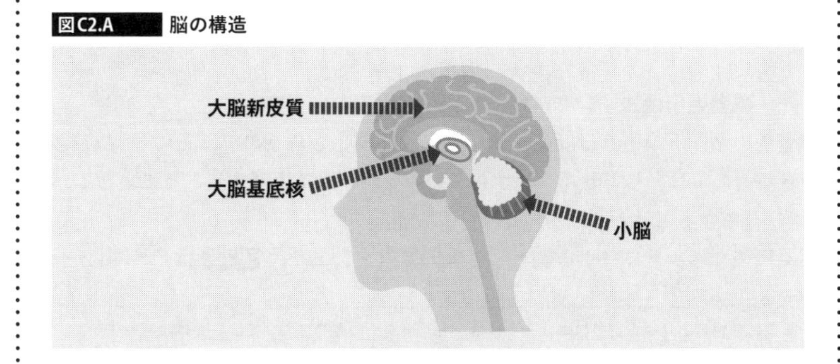

深層学習 ニューラルネットワーク

「深層学習」は機械学習の一種であり、**ニューラルネットワーク**（*neural networks*、以下では単純に「ネットワーク」と呼ぶ）を用いてモデルを作成する技術です★2。図2.7のネットワークは、3つの数値「x_1, x_2, x_3」を入力として受け取り、2つの数値「y_1, y_2」を出力します。

図2.7 ニューラルネットワークの例

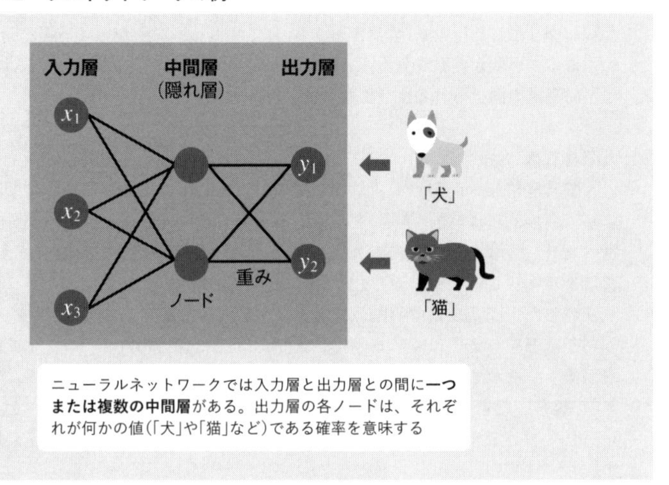

ネットワークは多数の**ノード**（*node*）で構成されます。ノード間の接続は**重み**（*weight*）付けされており、重みを変えることで出力が変化します。この重みを「パラメータ」として機械学習します。

ニューラルネットワークではしばしば出力を**確率分布**（*probability distribution*）として扱います。もし仮に出力が「$y_1=0.2$」「$y_2=0.8$」であれば、それは「y_1を選ぶ確率は20%」「y_2を選ぶ確率は80%」という予測結果が得られたものとして解釈します。

■—— 誤差逆伝播法 重みを調整して教師あり学習する

学習前のネットワークはランダムに重みが初期化されるので、その予測結果は信頼できるものではありません。しかし、重みを勾配法で更新することによって「教師あり学習」できることがわかっています。

ごく単純なネットワークを例として考えてみましょう。図2.8は、各層に一つの

★2 紙幅の都合もあり、本書ではニューラルネットワークそのものについて詳しくは説明しません。必要に応じて、『ディープラーニングを支える技術 ——「正解」を導くメカニズム［技術基礎］』（岡野原大輔 著、技術評論社、2022）などを参考にしてみてください。

ノードだけを持つネットワークです。ノード間の接続には重み(w_1, w_2)があり、これらをパラメータとして更新します。

図2.8 誤差逆伝播法

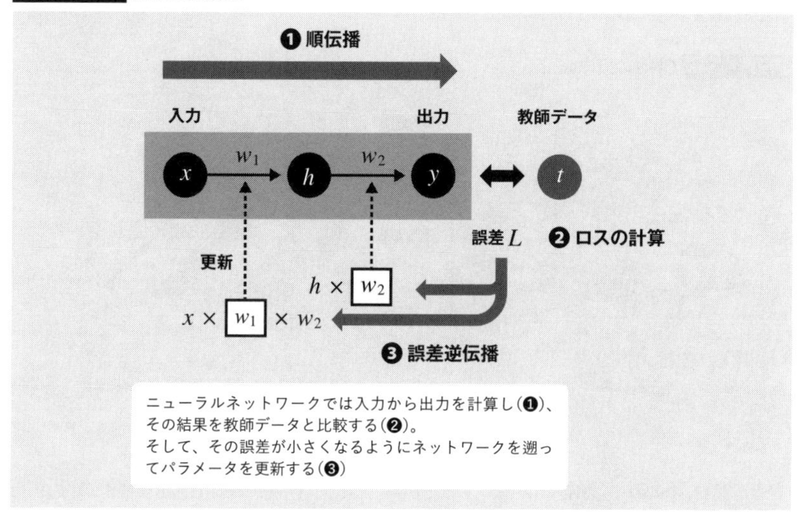

最初に、「入力」から「出力」へと順方向の計算をします 図2.8❶ (「順伝播」という)。そして、得られた出力を「教師データ」と比較して誤差(ロス)を得ます 図2.8❷ 。

学習の目的は、この「誤差L」が小さくなるように重みを変更することです。このとき、ネットワークの最後の層から順に見ていきます 図2.8❸ 。

順伝播のときに、「出力y」は「$h \times w_2$」として計算されています。その結果として誤差Lが生じたので、Lが小さくなる方向にw_2を少しだけ動かして古いw_2を置き換えます。

同じように、ネットワークを遡(さかのぼ)って他の重みも更新していきます。後ろから順に更新するのは、前の重み(w_1)を更新するときには後ろの重み(w_2)も使うので、後ろからから更新した方が計算が簡単になるからです。

結果として「順伝播の逆方向」に誤差を反映させていくことになるので、この手法を**誤差逆伝播法**(*backpropagation*、バックプロパゲーション)といいます。

CNN 畳み込みニューラルネットワーク

CNN(*Convolutional neural network*、畳み込みニューラルネットワーク)は、おもに画像認識に使われるネットワークです。人がものを見るときと似たような方法で、画像に何が写っているのかを識別します。

CNNは 図2.9 のような多数の中間層を持つネットワークであり、それぞれの層が段階的に画像データを抽象化します。たとえば、最初の中間層（第1層）では画像のごく小さな領域を切り出して、それが直線なのか、それとも曲線なのか、などといった特徴を識別します。

図2.9 CNNの概念図

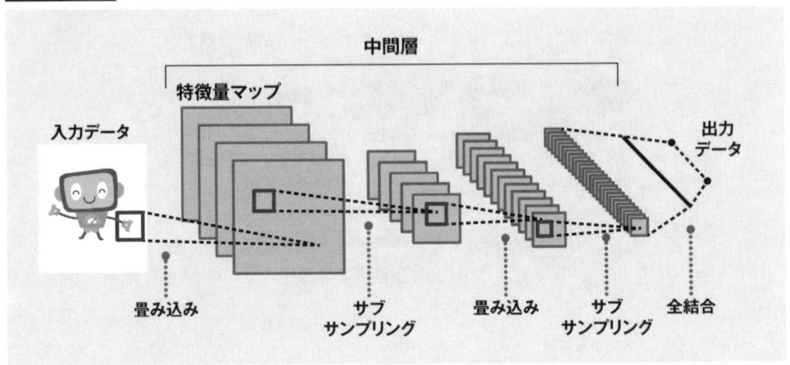

その特徴は次の中間層（第2層）へと渡され、より広範囲の特徴が識別されます。たとえば、三角形や円のような図形が第2層（またはそれ以降）の特徴となります。こうして中間層を重ねていくうちに、上位の層では「犬」や「猫」のような複雑な図形の特徴が識別されます。

Column

深層学習は「脳」と似ている？

深層学習で使われる「誤差逆伝播法」のしくみは、人間の脳には「ない」といわれています（少なくとも見つかっていない）。ニューラルネットワークは脳を真似て作られたともいわれますが、話はそう簡単ではありません。

誤差逆伝播法はそのしくみ上、何か「期待する出力」が得られるようにパラメータを調整します。一方、大脳新皮質がやっていることは「教師なし学習」であり、何かに合わせて出力を変えているわけではありません。入ってきた情報を抽象化したり、他の情報と統合したりしているだけです。

その意味では、ニューラルネットワークがやっているのは脳とはまったく異なる計算です。ただし、ニューラルネットワークの「中間層」は、計算の過程で必要となる「抽象化された情報」を表現しており、結果として大脳新皮質の役割の一部を機能的に担うことには成功しています。

高度なAIを開発するために、必ずしも脳と同じやり方が必要であるとはいえません。深層学習を用いたAI研究では、誤差逆伝播法だけでどこまでやれるかの探求が続けられています。

■―――全結合ネットワーク　人が理解できる出力に変換する

CNNの最後の中間層は、出力層と**全結合**(*fully connected*)する形で接続されます*3。中間層の出力はそのままでは単なる数値の羅列であり、人が見て理解できるものではありません。

そのため、全結合ネットワークを間に入れて、図2.7で見たように「教師あり学習」をすることで人が理解できる出力へと変換します。その結果、「犬である確率は20%、猫である確率は80%」のような出力が得られます。

■―――高さ×幅×チャンネル

CNNには、一度に複数の画像を渡すことができます。カラー画像は通常「RGB」の3色から構成されるので、CNNには各色を抜き出した3枚の画像を入力データとして渡します。これを3つの**チャンネル**(*channel*)といいます。画像がモノクロ写真ならチャンネルは1つです。

画像には「高さ」(H)と「幅」(W)があるので、これに「チャンネル」(C)を加えて、入力データは「$H \times W \times C$」のサイズの配列となります 図2.10 。

図2.10　CNNの入力データ

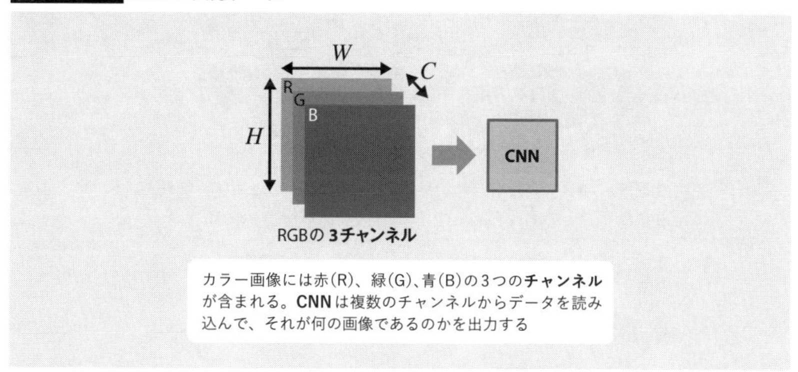

技術的には、チャンネルはいくつあってもかまいません。たとえば、透明度を加えて4つのチャンネルにしても良いし、10枚のモノクロ写真を10チャンネルのデータとして渡してもかまいません。

ResNet　残差ネットワーク

ResNet(*Residual network*、残差ネットワーク)はCNNの一種であり、画像認識で

*3　ノード間の接続がすべて重み付けされた標準的なニューラルネットワークのことを「全結合」と呼びます。

高い性能を発揮することが知られています。ゲームAIでも、画面を認識するためによく使われます。

CNNはそのしくみ上、中間層を増やすほどより複雑な画像を認識できそうなものですが、実際に試すと10層程度を頭打ちにして逆に精度が下がることがわかっています。この問題を克服するために作られたのがResNetで、中間層が数百以上になっても性能が落ちないという性質があります。

中間層で残差を計算する

深層学習では、データが中間層を通るたびに何らかの計算を行います。仮に二つの中間層があり、それぞれを関数$F_1(x)$, $F_2(x)$として表すと、ネットワークの計算過程は 図2.11❶ のようになります。

図2.11 中間層の関数としての役割

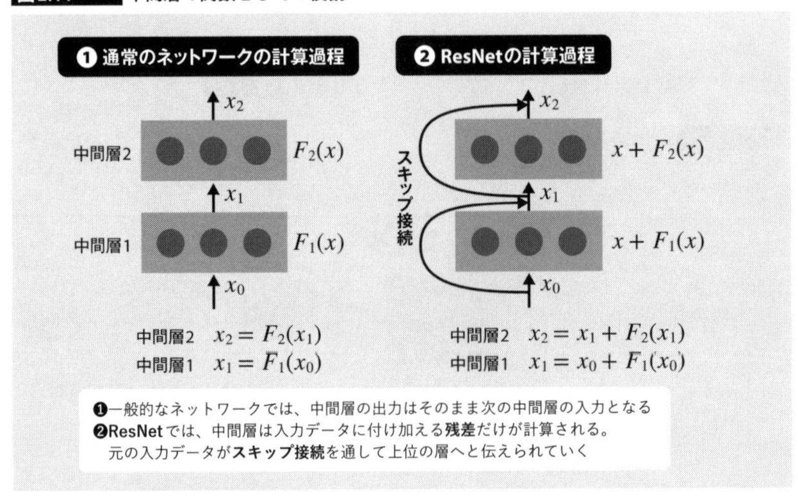

ResNetでは少し考え方を変えて、各中間層は**残差**(*residue*)、つまり各層で付け加えられる差分だけを計算するものとします。ResNetでは 図2.11❷ のように、入力データxは二つの経路に分岐されます。

一つは通常のCNNと同じようにニューラルネットワークに渡され、これが$F(x)$の計算に相当します。その一方でxはそのままネットワークの後方にも送られ、$F(x)$の結果と足し合わされます。このように、ネットワークを飛び越えてデータが送られることを**スキップ接続**(*skip connection*)と呼びます。

このような中間層を何百段も積み重ねることで画像認識の精度を高められる、というのがResNetによる発見です。

2.2 RNNの基礎知識

本節では、時系列データを学習するための「RNN」の基本構造と、それを拡張した「LSTM」について説明します。

時系列データを学習する

RNN（*Recurrent neural network*、回帰型ニューラルネットワーク）は**時系列データ**（*time series data*）、つまり時間的に変化するデータをニューラルネットワークで学習する技術の一種です 図2.12 。

人が話す言葉や音楽など、時間とともに変化するデータには前後関係があり、「データの並び」に意味があります。通常のニューラルネットワークは順序関係を考慮しないので、時系列データをうまく扱うことができません。

図2.12 CNNとRNNの比較

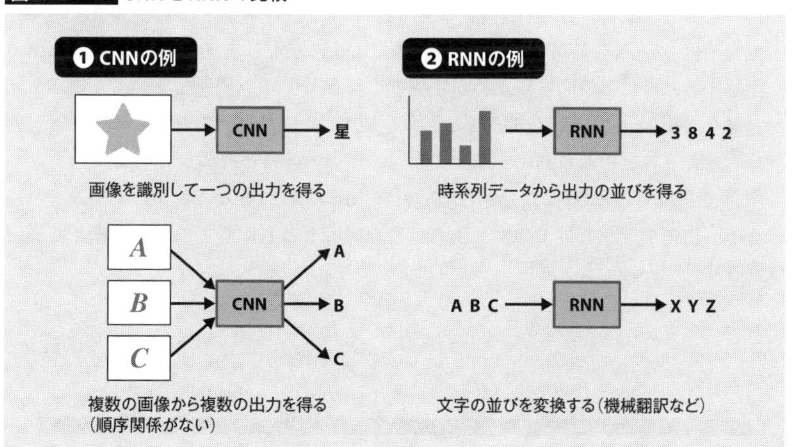

■ 隠れ層の出力を次の入力として用いる

ニューラルネットワークでは通常、入力データから中間層を経て出力データへと計算が進みます。中間層は**隠れ層**（*hidden layer*）とも呼ばれます。RNNの隠れ層には通常の入出力に加えて、**隠れ状態**（*hidden state*）というもう一つの入出力があります 図2.13Ⓐ 。

図2.13 RNNの概念図

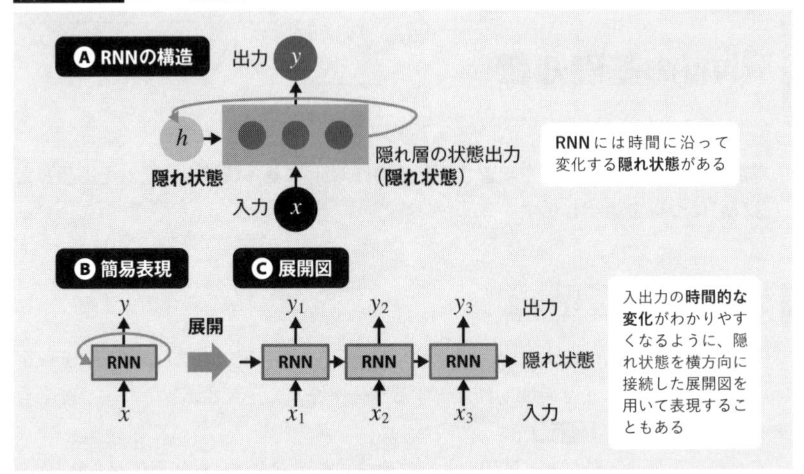

隠れ状態は、RNNの内部にある「一時的なメモリ」のような存在です。前回RNNを使ったときの隠れ状態が、次にRNNを使うときにも読み込まれます。通常の「入力から出力」へと至る計算に加えて、「前回から今回」へと至る隠れ状態の時間変化もあることから、図のように「回転する矢印」としてデータの流れを表現します。

本書では、RNNを簡素化して 図2.13B のように表現します。RNNによる入出力を図解するときには時間推移がわかりやすくなるように、図2.13C のように時系列データを**展開**(*unroll/unfold*)することもあります。ここでは入力が「x_1 ➡ x_2 ➡ x_3」と変化したときに、それに対応する出力が「y_1 ➡ y_2 ➡ y_3」と推移しています。

RNNを展開したときには、隠れ状態を「横方向の矢印」として表現します。これによって入出力の変化だけでなく、隠れ状態が時間とともに渡されていく様子が表現されます。

Column

回帰型と再帰型

RNNは、日本語では「再帰型ニューラルネットワーク」と訳されることもあります。RNNの「R」は「recurrent」の頭文字ですが、これには「同じことを何度も繰り返す」という意味があります。ソフトウェア開発でよく使われる「再帰」(*recursive*)とは意味が似ていますが、別の言葉なので注意が必要です。

ややこしいことに、RNNの一種として「recursive neural network」と呼ばれる実装もあるため、誤解を避けるために本書では「recurrent」を「回帰型」と訳します。

■―――［例］次の数字を予測する

「時系列データの学習」とは何なのかを理解するために、以下のような問題を考えます。時間とともに変化する数値があるとして、次に来る数値を予測できるようなネットワークを作りましょう。問題❶の答えは「4」、問題❷の答えは「2」です。

- **問題❶** 1➡2➡3➡[?]
- **問題❷** 5➡4➡3➡[?]

これをRNNで学習するには 図2.14 のようにします。最初に入力データのそれぞれについて、次に来るべき数字を出力データとして教師あり学習します。

図2.14 RNNによる時系列データの学習

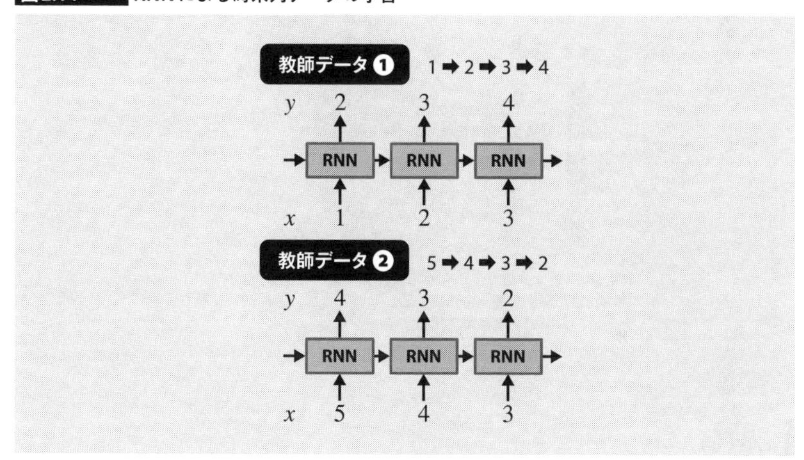

こうして学習が完了した後で、ネットワークに「1➡2➡3」というデータを順に渡すと「4」が出力され、「5➡4➡3」というデータを順に渡すと「2」が出力されるようになります。これがRNNによる予測です。

■―――隠れ状態が過去の履歴を表現する

ここで、図2.14 の最後の計算(三つめの入出力)に注目してください。❶も❷もどちらも、入力データは同じ「3」であるにもかかわらず、出力が異なっています。

RNN以外のネットワークでは入力データだけから出力が決まるので、同じ入力からは常に同じ出力が得られます。一方、RNNには隠れ状態というものがあるため、その影響を受けて出力が変化します。

隠れ状態は、ネットワークが「過去に受け取ってきた入力データの履歴」を凝縮して一つの値にしたものです。そこにはいわゆる「文脈」のようなものがエンコードされており、その文脈に応じて出力が変化しているのだと考えることもできます。

通時的誤差逆伝搬法　BPTT

RNNの学習には、その時間的な特性を利用した**通時的誤差逆伝搬法**(*backpropagation-through-time*、**BPTT**)が用いられます。

BPTTでは教師データとして、入力と出力の両方の時系列データをあらかじめ用意します。ネットワークに入力データの並びを与えると、出力データの並びが順に得られます。この出力データを教師データと順に比較して誤差を計算します **図2.15** 。こうして得られた誤差を使ってネットワークを一気に更新することで、高速化することができます。

図2.15 通時的誤差逆伝搬法(BPTT)

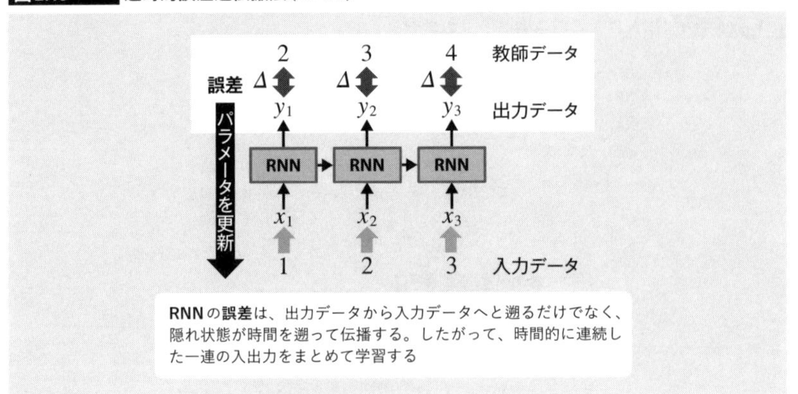

LSTM

隠れ層をどのように実装するかによって、RNNにはいくつかの種類があります。なかでも有名なのは**LSTM**(*long short-term memory*、長・短期記憶)です。

初期のRNNには「勾配消失問題」といわれる問題があり、あまり長い時系列データを記憶することはできませんでした。ネットワークの構造上、隠れ状態が時間の経過とともに小さくなっていき、ほんの数個前の入力ですら影響力がなくなってしまうのです。

LSTMは、前述のResNetと同じようにスキップ接続を用いて勾配消失問題を解決しており、数百を超えるような長い時系列データでも学習できるようになりました。

Deep LSTM

LSTMが考案されたのは1990年代であり、AIの世界では古典的な技術です。深層学習の発展とともにその役割が見直され、大量の時系列データを扱う音声認識や自然言語処理などにも使われるようになりました。

2013年頃から、LSTMの出力データを次のLSTMの入力にすることで何層にも重ねたネットワークが作られるようになりました。このようなネットワークを「Stacked LSTM」(積み重ねたLSTM)、もしくは「Deep LSTM」(深層LSTM)と呼びます 図2.16 。

図2.16 3層のDeep LSTM

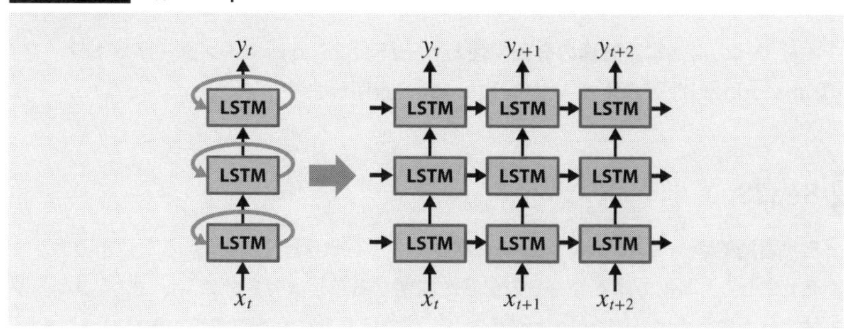

Deep LSTMは、LSTMをつなぎ合わせただけの単純な機構ですが、層が増えるにつれて抽象化の度合いが高まり、より柔軟に時系列データを学習できることがわかっています。

Column

LSTMの名前の由来

LSTMは日本語にすると「長・短期記憶」という名前ですが、なぜそのような名称になったのかは気になるところです。1997年に発表された論文[★a]によると、各用語の定義は次のようになっています。

- **短期記憶**(*short-term memory*)
  ➡隠れ層から隠れ層へと渡されるメモリ上の状態(一時的なもの)
- **長期記憶**(*long-term memory*)
  ➡ネットワークのパラメータとして学習された重み(保存される)

RNNでは一度計算が終わっても隠れ状態を次の時間に持ち越しますが、そのような内部状態を「短期記憶」と呼びます。

LSTMではそれまでのRNNと比べると短期記憶の長い列を学習できることから、このような名前になったのではないでしょうか。

★a Sepp Hochreiter, Jürgen Schmidhuber「Long Short-Term Memory」(Neural Comput 1997; 9 (8): 1735–1780) URL https://doi.org/10.1162/neco.1997.9.8.1735

2.3 自然言語処理の基礎知識

本節では、自然言語処理の分野で使われる「Seq2Seq」「ポインターネットワーク」「Transformer」などのネットワークについて説明します。

Seq2Seq

自然言語処理(*natural language processing*、NLP)を取り巻く技術は、ここ数年で大きく変化しました。本書ではとてもその全貌を説明することはできませんが、いくつかの要素技術は本書の中でも使われているため、以下ではそれらの予備知識のみを説明します。

Seq2Seqは2014年に発表された自然言語処理のアルゴリズムであり、LSTMを用いて自然言語を学習しようとするものです。Seq2Seqは古典的な技術であり、今ではあまり使うことはないかもしれませんが、その考え方はあちこちで目にするので知っておいても損はないでしょう。

■——— 入力の並び(Seq)を出力の並び(Seq)へと変換する

Seq2Seqの基本的な考え方は 図2.17 のように表現されます。ここでは「A➡B➡C」という単語の並びを「W➡X➡Y➡Z」という並びへと変換しています。ごく初歩的な機械翻訳の例として考えることができます。

図2.17 Seq2Seqによる機械翻訳の例

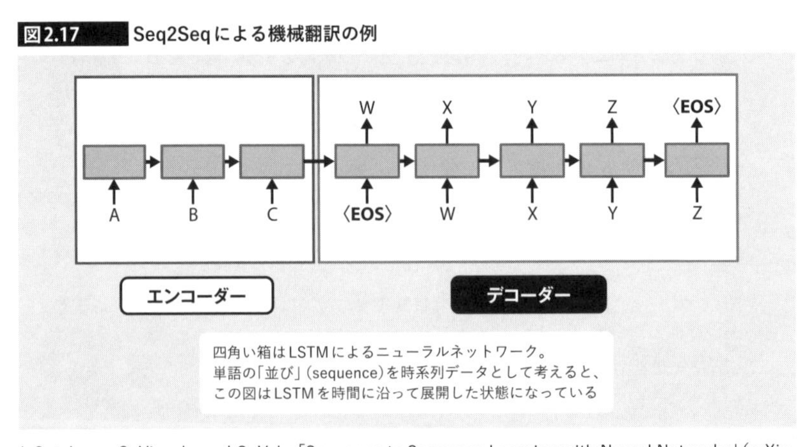

I. Sutskever, O. Vinyals, and Q. V. Le「Sequence to Sequence Learning with Neural Networks」(arXiv、2014) URL https://arxiv.org/abs/1409.3215
上記の論文を参考に筆者作成。

Seq2Seqはこのようなネットワークを「二つのLSTM」を並べて作ります 図2.18 。このうち「入力データを処理する」前半部分のLSTMを**エンコーダー**(*encoder*)、そして「出力データを生成する」後半部分のLSTMを**デコーダー**(*decoder*)と呼びます。

図2.18 Seq2Seqのネットワーク

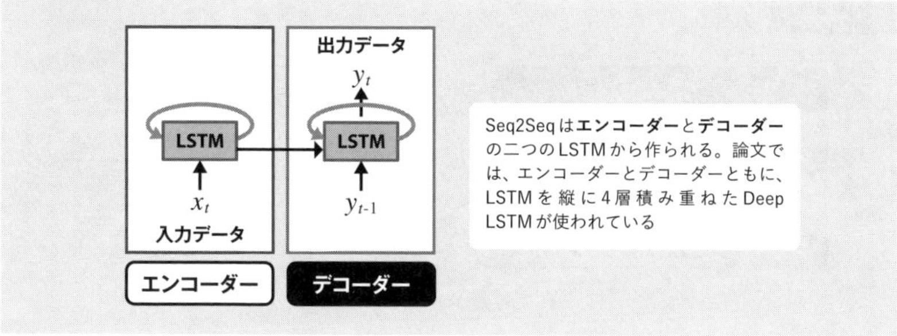

エンコーダーは時間に沿ってデータを受け取り、何も出力しません。それでもLSTMの隠れ状態は更新されます。入力データを読み終わったときには、その隠れ状態は「すべての入力データを反映した固有値」になっていると考えられます。仮に「A➡B➡C」という並びを与えたときには、そのときにしか作られない何かの値になっているはずです。

そして、デコーダーは隠れ状態を受け取って、新しい並びを生成します。デコーダーには、最初の入力データとして「EOS」(*End-of-sentence*、文末の意味)を与えます。あとは、通常どおりに時系列データの学習をすることで、任意の出力の並びを覚えさせることができます。

エンコーダーは、任意の並びを「隠れ状態」という単一の値へと**エンコード**(*encode*)します。そして、デコーダーはエンコードされた値に応じて別の並びを生成します。これがSeq2Seqの基本原理です。

Attention

Attention(注意、特定の何かに意識を向けること)は、Seq2Seqが発表された2014年前後から盛んに研究されるようになった自然言語処理の概念です。日本語では「注意」「注意機構」などと訳されますが、本書では英語のまま「Attention」と表記します。

Seq2Seqは任意の入力の並びを単に出力の並びへと変換しますが、その能力には自ずと限界があります。自然言語はもっと構造的なものであり、その構造をうまく捉えることができれば、より精度の高い自然言語処理が可能になると考えられます。

Attentionとは一つまたは二つの文章(単語の並び)を比較したときに、単語間の関係の大きさを数値化するための一般的な技術です。

■――［例］appleとリンゴ

たとえば、英語で「This is an apple」という文章と、日本語で「これはリンゴです」という文章があるとして、「apple」という単語は「リンゴ」という単語との関係が深いと考えられます 図2.19❶ 。

図2.19 Attentionの概念

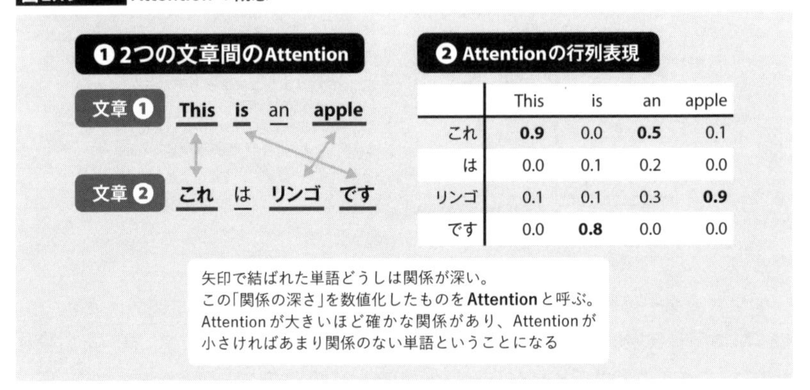

このような単語の関係は、従来であれば「辞書」を使って変換されてきました。しかし、人が作る辞書には限界があり、どうしても足りない単語があったり、不自然な翻訳になったりすることが避けられません。

現代のように膨大なデータから機械学習できる時代になると、「apple」と「リンゴ」の間には関係がある、ということは統計的なデータとしてわかります。このような「データから導かれる単語同士の関係の深さ」が**Attention**です。

より具体的には、Attentionは 図2.19❷ のような行列データとして表現されます。このような行列を入力データに掛け合わせてから計算することで、すべての単語を平等に扱うよりも学習効率が良くなります。

ポインターネットワーク

ポインターネットワーク（*pointer networks*）は、2015年に発表された自然言語処理のアルゴリズムであり、Seq2Seqの欠点の一つを解消しようとする試みです。

Seq2Seqでは、デコーダーが出力できるのは学習時に用いられたデータに限られており、学習されなかった未知のデータを出力することはできません。

しかし、自然言語における固有名詞（人の名前など）のように、学習時には使われなかった単語をうまく参照したいときもあります。そうしたケースを扱えるように、入力データを参照する**ポインター**（*pointer*）を学習するのがポインターネットワークです。

■——［例］一部のデータを参照する

たとえば、入力データとして4つの数値の並び「x_1〜x_4」があるとします。そこから一部の数値を選択して「x_1, x_2, x_4」という並びを出力することを考えます 図2.20 。

図2.20 ポインターネットワークの概念図

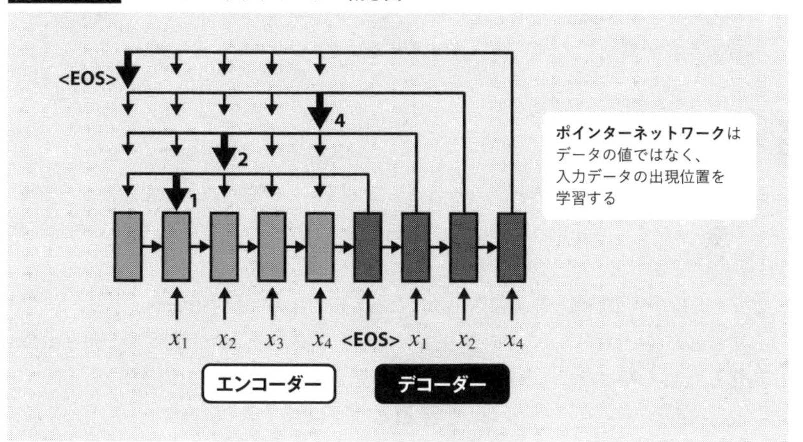

O. Vinyals, M. Fortunato, and N. Jaitly「Pointer Networks」(arXiv、2015)
URL https://arxiv.org/abs/1506.03134
上記の論文を参考に筆者作成。

ポインターネットワークはデータの「出現位置」を学習します。ポインターネットワークもSeq2Seqと同様に「二つのLSTM」(エンコーダーとデコーダー)から構成されますが、デコーダーが出力するのはAttentionである点が異なります 図2.21❶ 。

図2.21 ポインターネットワークにおけるAttention

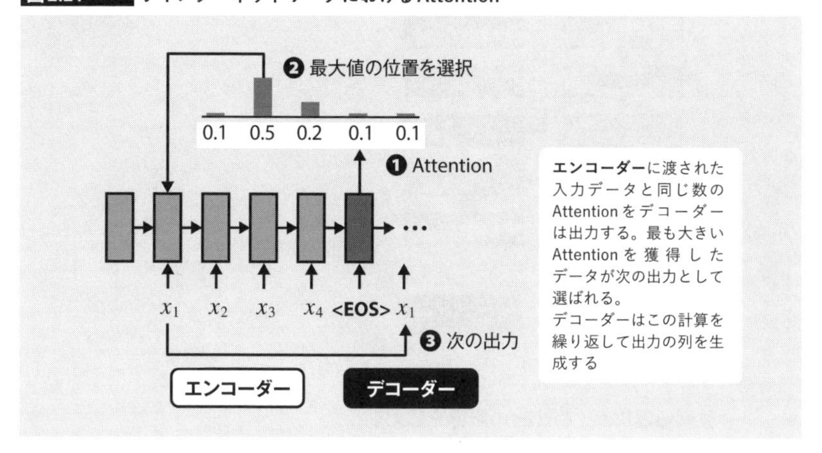

ポインターネットワークでは、デコーダーに最初のEOSを渡すと、入力データの並びと同じ数だけのAttentionが計算されます。Attentionの値の大きさは、次の単語としてどれだけ相応わしいかを示します。その中から最大値の位置を選択し 図2.21❷、その位置にある入力データを次の値としてデコーダーへと渡します 図2.21❸。

これを繰り返して選択される値の並びが、目的とする出力の並びと一致するように学習するのがポインターネットワークの機能です。

Transformer

Attentionの技術はLSTMと組み合わせる形で長らく研究されてきましたが、2017年にGoogleから「Attention Is All You Need」という論文が発表されたことで自然言語処理の世界が大きく変わります。

さまざまな研究の結果、自然言語処理にとって重要なのは**Attention**であり、LSTMは必ずしも必要ではないことがわかりました。そこで、LSTMは使わずに**Attentionに特化したしくみ**として、**Transformer**（変換器）が提案されました。

Transformerのネットワークは、図2.22 のようになります。左半分のブロックがエンコーダーで、右半分がデコーダーです。Transformerを構成する「Encoder」や「Decoder」は、それぞれがAttentionを計算するように作られています。LSTMにあったような「時間に沿ったデータ処理」（ループ状の矢印）はなくなりました。

図2.22 Transformerのネットワーク

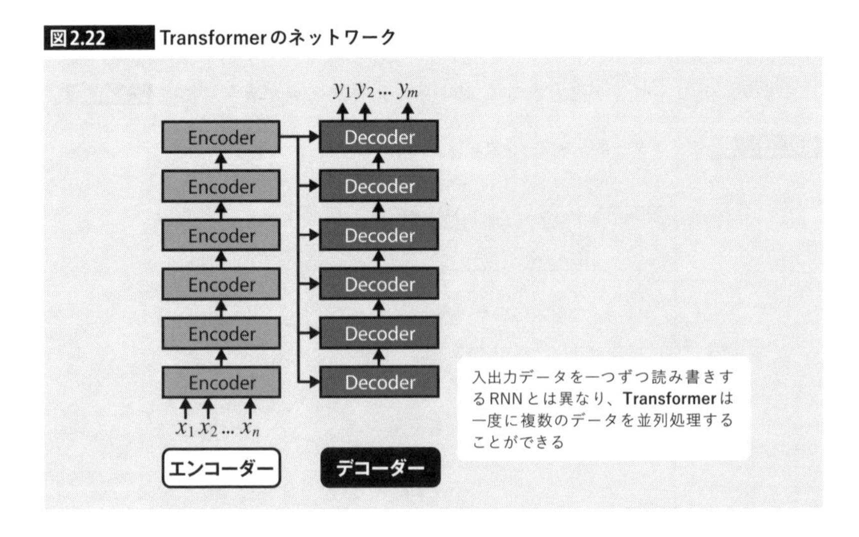

並列処理によってRNNの限界を超える

TransformerのEncoderは、前から順に単語を読み込むのではなく、すべての単語を一度に並列処理するようになりました。従来のLSTMを用いた自然言語処理では、時系列データの学習のために「通時的誤差逆伝搬法」(BPTT)が使われます。ところが、時間に沿ったデータ処理、すなわち逐次処理は、完全には並列化することができず、学習速度を上げるのにも限界がありました。

自然言語処理では「何十もの単語から成る文章」を扱うのが普通です。GPUによる並列化を考えると、単語を一つずつ逐次処理するよりも、単語の数だけ並列化できる方が効率的です。Transformerは従来よりも効率良く大量のテキストデータを学習できるようになり、自然言語処理の世界に新しい時代が到来しました。

Self-Attention 自己注意機構

Transformerの内部で使われているAttentionは、**Self-Attention**(自己注意機構)と呼ばれます。Attentionはもともと「2つの文章間の単語の関係」を数値化したものでしたが、TransformerのEncoderには1つの文章しか渡されません。Self-Attentionは、「同じ文章内の単語の関係」を数値化した特殊なAttentionです。

自然言語は無秩序に単語が並んでいるわけではなく、主語や動詞などから成る「文章構造」が必ず存在します。その文章構造をうまく数値化して捉えられたなら、すべての単語を平等に扱うよりも、良い結果が得られる可能性が高まります。

たとえば、「This is an apple」という文章を翻訳するとき、「This」に対応する訳語を決めるために、3つ後ろに「apple」という単語があるかないかは、あまり重要ではないかもしれません。もしそうなら「apple」に対するAttentionを小さくすることで、そこにどんな単語があろうと関係なく訳語が決まります。

Self-Attentionは、文章内のすべての単語に対して、他の単語との関係を計算します。そして、それを多層のEncoderによって何度も繰り返すことで、複雑な自然言語の意味を学習できるようにしたのが、Transformerの能力です。

Column

LSTMはもう必要ないのか

Transformerの登場により、もはや「LSTMは時代遅れだ」とする意見もよく見るようになりました。Transformerは自然言語処理だけでなく、音声認識や画像認識などの分野にも応用されており、そうした分野でLSTMが使われることは今ではなくなってきているようです。

もっとも、LSTMがその価値を失ったのかというと、そのようなことはありません。時系列データを学習するための汎用的な技術としてLSTMは今でも使われており、本書で取り上げるゲームAIでもあちこちでLSTMが利用されています。

要は適材適所であり、用途によって最適な技術は異なるものなので、今後も目的に合わせて使い分けていくものなのでしょう。

2.4 強化学習の基礎知識

本節では、深層学習を使わない古典的な強化学習について説明します。

マルコフ決定過程

強化学習(*reinforcement learning*)は、達成したいゴールが明確であるものの、それを実現する手順がわからないときに利用されます。たとえば、迷路を抜けてゴールに辿り着きたいとき、最初はランダムに動いてみて、うまく抜けられたらそのやり方を覚えておけば良い、という考え方です。

強化学習では**マルコフ決定過程**(*Markov decision process*、MDP)と呼ばれる考え方に従ってモデルを定式化します。マルコフ決定過程では「自分の行動次第で次の状態が決まる」ような世界を考えます。たとえば、図2.23 のような意思決定のプロセスを考えます。

図2.23 マルコフ決定過程

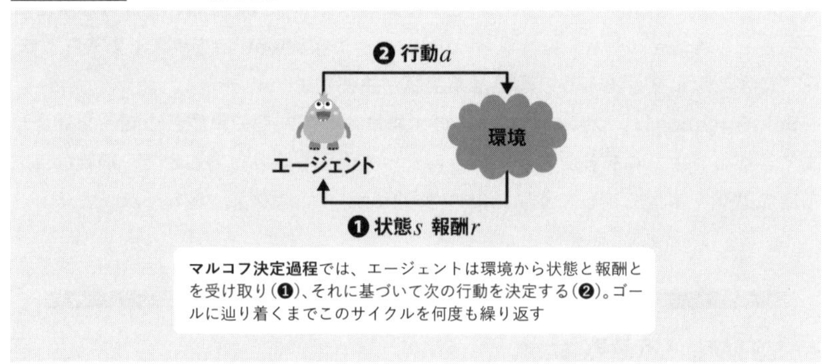

ロボットのように意思決定する主体を**エージェント**(*agent*)と呼び、エージェントが活動する世界を**環境**(*environment*)と呼びます。エージェントや環境は**状態**(*state*)を持ち、それが時間とともに変化します 図2.23❶ 。

エージェントは現在の状態に応じて**行動**(*action*)を決定します 図2.23❷ 。エージェントが行動すると環境が変化し、新しい状態と**報酬**(*reward*)が返されます 図2.23❶ 。ここでいう報酬とはただの「数値」であり、エージェントが好ましい行動をすると正の数値(1など)が返されます。

得られる報酬や状態の変化は、エージェントの行動に従って決まるものとします。

強化学習の目的は、このような環境で最大の報酬が得られるような行動を見つけることにあります。

[例]ロボットをゴールまで移動させる

具体的な例で考えます。図2.6(再掲)のような迷路を抜けてロボットをゴールに移動させたいとします。このときロボットが「エージェント」、迷路が「環境」であり、ロボットの現在位置が「状態」となります。

(再掲)図2.6 迷路を抜けてゴールする

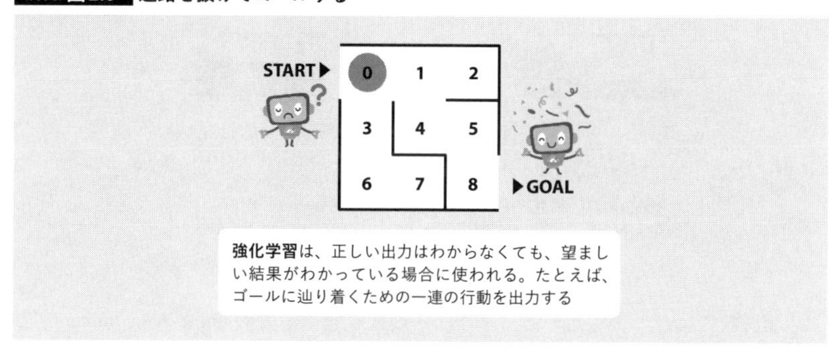

ロボットは上下左右への移動、つまり4種類の「行動」が可能です。ゴールに辿り着くと「報酬」として「$r=1$」が与えられるものとします。

迷路の位置には番号が振ってあり、状態sは数値として表現されます。開始時には「$s=0$」、ゴールすると「$s=8$」になります。ロボットの行動aも数値として表現します。たとえば「上下左右」の移動をそれぞれ「$a=0$、$a=1$, $a=2$, $a=3$」とします。

こうして数値化することで、機械学習の枠組みで意思決定することが可能となります。たとえば、スタート地点($s=0$)から、右に移動($a=3$)したければ、入力として「$s=0$」が与えられたときに出力として「$a=3$」を返すようなモデルがあれば、この問題は解決されるわけです。

方策ベースと価値ベースの強化学習

ある状態sが与えられたときに、行動aを決定する手順のことを**方策**(*policy*)と呼びます。方策を機械学習のモデルとして実装し、出力として行動aを直接計算するような手法のことを「**方策ベース**(*policy-based*)の強化学習」と呼びます。いまの場合「0〜3」の数値を出力するモデルを作れば、それがそのまま方策となります。

とはいえ、最適な行動がわからないからこそ問題になっているのであり、行動aを直接学習できるとは限りません。そこで代替手段として、考えられる行動の**価値**(*value*)を計算してから、最も価値の高い行動を間接的に選ぶ手法もあります。これを「**価値ベース**（*value-based*）の強化学習」と呼びます。

■―― 状態価値関数と行動価値関数

価値ベースの強化学習では**価値関数**（*value function*）という概念を導入します 図2.24 。これは「現在の状態（または行動）にどれだけの価値があるのか」を計算するための関数です。

図2.24 状態価値関数と行動価値関数

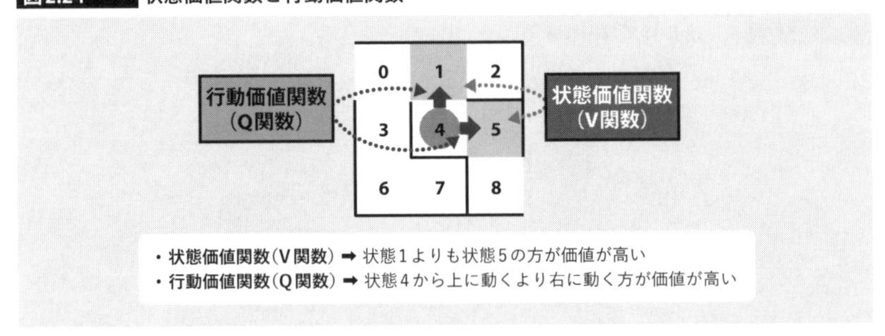

価値関数には二つの種類があります。一つは**状態価値関数**（*state-value function*）と呼ばれるもので、「ある状態そのものの価値」を評価します。前述の迷路の例であれば、ロボットがゴールに近づくほど価値があるものとして考えます。状態価値関数は**V関数**（*V-function*）とも呼ばれ、$V(s)$ と表します。

もう一つは**状態行動価値関数**（*state-action-value function*）、または単純に**行動価値関数**（*action-value function*）と呼ばれるもので、「ある状態である行動を取ることの価値」を評価します。行動価値関数は**Q関数**（*Q-function*）とも呼ばれ、$Q(s, a)$ と表します。

…………………………………………

以上の関係をまとめると、図2.25 のようになります。強化学習では、このうち何をモデルとして学習するのかによって、開発の方法が大きく変わります。

図2.25 強化学習の種類

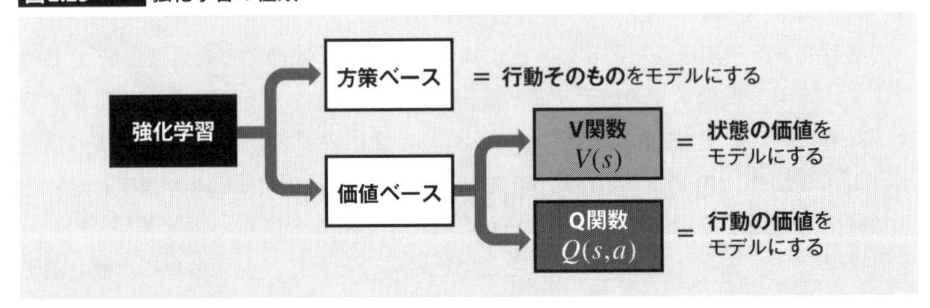

Q値 報酬の期待値

強化学習では、**Q値**(*Q-value*)と呼ばれる値が頻繁に登場します。Q値とは「Q関数により計算される行動価値」のことであり、「将来的に得られる報酬の期待値」を数値化したものともいえます。

報酬には短期的なものと長期的なものとがあります。たとえば「ぷよぷよ」のようなゲームを考えるとわかりやすいかもしれません。短期的な報酬(ゲームのスコア)を得るには次々とぷよをつなげて消していけば良いのですが、長期的には連鎖を作って一度にまとめて消す方が大きな報酬を得られます。

仮に3回の行動で得られる報酬をQ値として考えるならば、「1, 1, 1」のように小さな報酬を次々と得るよりも、「0, 0, 5」のように長期的に大きな報酬を得られる方がQ値は高くなります。

Q値の定義 割引された報酬の合計

具体的には、Q値は次のようにして定められます。ここでは時間tにおける状態をs_t、行動をa_tとします。

時間tにおけるQ値は、その時間に得られた報酬r_tと次の時間$(t+1)$におけるQ値を使って、次のように計算されます。大まかにいうと、Q値とは「直近の行動による報酬」と「将来の行動から得られるQ値」とを足し合わせたものです。

$$\underbrace{Q(s_t, a_t)}_{\text{Q値}} = \underbrace{r_t}_{\text{報酬}} + \gamma \underbrace{Q(s_{t+1}, a_{t+1})}_{\text{将来の行動から得られるQ値}}$$

計算式中のγ(ガンマ)は**割引率**(*discount factor*)と呼ばれ、$0 \sim 1$の範囲の値がセットされます。もし得られる報酬が同じなら「行動回数が少ないほど価値の高い行動」であると考えられます。割引率に1よりも小さい値を用いることで、将来の報酬の価値が小さく評価され、早く行動するほど大きなQ値を得られるようになります **図2.26**。

図2.26 割引された報酬の合計

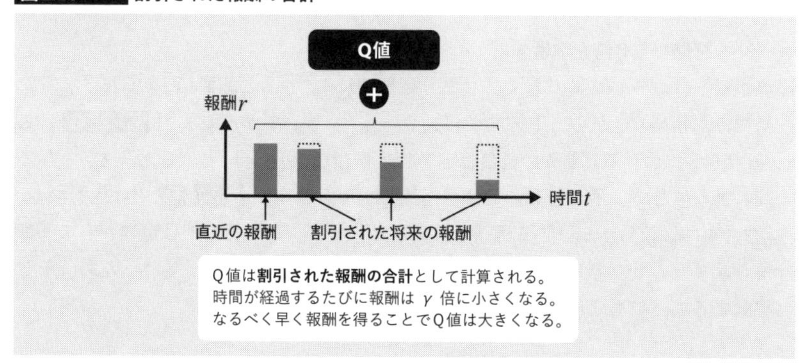

■――― 経験からQ関数を学習する

もしも将来のあらゆる行動とそのQ値を計算できるなら、間違いのない「正しいQ関数」を作ることができます。しかし、たとえゲームの世界でもあらゆる行動を試してみることなどできないので、「正しいQ関数」は誰にもわかりません。

そのため、価値ベースの強化学習では、実際にエージェントを動かすことで得られた範囲の報酬を使って、経験に基づく「擬似的なQ関数」を作ります。経験が増えれば増えるほど、こうして作られるQ関数は「正しいQ関数」に近づきます。

作成したQ関数が「正しいQ関数」に近づけば、エージェントは正しい行動を選択できるようになります。したがって、強化学習の目的は少しでも正確なQ関数を作れるように多様な経験を積むこととなります。

Q学習 価値ベースの強化学習

より具体的な手順を見ていきましょう。価値ベースの強化学習の中でも、最も基本となるのが**Q学習**(*Q-learning*)です。似たような言葉が多くて紛らわしいですが、Q学習は具体的な強化学習のアルゴリズムの一つです。

Q学習では、Q関数を 図2.27 のような表形式で定義します。これを**Qテーブル**(*Q-table*)と呼びます。Qテーブルはあらゆる状態と行動の組み合わせに対して、そのQ値を管理します。最初はどう行動して良いのかわからないので、ここではすべてのQ値を「0」に初期化しています。

図2.27 Qテーブル(学習前)

行動 a \ 状態 s	0	1	2	3	4	5	6	7	8
⬆(0)	0	0	0	0	0	0	0	0	0
⬇(1)	0	0	0	0	0	0	0	0	0
⬅(2)	0	0	0	0	0	0	0	0	0
➡(3)	0	0	0	0	0	0	0	0	0

■――― 経験からQ値を学習する

ロボットはゴールに辿り着く、つまり状態が「8」になると報酬「1」を得ます。そのためには、状態「5」から、下方向に移動($a=1$)する必要があります 図2.28❶ 。これを「状態5における行動1の価値は1である」($Q(5, 1)=1$)と表現します。

同じようにして、他の行動の価値も計算していきます。 図2.28❷ では状態「4」から「右方向に移動」($a=3$)する価値を計算しています。この行動では環境からの報酬は得られませんが、状態「5」には価値の高い行動があるとわかっているため、そこに移動することにも価値があると考えます。

図2.28 Q学習

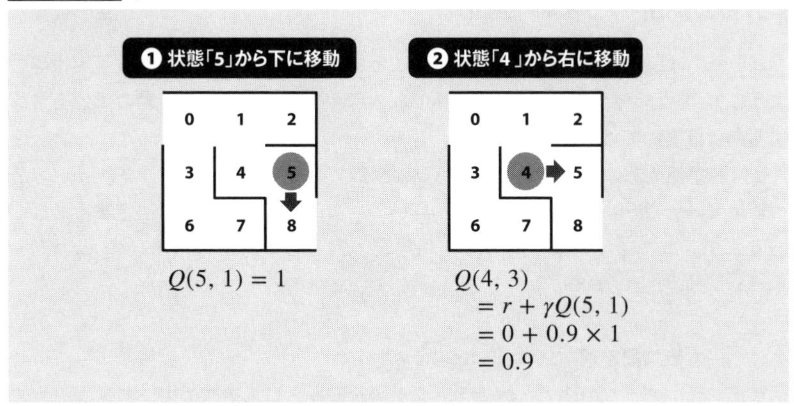

ただし、報酬が得られるのはまだ先なので「割引率」として0.9を掛けています。同じようにして、スタート地点にまで遡って各行動の価値を計算すると、Qテーブルは 図2.29 のようになります。

図2.29 Qテーブル（学習後）

行動a ＼ 状態s	0	1	2	3	4	5	6	7	8
↑(0)	0	0	0	0	0	0	0	0	0
↓(1)	0	0.8	0	0	0	1	0	0	0
←(2)	0	0	0	0	0	0	0	0	0
→(3)	0.7	0	0	0	0.9	0	0	0	0

■── Qテーブルを使って行動する

Qテーブルが完成すれば、問題を解くことができます。最初の状態は「0」なので、Qテーブルの「$s=0$」のところを縦に見て、最も値の大きい行動「$a=3$」を選択します。

実際に環境の中で右に行動すると、ロボットには状態が「1」に変わったことが知らされます。次は、Qテーブルの「$s=1$」を見て行動「$a=1$」を選択します。後はこれを繰り返していけば、いずれゴールに辿り着くことが期待されます。

もしゴールできないとすれば、それはQテーブルが悪いということです。何度も経験を積んで、うまく報酬が得られたときにQテーブルを更新する（行動を強化する）ことで、次第に好ましい行動を選択できるようになります。

方策勾配法　方策ベースの強化学習

Q学習では「各行動のQ値を比較する」ことで行動を決定しましたが、現実世界のように「可能な行動が無数にある」世界では、考えられるすべての行動の価値を計算するのは現実的ではありません。

Q学習が使えるのは、選択できる行動が少数である場合に限られます。それ以外の環境では「方策ベースの強化学習」を用いて、より直接的に行動を決定する必要があります。ここでは方策ベースの強化学習の例として**方策勾配法**（*policy gradient method*）を取り上げます。

方策勾配定理　価値関数がわかれば学習できる

前節では、モデルの出力と教師データとの比較からロスを求めて、ロスが小さくなるようにパラメータを更新する「勾配法」について説明しました。

強化学習には教師データがないので「教師あり学習」はできませんが、もし「正しい価値関数」さえわかるなら、それを勾配法と組み合わせることで学習できることが知られており、**方策勾配定理**（*policy gradient theorem*）と呼ばれます。

REINFORCE　経験から価値関数を近似する

とはいえ、「正しい価値関数」は誰にもわかりません。そのため、環境の中で実際にエージェントを動かしてみて、その経験から「仮の価値関数」を作ります。この仮の価値関数を用いて方策勾配法で強化学習するアルゴリズムを**REINFORCE**と呼びます。

REINFORCEでは、最初にランダムなモデルを作って、それを「現在の方策」とします 図2.30❶ 。モデルに状態sを入力すると何らかの行動aが選ばれるので、それに従ってエージェントを動かします。このとき環境から得られた報酬rを記録しておきます 図2.30❷ 。これを何万回と繰り返すと、さまざまな状態における行動価値が経験として蓄積され「仮の価値関数」が作られます 図2.30❸ 。

完成した「仮の価値関数」を使って方策勾配法を実行すると、より高い価値が得られる方向にモデルが更新されます 図2.30❹ 。この更新されたモデルを新しい方策としてエージェントを動かすと、古い方策よりも価値の高い行動が選ばれやすくなります。

最初のランダムに作った方策では、エージェントは適当な行動ばかり選んでしまうので、生成される価値関数も質の高いものにはなりません。しかし、上記のプロセスを何度も繰り返すうちに、次第に価値の高い行動が選ばれる確率も高まり、その結果作られる価値関数も「正しい価値関数」へと近づいていくことになります。

図2.30 REINFORCEの手順

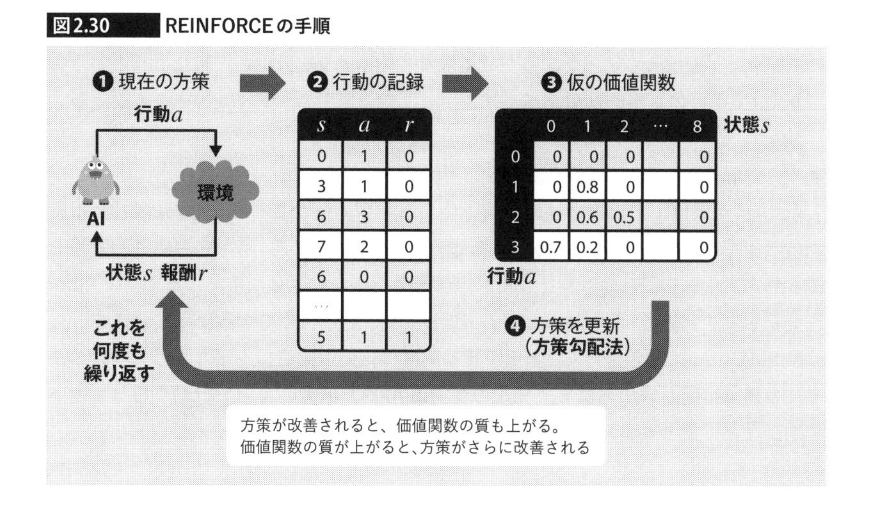

Actor-Critic 方策と価値関数の融合

強化学習には純粋な価値ベースや方策ベースのものだけでなく、両者を組み合わたものもあります。**Actor-Critic**（俳優と評論家）と呼ばれる手法では、「行動を決定する方策」（**Actor**）と、それを「評価する価値関数」（**Critic**）とを同時に学習します 図2.31 。

図2.31 Actor-Criticのネットワーク

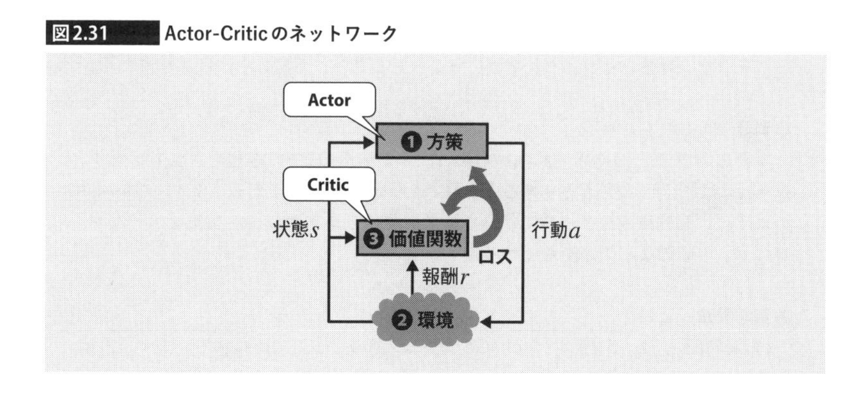

Actorは方策ベースの強化学習と同様に、現在の状態sを入力として次の行動aを出力します 図2.31❶ 。エージェントはそれに従って行動し、結果として環境から新しい状態sと報酬rとが返されます 図2.31❷ 。

一方、Criticは状態sと報酬rを入力として、その価値（報酬の期待値）を予測します 図2.31❸ 。これには状態価値関数（V関数）や行動価値関数（Q関数）が使われます。

Criticの予測を実際の報酬と比較することで、モデルのロスが得られます。このロスを使ってCriticの学習をするだけでなく、Actorのモデルも更新しようというのがActor-Criticの基本的な考え方です。

■―― 価値を判断して行動を変える

Actor-Criticは、人にとっては馴染みのある学習方法かもしれません。Criticは行動の価値を判断するモデルであり、ある行動が「良い」か「悪い」かを数値として返してくれます。もし「良い」行動をしたなら、その行動が発生しやすくなるようにActorを更新します。逆に「悪い」行動なら、次からは発生しにくくなるようにします。

Actor-Criticは方策ベースの強化学習と同様に、方策を直接モデルとして学習します。多様な行動が求められる最先端のゲームAIや、現実の世界で行動するロボットの制御などに使われます。

Column

強化学習の使い分け

本章では、強化学習の代表的な手法として「Q学習」「方策勾配法」「Actor-Critic」の三つを取り上げましたが、それぞれに一長一短があり、万能の手法はありません。

Q学習

本書の中では、「Q学習」は4章の「Atari-57を学ぶAI」でのみ利用されています。Q学習には「行動の種類が多すぎると学習できない」という欠点があります。Atari-57のように比較的単純なゲームでは高い性能を発揮しますが、より複雑なゲームや、ロボットの制御などには使えません。

方策勾配法

「方策勾配法」は、3.2節の「AlphaGo」や、5.2節の「A3C」で使われています。方策勾配法は、それ単体で使用するのではなく、Actor-Criticと組み合わせる形で、方策を更新する一つの手段として用いられることが多いようです。

Actor-Critic

「Actor-Critic」は、「方策」と「価値関数」の両方を学習する手法の総称です。多くのアルゴリズムがあり、毎年のように新しい手法が提案されています。

本書の中では、5.2節の「A3C」や、5.5節の「IMPALA」などがActor-Criticです。

強化学習の手順

強化学習では、どのような学習をする場合にでもだいたい同じような手順でデータ処理をするので、ここでその概要をまとめておきます。

前述のとおり、強化学習では「エージェント」と「環境」とが互いに影響を与えながら変化を続けます。エージェントは環境から状態sを受け取り、次の行動aを実行します。この一回のサイクルのことを**時間ステップ**(*time step*)と呼びます 図2.32❶ 。

図2.32 時間ステップ、エピソード、イテレーション

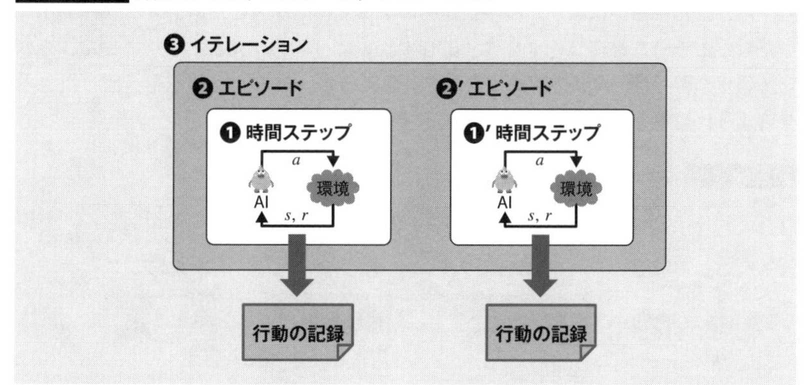

時間ステップを何度も繰り返し、エージェントが最終的にゴールに達する(あるいはタイムアウトする)と、それで一回の**エピソード**(*episode*)が終了します 図2.32❷ 。エピソードが終了すると時間を巻き戻して、エージェントはまた最初から新しいエピソードを開始します。

機械学習の速度を早めるために、複数のエピソードを同時並列で実行することもあります。エージェントはランダムに行動を選ぶときがあるので、エピソードの数だけ違った結果に辿り着きます。そうしてさまざまな経験を積み重ねて、強化学習に必要なデータを集めます。

そうしてデータが集まったら、モデルを更新します。エージェントは以前よりも賢くなり、より良い行動を選択できるようになります。そうして賢くなったエージェントで、また最初からエピソードを開始します。この一連の流れを**イテレーション**(*iteration*、繰り返し)と呼びます 図2.32❸ 。

イテレーションをさらに何度も繰り返して、エージェントは少しずつ賢くなります。そうして賢さが限界に達したところで強化学習は終了します。

■――ミニバッチ学習 並列処理による高速化

学習を高速化するには、もう少し複雑なテクニックを使います。近年では機械学

習にGPUを使うことが増えましたが、そのためには大量のデータを用意しなければなりません。

機械学習では、大量のデータを一回でまとめて学習することを**バッチ学習**(*batch learning*)と呼びます。また、データをある程度小分けにして学習することを**ミニバッチ**(*mini-batch*、ミニバッチ学習)と呼びます。

ミニバッチを大きくすればするほど学習効率は高まりますが、GPUのメモリ量などの制約から、いくらでも大きくすることはできません。およそ数十程度のデータをまとめてミニバッチを実行します。

一方、強化学習では環境との相互作用によって時間が進むため、エピソードが一つだけだと十分な学習データを作り出せず、ミニバッチが大きくなりません。そのため強化学習では一度に多数のエピソードを実行し、GPUの性能を最大限に引き出せるようにします **図2.33** 。

図2.33 ミニバッチによる高速化

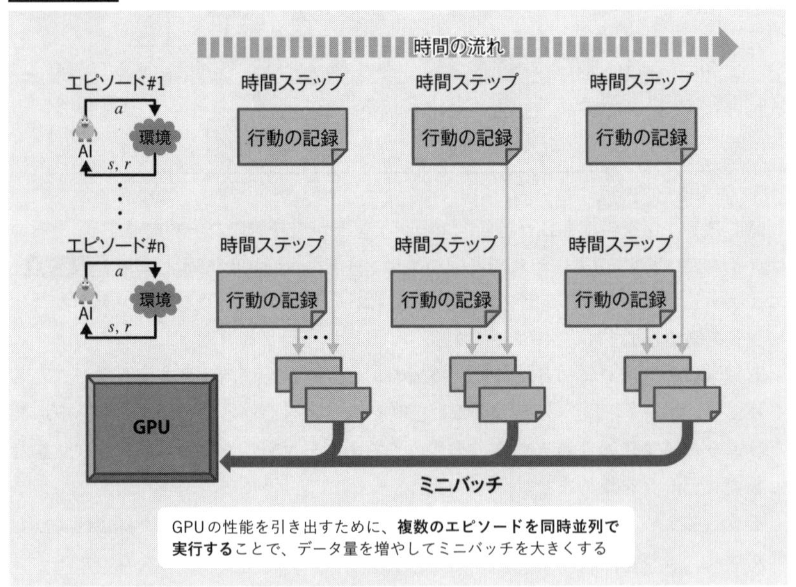

2.5 まとめ

本章では、次章以降のAIを理解するのに必要な基礎知識を説明しました。

現代的なAIでは、**データから知識を得る**ために**機械学習**の技術が用いられます。機械学習には**教師あり学習**、**教師なし学習**、**強化学習**の三つの種類があり、**入力データから出力データを予測する関数**、すなわち**モデル**を作成します。

深層学習

深層学習(ディープラーニング)は機械学習の一種であり、**ニューラルネットワーク**でモデルを作ります。**勾配法**の一種である**誤差逆伝播法**でモデルのパラメータを更新することにより、教師あり学習することができます。

画像認識によく使われる**CNN**や**ResNet**は、深層学習の一種です。

RNN

時間に沿って変化する**時系列データの学習**には**RNN**が用いられます。RNNの一種である**LSTM**は、1990年代に開発された古典的な技術ですが、深層学習の発展に合わせて、多層化された**Deep LSTM**として用いられるようになりました。

RNNの学習には、時間的に連続したデータによる**通時的誤差逆伝搬法(BPTT)**が使われます。

自然言語処理

自然言語処理の分野でもかつてはLSTMが使われましたが、**Transformer**の登場によって状況が一変しました。人が用いる「文章」のようなデータは、「時系列データ」として扱うのではなく、単語間の関係の深さを**Attention**として学習することで、効率良く扱えるようになりました。

強化学習

強化学習は、**状態**を入力として受け取り、**行動**を出力するようなモデルを作成します。**環境**の中でさまざまな行動を試してみて、その過程で得られる**報酬**を最大化するような行動を学習します。

強化学習には、**方策ベース**の**REINFORCE**、**価値ベース**の**Q学習**、両者を組み合わせた**Actor-Critic**など、多くの種類があります。

3章

囲碁を学ぶAI

AlphaGo、AlphaGo Zero、AlphaZero、MuZero

本章では、DeepMindが開発した囲碁AIである「AlphaGo」と、その後継となる技術について説明します。

3.1節では、なぜ囲碁で人間に勝つことが特別であったのかを説明します。チェスや将棋と同じ方法で囲碁AIを開発しても人に勝つのは難しく、世界チャンピオンに勝利するのはまだ何十年も先だといわれていました。

3.2〜3.4節では、2016年から2018年にかけて発表された「AlphaGo」「AlphaGo Zero」「AlphaZero」について説明します。これらのAIは、ゼロからコンピュータ同士の対局を繰り返すだけで世界最強の座を達成しました。

3.5節では、2020年に登場した「MuZero」について説明します。AIは自らゲームのルールを学習するようになり、ボードゲームだけでなくAtari-57までをもプレイできる汎用的なAIに進化しました。

図3.A　Cloud TPU Pod

URL https://cloud.google.com/tpu/
Googleが開発した深層学習専用の計算機。大量の行列演算に特化した4,096個のプロセッサが相互接続されており、平均的なラップトップ1,000万台分の計算能力がある。

3.1 「囲碁を学ぶ」とはどういうことか

本節では囲碁をプレイするAIが直面してきた課題を取り上げ、それを解決するのに使われてきた「モンテカルロ木探索」について説明します。

囲碁で勝つのはなぜ難しかったのか

囲碁は19×19の盤面で、二人のプレイヤーが互いに自分の石（白石、黒石）を置くボードゲームです。相手の石に囲まれないように気をつけながら、より広い面積に自分の石を置いた方が勝利します。

1章でも取り上げたように、チェスAIが世界チャンピオンに勝利したのは1997年、将棋AIがプロ棋士に勝利したのは2010年代であることを考えると、2016年に囲碁AIが人に勝ったのは何も不思議ではないと思うかもしれません。

しかし、囲碁で強いAIを開発するのは想像以上に難しく、世界チャンピオンに勝利するのはまだ何十年も先だろうといわれていました。

■―――ゲーム木　先読みによって強い手を見つける

ボードゲームをプレイするAIは、基本的に「先読み」によって有利な手を探します。囲碁AIを作るのが難しいのは、この先読みが困難であるからに他なりません。以下では**三目並べ**（*Tic-tac-toe*、〇×ゲーム）を例として、従来のAIがどのようにして次の手を選んでいたのかを説明します。

コンピュータが先読みするときには、最初に**ゲーム木**（*game tree*）を作成します **図3.1** 。三目並べでは最初の一手として考えられるのは、

- 中央
- 角
- 辺

の3通りあります（図の2段め）。全部で9マスありますが回転すると同じことなので、実質的な選択肢は3つだけです。

図3.1 三目並べのゲーム木

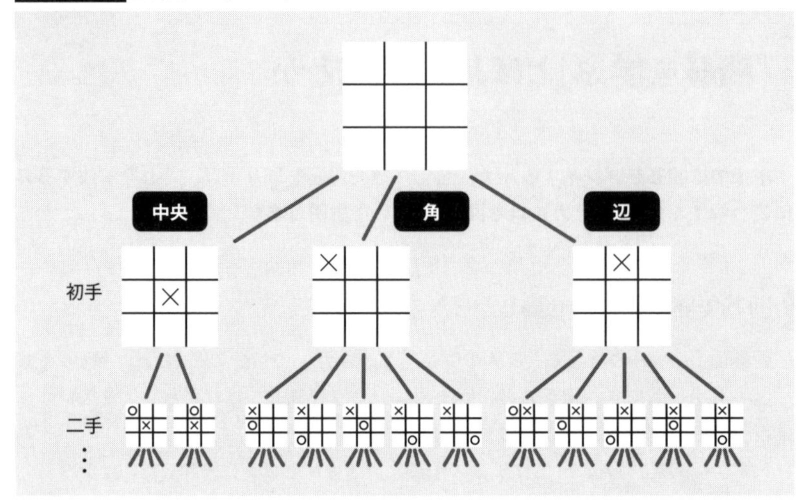

3つの手のそれぞれについて、その次に相手が選ぶであろう手（図の三段め）がいくつもあり、木の枝のようにして可能性は広がっていきます。こうして考えられる手をすべて並べていくと、理屈の上では将来起こり得るすべての結果が予想できます。

ゲーム木を一段下がるごとに、追加で一手を先読みすることになります。先の図を見てもわかるとおり、先読みをすればするほど可能性は指数的に増大していきます。

三目並べのような単純なゲームなら、すべての可能性を調べ尽くすこともできますが、チェスや将棋では、現代のコンピュータをもってしても10手か20手くらいを先読みするのが限界です。AIはすべての手を調べ尽くしているわけではなく、計算能力の限界まで先読みをして、その範囲内で最も勝ちそうな手を選んでいるのが現状です。

■——ゲーム木が巨大すぎて探索できない

ところが、囲碁では次の手として選べる選択肢が多すぎるため、これまでと同じ方法ではほとんど先読みができません。囲碁では19×19の盤面のうち、空いている場所ならほとんどどこにでも自分の石を置けます。単純に考えると、最初のプレイヤーには「19×19=361通り」の選択肢があり、次のプレイヤーはそこから1を引いた「360通り」の選択肢があります 図3.2 。

図3.2　囲碁で考えられる手は非常に多い

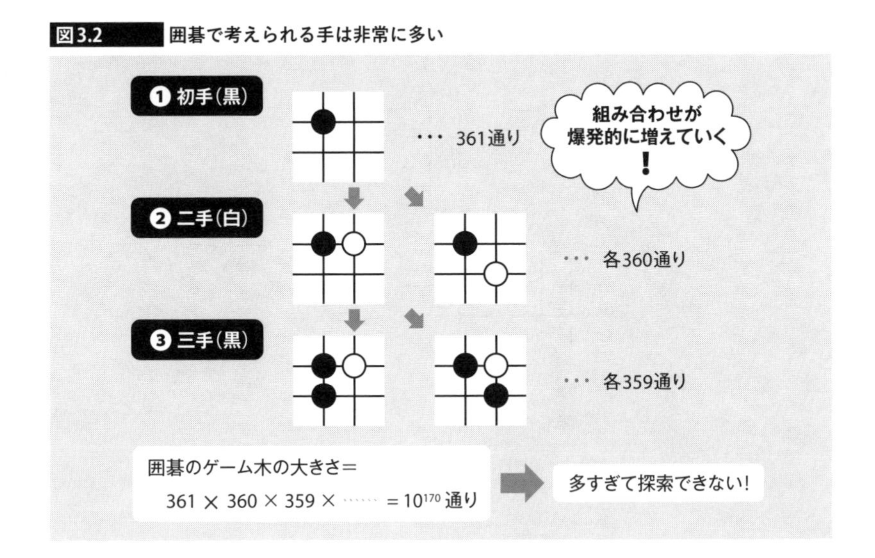

こうして可能性をすべて列挙すると、囲碁には10^{170}通りのゲーム展開があるといわれています。これは宇宙にあるすべての原子の数よりも多いほどで、どれほどコンピュータが高速化しても調べ尽くすことなどできません。

そのため、囲碁AIではあらゆる可能性を検討するのは諦めて、有望そうな候補を最初から10や20ほどに絞り込む以外にありません。そうしなければ十分に先読みをすることができず、強いAIを作ることができません。

では、300通りを超えるような手の中から、どうしたら「有望そうな10や20の候補」がわかるのでしょうか。それがわかるものなら苦労はしないわけで、まさにこの点を解決する手段のなかったことが、囲碁AIが難しいといわれてきた理由です。

モンテカルロ木探索

囲碁AIではすべての手を先読みしようとはせず、最初から制限時間を決めて、その時間内にできる限り良い手を見つける努力をします。そのために従来から使われてきたのが**モンテカルロ木探索**（*Monte Carlo Tree Search*、**MCTS**）です。考え方はとても単純で、「次の手をランダムに選んで、その中から一番良い手を選択」します。

三目並べで **図3.3** のような状況を考えましょう。先手が中央に○を置いた後、次に×を置ける場所は8つあります。そのすべてを検討する代わりに、たとえば「次の手を2つだけ探索する」ことにします。

図3.3 モンテカルロ木探索

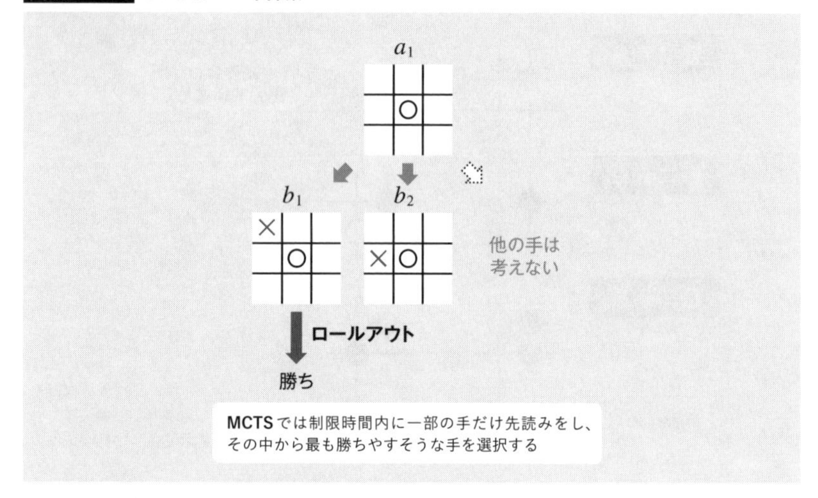

ロールアウト 架空のゲームをプレイして結果を予測する

ここでは、ランダムにb_1とb_2の2つの手を選びます。現時点ではどちらが有望かはわからないので、まずb_1を詳しく調べます。

b_1を選ぶと将来的にどうなるのかを、架空のゲームによってシミュレーションします。○と×を次々とランダムに置いていって、勝負が決着するまで続けます。この手順を**ロールアウト**(*rollout*)と呼びます。

ロールアウトの結果は、過去の対戦成績として記録します。仮にb_1の結果が勝ちだとしたら「1/1」と記録します。これは「1回勝負して1勝した」という意味です。これでb_1の評価は終わったので、他の手も評価しましょう。

b_2も同じようにロールアウトします。もし負けたら、成績は「0/1」となります。ここまでの結果を総合すると、先手であるa_1は2戦して1勝したことになるので、総合成績は「1/2」となります。

時間が来るまで架空のゲームを繰り返す

このような架空のゲームを何度も繰り返すうちに、勝率の高い手が次第にわかってきます。これまでのところで最も有望なのは「1/1」(勝率100%)のb_1です。この手をさらに先読みして、図3.4のようにc_1とc_2の2つの手を選んでロールアウトします。

図3.4　先読みを続ける

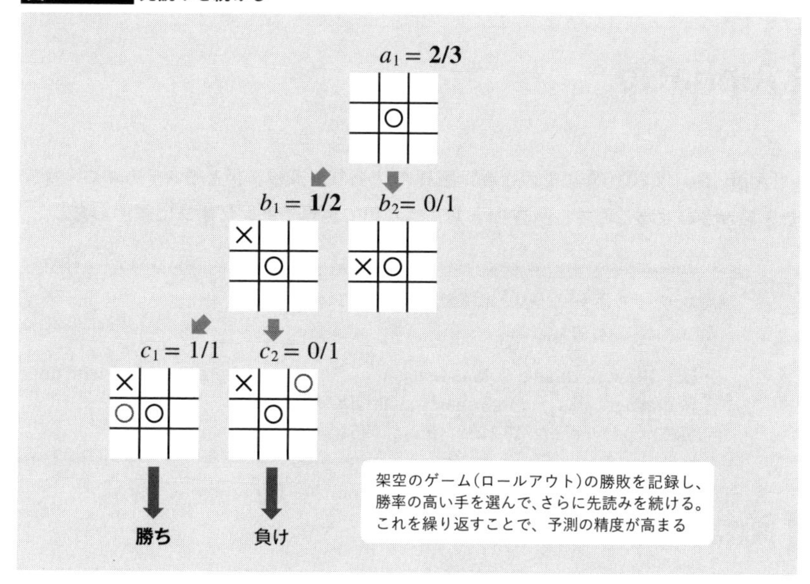

ここでは、c_1は勝利したので「1/1」、c_2は敗北したので「0/1」となり、その結果に合わせてb_1やa_1の成績も更新していきます。

以上のようにして、架空のゲームを何万回と繰り返しながら先読みの範囲を広げて、時間が来たところで終了するのがモンテカルロ木探索です。このような方法ではロールアウトの結果が正しいという確証はありませんが、それでも繰り返すうちに「確率的に」有望な手を知ることができます。

■——— モンテカルロ木探索だけでは強くなれない

しかしながら、当然このやり方だけでは最善の手を選ぶことはできません。最初にランダムに選ばれた手しか先読みしないので、それ以外に良い手があったとしても評価されることなく時間切れになってしまいます。

結局、最初に「有望そうな候補」を絞り込まねばならないという囲碁AIの問題は、モンテカルロ木探索では解決できません。根本的に発想の異なる、新たな手法が必要なのです。

3.2 AlphaGo

「AlphaGo」は2016年に発表された囲碁AIであり、深層学習とモンテカルロ木探索とを組み合わせることで、囲碁AIとしてはじめて世界チャンピオンに勝利しました。

Note

深層ニューラルネットワークと木探索で囲碁をマスターする

本節では、次の論文について解説します。

- D.　Silver, A. Huang, C. Maddison, et al.「Mastering the game of Go with deep neural networks and tree search」(Nature 529, 2016)
  URL https://doi.org/10.1038/nature16961

深層学習とモンテカルロ木探索

「AlphaGo」は、DeepMindが2016年1月に発表した囲碁AIです。深層学習とモンテカルロ木探索(以下、MCTS)とを組み合わせることで、従来の囲碁AIを大きく上回る強さを手に入れました。

1章でも取り上げたように、ボードゲームをプレイするAIは「探索と評価関数」の組み合わせによって次の手を決定します。AlphaGoはMCTSを改良し、先読みする候補をランダムに選ぶのではなく、過去の経験から学習した有望な手だけに絞り込むことで、より良い手を優先的に探索するようになりました。

評価関数についても同様に、過去の経験を元にして勝率を計算するようになり、自己対戦を繰り返せば繰り返すほど強くなるしくみとなっています。

TIP

AlphaGo Fan

AlphaGoにはいくつかのバージョンがありますが、本節で取り上げるのはその中でも最初に論文として発表されたバージョンで「AlphaGo Fan」と呼ばれます。AlphaGo Fanは今となっては囲碁AIとして弱い部類であり、これから積極的に学ぶ理由はないかもしれませんが、ゲームAIにとって基本的な概念が多数含まれているため、本書では少し詳しくその技術を説明しています。

アーキテクチャ　方策ネットワークと価値ネットワーク

AlphaGoには、「方策ネットワーク」と「価値ネットワーク」という二つのネットワークがあります 図3.5 。どちらも同じような構造ですが、最後の出力部分だけが異なります。

図3.5 方策ネットワークと価値ネットワーク

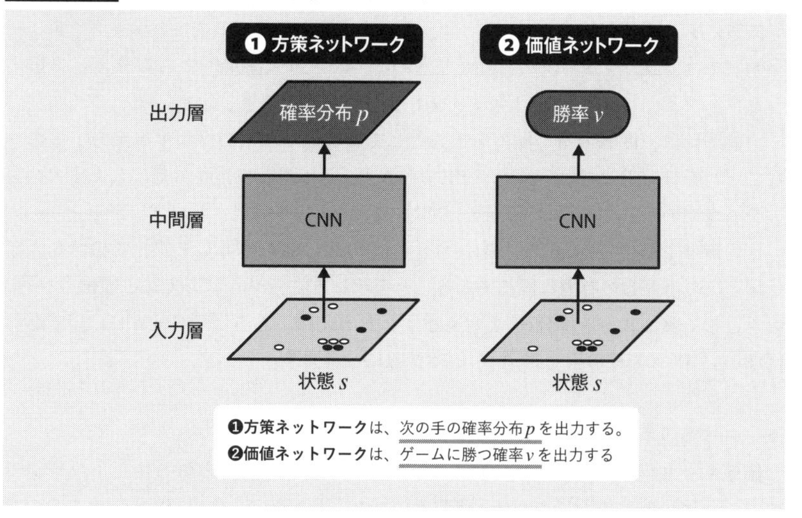

Column

アーキテクチャと学習プロセス

本節以降に取り上げるゲームAIは、どれもニューラルネットワークでモデルを学習します。最初に全体像を把握できるように、各節ではまずネットワークの基本構造(**アーキテクチャ**/*architecture*)を確認し、それに続けてAIがゲームを学習するプロセスを見ていきます。

これはちょうど、プログラミングにおける「アルゴリズムとデータ構造」のような関係です。**アーキテクチャ**は「データ構造」に対応するもので、それだけを見ても動作の原理はわかりませんが、機械学習を実行するのには欠かせない存在です。そして、**学習プロセス**は「アルゴリズム」そのものであり、一定の手順にそってネットワークを鍛えることではじめてAIが賢くなります。

ネットワークには必ず「入力」と「出力」とがありますが、これを図として表現するときには、慣例としてデータの流れる方向を「下から上へ」 図C3.A❶ 、または「左から右へ」 図C3.A❷ と記述します。

図C3.A ネットワークの入力と出力

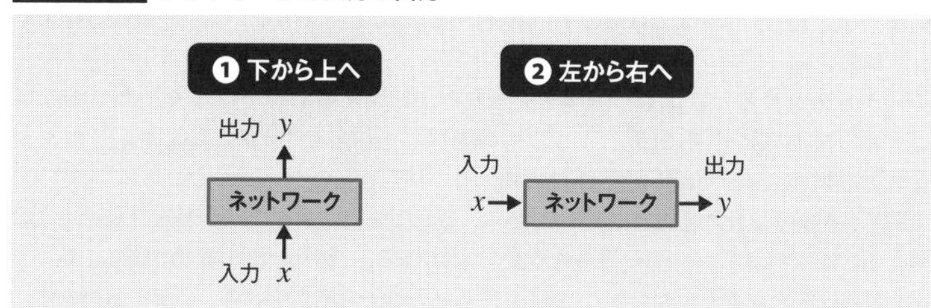

方策ネットワーク　次の手の確率分布を計算する

方策ネットワーク(*policy network*)は、次の手を決めるためのネットワークです。機械学習では、状態sから次の行動aを決める手段を**方策**(*policy*)と呼びます。方策ネットワークは、これをニューラルネットワークだけで実現します。

具体的には、囲碁の石の配置を入力として受け取り、次に打つ手を出力するようなモデルを作成します。入力層や出力層はどちらも囲碁の盤面に対応した19×19のデータであり、中間層は13層の「CNN」(2章)として構成されます。

出力層は19×19(=361個)の「0.0〜1.0」の間の値を出力します。この値が大きいほど次の手として有力な候補であることを示します。AlphaGoではこの出力を「次の手として選ばれる確率分布」と考えます。たとえば、ある場所の値が「0.8」であれば「80%の確率でその手を選ぶ」という意味になります。

価値ネットワーク　勝率を計算する

価値ネットワーク(*value network*)は、評価関数として用いられるネットワークです。これは、強化学習における「状態価値関数」(V関数、2章)に相当します。つまり、現在の状態sを入力として、将来的に得られる報酬rの期待値を出力します。

囲碁においては、得られる報酬は「勝った」($r=1$)か「負けた」($r=-1$)かのどちらかしかありません。よって、報酬の期待値は-1〜1の実数、つまり「勝率」となります。もしも価値ネットワークが「0.99」を返すなら「この状態から勝負を続けると99%の確率で勝利する」という意味になります。

Column

汎化

「CNN」は、おもに画像認識に使われるネットワークです。AlphaGoは囲碁の盤面を一種の「画像」として捉えます。通常のCNNであれば、その画像が「犬」や「猫」である確率を出力するところですが、AlphaGoはそれに代わって「次の手」として選ぶ確率を出力します。

ニューラルネットワークはデータベースではないので、学習した内容を完全に記憶することはできません。したがって、間違いも生じます。そもそも囲碁には10^{170}通りの盤面があり、データベースではそのすべてを記録することはできないし、そうするべきでもありません。

人がものを見るときにも、画像を完全な形で記憶するわけではなく、わずかな違いがあっても気にせずに「同じようなものを同じものとして」認識します。このような能力を**汎化**(はんか)(*generalization*)と呼びます。

囲碁の盤面を汎化することによって、あらゆる盤面を記憶することはせずに「似たような盤面からは似たような出力」が得られるようになります。この「汎化」の能力があるお陰で、AlphaGoはどんな盤面に対しても、過去に学習した中から最もそれらしい手を選びます。

価値ネットワークも13層のCNNから成り、そこから全結合ネットワークを経て、最終的な出力はただ一つの値となります。

学習プロセス　教師あり学習と強化学習

それでは、AlphaGoが囲碁を学習するプロセスを見ていきましょう。AlphaGoは何段階かのステップを経ることで、徐々に強さを増しています。

SL方策ネットワーク　教師あり学習

AlphaGoでは最初に、人間の上級者同士で対局をした結果を教師データとして方策ネットワークの学習をします **図3.6** 。これは、CNNによる画像認識と同じ「教師あり学習」(*supervised learning*、略してSL)です。

図3.6 SL方策ネットワーク

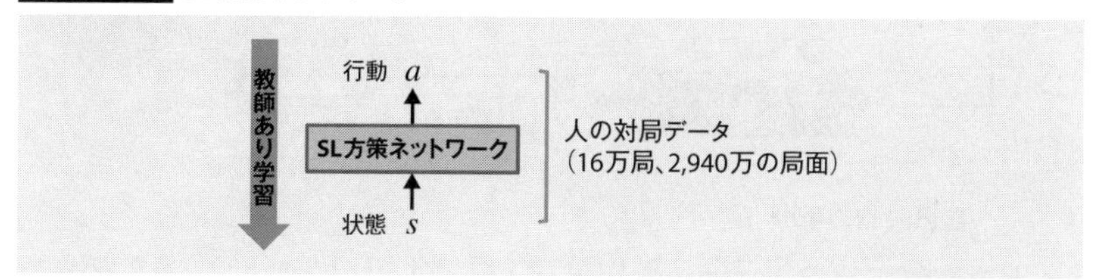

囲碁の盤面を「状態s」とするなら、それを入力としてネットワークに読み込んで、人が選んだ手である「行動a」が出力されるように「誤差逆伝播法」(2章)で学習します。

論文では、上級者同士の16万局の対局データを集めて、一手ごとに分けた2,940万の局面と、それらをさらに反転、回転させたものすべてを一つのネットワークに学習させてさせています。これには50個のGPUで3週間かかっており、結果として57%の精度で人と同じ手が選ばれるようになったようです。

こうして作成した方策ネットワークを、AlphaGoでは「SL方策ネットワーク」と呼びます。SL方策ネットワークは「一定確率で人と同じような手を選ぶ」というだけであり、それだけではまだ強いAIにはなりません。

RL方策ネットワーク　自己対戦による強化学習

SL方策ネットワークが良い手を選んでいるかどうかは、実際に対戦してみることでわかります。そして、その結果に応じてネットワークを「強化学習」(*reinforcement learning*、略してRL)することで、より強いネットワークを作ることを考えます。

強化学習によって改善したネットワークを、AlphaGoでは「RL方策ネットワーク」と呼んでいます。RL方策ネットワークの出発点として、最初にSL方策ネットワークをコピーします。これを「第1世代のRL方策ネットワーク」と呼びます。

RL方策ネットワークは徐々に改善されて、第2世代、第3世代へと進化していきます。AlphaGoでは、これらすべてのRL方策ネットワークをまとめて**対戦相手プール**(*opponent pool*)と呼んでいます 図3.7❶ 。

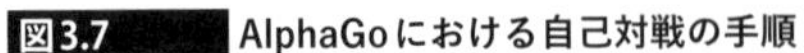
図3.7 AlphaGoにおける自己対戦の手順

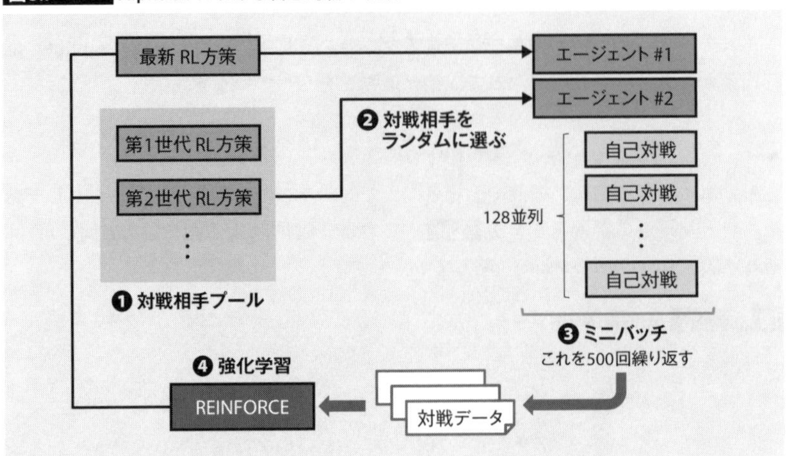

自己対戦の手順

対戦相手プールからRL方策ネットワークをランダムに1つ選んで、最新のRL方策ネットワークとの間で**自己対戦**(*self-play*)します 図3.7❷ 。両者は方策ネットワークの出力に従って、次の手を確率的に選びます。同じ方策ネットワークでも勝負の経過は確率的に変わるので、何度も対戦を繰り返してデータを集めます。

AlphaGoは50個のGPUを使って、一度に128の自己対戦を並列で実行します。これをワンセットとして**ミニバッチ**(*mini-batch*)と呼びます 図3.7❸ 。AlphaGoはミニバッチを500回繰り返したところで、それまでに集まったデータから強化学習を実行し、新しいRL方策ネットワークを作ります 図3.7❹ 。

REINFORCE 方策勾配法による強化学習

RL方策ネットワークの学習には、方策ベースの強化学習手法である「REINFORCE」(2章)が使われます。方策を改善するには、理論的には「正しい価値関数」さえわかれば強化学習できます(方策勾配定理)。しかし、「正しい価値関数」は誰にもわからないので、何度もゲームをプレイして「仮の価値関数」を作るのがREINFORCEの考え方です。

そこでAlphaGoでは、大量の自己対戦によって集めたデータから「価値ネットワーク」を作ります 図3.8 。自己対戦による勝負の結果はわかっているので、勝った側の盤面はすべて1、負けた側はすべて-1として教師あり学習します。

図3.8 自己対戦の結果から価値ネットワークを作る

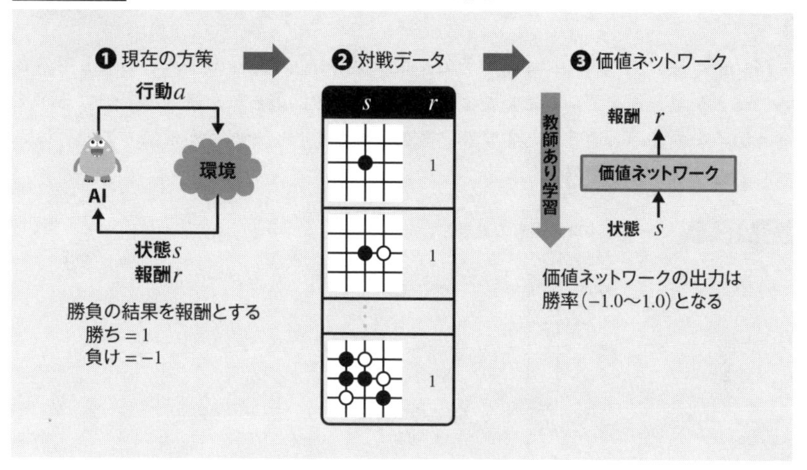

こうして作り上げた価値ネットワークを「仮の価値関数」として、改めて自己対戦のデータを読み込みながら方策勾配法を用いると、勝ったときに選ばれた手は次からより高確率で選ばれるようになり、負けたときの手は選ばれにくくなります。このようにして改善されたネットワークを「第2世代のRL方策ネットワーク」として、対戦相手プールへと追加します。

■──── 対戦相手プール 戦う相手をランダムに決める

RL方策ネットワークは世代を重ねるたびに強くなっていきますが、常に最強のネットワーク同士で対戦していたのでは選ばれる手に偏りが出てしまいます。どのような対戦相手にでも対処できるように、自己対戦の段階では多様な相手と勝負する経験を積まなければなりません。

そのため、AlphaGoでは、古いRL方策ネットワークもすべて対戦相手プールに入れておいて、その中からランダムに選んだ相手と対戦します。そうすることで、より多様な局面で経験を積んだネットワークが作られます。

このような自己対戦を128万対戦（ミニバッチを1万回、20世代分のデータ量）繰り返すことでRL方策ネットワークが完成します。こうして作られたRL方策ネットワークは、それだけでも囲碁の有段者レベルに匹敵し、過去に作られたどの囲碁AIよりも強いものになったようです。

先読み　モンテカルロ木探索

AlphaGoは先読みのためにモンテカルロ木探索(MCTS)を取り入れることで、さらに強さを増します。前節で見たように、MCTSでは限られた時間の中でなるべく多くの手を先読みしようとしますが、その結果が正しいかどうかは二つの処理に大きく影響されます 図3.9 。

図3.9　モンテカルロ木探索の妥当性

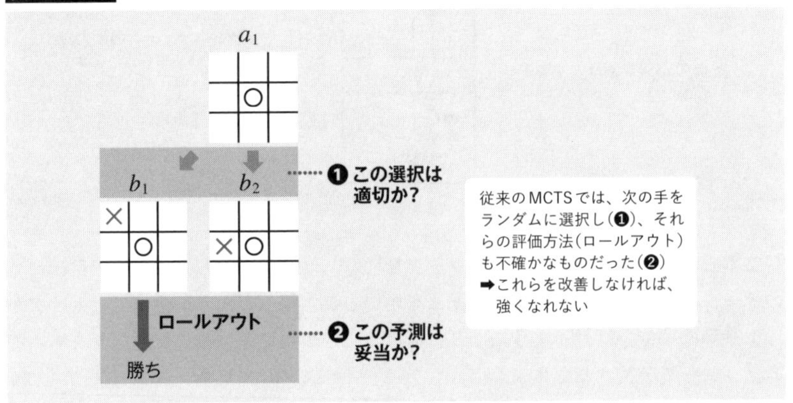

一つは「次の手の候補を絞り込む」ところです 図3.9❶ 。素朴なMCTSでは次の手をランダムに選択するところですが、ここで方策ネットワークを取り入れます。

方策ネットワークの出力は、「次の手の確率分布」であることを思い出してください。つまり、確率的に高いものから順に選択すれば「過去の経験から学んだ有望な手」を優先的に探索できることになります。

そして、もう一つ重要なのは、選んだ手が「勝利につながるかどうか」を評価する部分です 図3.9❷ 。これが正しくないとしたら、どれだけ先読みしても意味がありません。

AlphaGoでは、この部分で二つの異なる手法を試しています。一つは従来のMCTSと同様に「ロールアウト」をすること、もう一つは「価値ネットワーク」の出力をそのまま採用することです。

■――ロールアウト方策　対戦結果を高速に予測する

ロールアウトは、実際の対戦と同じように勝負してこそ良い予測となりますが、MCTSでロールアウトをするのは非常に重い処理となります。先読みの過程では毎秒何万もの局面を評価するので、その一つ一つに時間をかけることはできません。

そのため、AlphaGoはロールアウト専用の方策を作成します。ニューラルネットワークではない軽量な機械学習のモデルを用いて、方策ネットワークと比べて約1,000倍の速度で次の手を決定します。先読みのときにはこのロールアウト方策で局面を評価することにより、現実的な実行時間で探索を続けられるようにしています。

■―― 価値ネットワーク　どちらが優勢かを評価する

局面を評価するもう一つの方法として、強化学習の過程で得られた「価値ネットワーク」を再利用します。ある局面を入力すると、そこから勝率を導き出すのが価値ネットワークです。したがって、ロールアウトするまでもなく、いきなり結果が予測できてしまいます。AlphaGo同士の自己対戦の結果として積み上げた膨大なデータが、あらゆる局面の勝率を正しく評価できるものとして受け入れます。

「ロールアウト方策」と「価値ネットワーク」のどちらがより正確に勝敗を予測できるのかはわからないので、論文では実際に両方を組み込んで強さを比較しています。結果として、どちらか一方を使うのではなく、半々で組み合わせるのがベストだったようです。

以上で、MCTSの準備が整いました。AlphaGoが次の手を選ぶときには、図3.10のように「選択」「展開」「評価」「バックアップ」の4つのステップで探索が進みます。少し複雑ですが、これらの手順を詳しく見ていきます。

図3.10　モンテカルロ木探索の実行手順

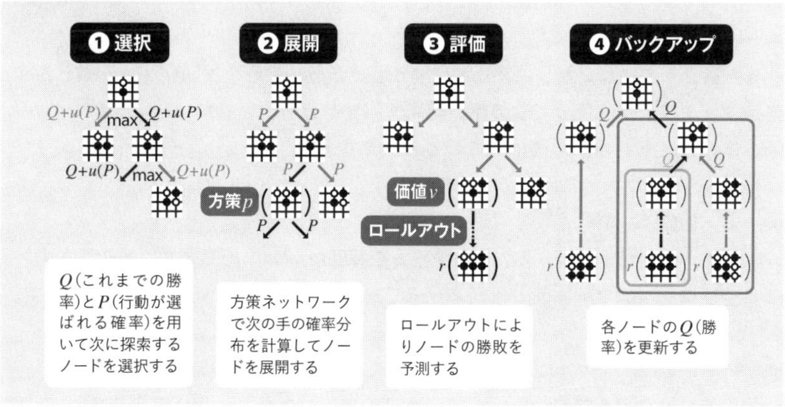

p.74のNoteの論文を参考に筆者作成。

■―― MCTS　選択

最初に、**選択**（*selection*）のステップでは、現在の盤面を起点とするゲーム木の中から、次に評価する末端のノードを一つ選びます。ゲーム木の各ノードはQとPという二つの値を保持しており、この合計が最も大きくなるノードを選びながらゲーム木を降りていきます。

Qは、それまでの探索によって得られた「行動価値(Q値)の平均値」です。囲碁では、Q値は「勝率」を意味します。つまり、ロールアウトや価値ネットワークによって得られた平均的な勝率がQです。

Pは、方策ネットワークが出力した「各行動の確率分布」です。方策ネットワークは、過去の経験に従って「次に打つべき手」の確率を出力します。そうして得られた「各ノードが選ばれる確率」がPです。

■——— 最初は幅広く探索し、後から深掘りする

QとPはどちらも「値が大きいほど有望な手」であることを示しますが、どちらを重視すべきかは定かではありません。そこで、新しく$u(P)$という値を導入します。これは大まかにいうと「勝負の序盤はPを優先し、後になるほどQを優先する」という方針です。

Pを重視すると、まだ評価できていない新しい手の探索を横方向に広げることになります(幅優先探索)。最初は幅広く多くの手を先読みすることで、優れた手を見逃すことのないようにします。

Qを重視すると、現時点で最も勝率の高そうな手を深掘りすることになります(深さ優先探索)。QもPも予測値でしかないので、より深く先読みすればするほど、たしかな未来を予測できます。

■——— MCTS 展開

まだ評価していない新しいノードに辿り着いたら、それを**展開**(*expansion*)します。方策ネットワークを使って次の手の確率分布を計算し、新しいノードをいくつか作ります。各ノードのPの値は、このとき決まります。

■——— MCTS 評価

続けて、Qの値を計算するためにノードを**評価**(*evaluation*)します。前述のとおり、ここではロールアウト方策と価値ネットワークの二つを使って勝率を予測します。

■——— MCTS バックアップ

最後に**バックアップ**(*backup*)のステップとして、ゲーム木を上方向に遡って、各ノードの新しいQの値を計算します。MCTSでは、子供の対戦成績は親へと引き継がれ、親の成績はすべての子供の合計として計算されます。各ノードがこれまでに得た評価値の合計を、ノードの訪問回数で割ることで「評価の平均値」、すなわちQが得られます。

以上の4つのステップを合わせて、**シミュレーション**(*simulation*)と呼びます。MCTSではこのシミュレーションを時間の許す限り何度も繰り返します。実際の対

戦では、AlphaGoは一手を打つたびに数万回のシミュレーションしていたようです。

そして、制限時間が来たところで、次に打つことのできる手(最初のノードの次の手)の中から「最も訪問回数の多いノード」、すなわち最も探索の進んだノードを次の手として採用します。

TIP

最も訪問回数の多いノード

ここで「最も価値の高いノード」を選ばないのは、偶発的に高い数値になった(一度評価して勝率100%になったなど)手を避ける方が安定した強さになるからです。

■──相手が考えている間も探索を続ける

次の手を選択した後も、MCTSによる先読みは続きます。ゲーム木は捨てずに残し、選んだ手を新たな起点としてさらなる探索を続けます。対戦相手が次の手を考えている間も休むことなく、これまでの続きを先読みします。

そして、相手が次の手を選んだら、それが新たな起点となります。もし相手の手がゲーム木に含まれていれば、すでに先読みも進んでいるはずなので、そこから先をさらに時間が来るまで探索します。

Column

AlphaGoに知能はあるか?

こうして結果だけを見ると、AlphaGoがやっていることは実にシンプルです。囲碁に特有のドメイン知識はほとんどなく、「どうすれば強くなれるか」という理屈などなくとも、とにかく「経験を積んで強い手を覚える」ことを繰り返せば、人類を超えてしまえるのだと示されました。

AlphaGoは、どのくらい「知的」なのでしょうか。対戦時の動作を見る限り、MCTSはいかにもコンピュータらしい木探索のアルゴリズムです。それが強いのは間違いないでしょうが、人間にはとても真似のできない力でねじ伏せるようなやり方です。

AlphaGoが画期的なのは、深層学習を活用して人間と同じように「直感的に次の手を選ぶ」ことができるようになった点でしょう。従来のコンピュータは「データベースに正確に記録する」ことは得意でも、「同じようなものを同じものとして記憶する」のは苦手でした。

ニューラルネットワークによって実用化された「汎化」の能力により、どのような盤面に対しても「それなりの精度」で正しい予測ができるようになったわけです。仮に、その予測が間違っていたとしても、MCTSによって取り除かれるので負けることがなくなります。

このような汎化の能力は、人間であれば「大脳」が得意とする機能であり、知能の一部には違いありません。その一方で、AlphaGoがゲームをプレイしている間は何も学習することはないし、ただプログラムされたとおりに動いているだけです。その意味では、AlphaGoが見せてくれたものはまだまだ知能の一端に過ぎません。

結果 トップクラスの強さを実現

こうしてMCTSを取り入れたAlphaGoは、従来の囲碁AIの強さを圧倒し、囲碁のヨーロッパチャンピオンであるFan Huiに匹敵する強さを手に入れました。

AlphaGoの強さは、MCTSでどれだけ先読みするかによって変わります。評価に用いられたのは48コアのCPUと8つのGPUを持つマシンであり、MCTSによる探索を40スレッドで並列実行します。

論文では、ネットワーク分散型のAlphaGoも評価しています。こちらは合計1,202コアのCPUと176個のGPUを用いることで、シングルマシンのAlphaGoをさらに上回るスコアを達成しています。

3.3 AlphaGo Zero

「AlphaGo Zero」は2017年に発表された囲碁AIであり、人の対局データには頼らずに、ゼロからの自己対戦だけで囲碁を学習するようになりました。

Note

人の知識を使わずに囲碁をマスターする

本節では、次の論文について解説します。

- D. Silver, J. Schrittwieser, K. Simonyan, et al.「Mastering the game of Go without human knowledge」(Nature 550, 2017)
  URL https://doi.org/10.1038/nature24270

ゼロから囲碁を学習する

「AlphaGo Zero」は、AlphaGoの改良版として2017年10月に発表された囲碁AIです。AlphaGo Zeroの最大の特徴は「人の対局データ」から学ぶのをやめて、最初から「自己対戦」のみによって強くなったことです。

前節で見たとおり、AlphaGoは最初に「教師あり学習」することで、「強い人ならどのように指すか」を真似るところからスタートしました。しかし、このやり方では最初に選んだ対局データによってAIの強さが変わってしまい、必ずしも最善の手に辿り着けるとは限りません。

AIが目指す一つのゴールとして、「人の知識に頼らずに、AIが自力で問題解決する」ことがあります。AlphaGo Zeroはその課題に挑戦し、ランダムに初期化されたネットワークから機械学習だけで囲碁AIを育てます。

アーキテクチャ　マルチヘッド

AlphaGo Zeroは、AlphaGoにあった無駄を削ぎ落として洗練された構造となっているので、ここで詳しくそのアーキテクチャを見ていきます。

まず、従来あった二つのネットワーク（方策ネットワークと価値ネットワーク）を組み合わせて、単一のネットワークで方策と価値との両方を出力するようになりました **図3.11❷** 。

図3.11　AlphaGo Zeroのアーキテクチャ

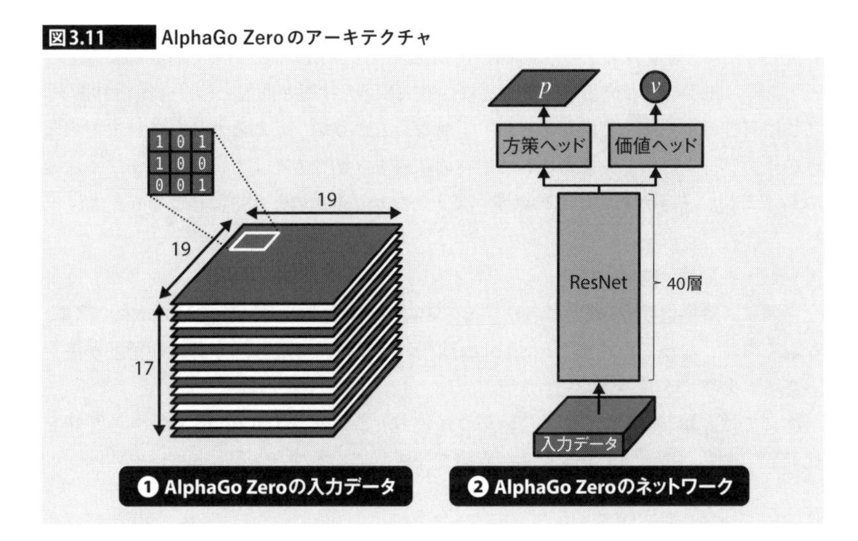

もともと二つのネットワークはほとんど同じ構造であり、最後の出力層だけが違っていました。そこで前半部分を共通化し、最後の出力部分を分岐させることで計算が1回で済むように改善されました。頭の部分が複数あるので、このようなネットワークのことを**マルチヘッド**（*multi-head*）と呼びます。

AlphaGo Zeroが出力する方策は19×19の手に加えて、打つ手がないときに使われる「パス」を含んだ長さ362（$=19 \times 19+1$）の確率分布であり、これをpで表します。

また、価値は「勝率」を意味する-1から1の間の実数であり、これをvで表します。AlphaGo Zeroのネットワークは、状態sを受け取ってpとvを出力する関数「$p, v=f(s)$」として表現されます。

入力データ　17枚の画像

ネットワークに与える入力データ、すなわち状態sは、囲碁の盤面と同じ19×19

の配列を17段並べたものとなっています **図3.11❶** **リスト3.1** 。中間層ではこれを画像として扱うので、17枚の画像データとして考えることもできます。

リスト3.1 AlphaGo Zeroの入力データ

```
1 現在の黒の石
2 現在の白の石
3 1手前の黒の石
4 1手前の白の石
...
15 7手前の黒の石
16 7手前の白の石
17 黒の番ならすべて1、白の番ならすべて0
```

配列の値は0か1かのどちらかであり、1ならその場所に石が置かれていることを意味します。先手(黒)と後手(白)それぞれの過去8回の状態が履歴として与えられます。これは囲碁のルール上、同じ手を繰り返せないという縛りがあるため、これまでの履歴を入力データとして与えることで現在の状態を区別できるようにしています。最後の17番めは、先手が打つときにはすべて1となり、後手のときには0となります。

■——— 中間層 残差ネットワーク

中間層は最初にCNNの層があり、その後に19層(または39層)の「ResNet」(2章)が続く構造となっています。ResNetは論文の発表時点で最も画像認識の精度が高かったネットワークです。

論文では、単純なCNNを含むいくつかのネットワークでAlphaGo Zeroの性能を比較しており、ResNetが最も良い成績を達成しています。

■——— 出力部 方策ヘッドと価値ヘッド

二つある出力部のうちの一つは**方策ヘッド**(*policy head*)と呼ばれ、次の手の確率分布pを出力します **図3.12** 。

図3.12 方策の確率分布(例)

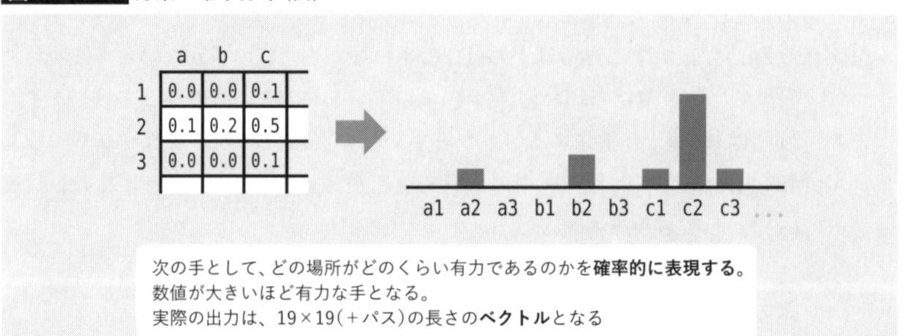

もう一つの出力部は**価値ヘッド**（*value head*）と呼ばれ、状態の価値vを出力します。これは-1.0～1.0の数値であり「勝率」を意味します。

方策ヘッドと価値ヘッドは、どちらもCNNと全結合ネットワークとを組み合わて構築されます。ResNetが計算した中間データを読み込んで、各ヘッドが目的とする出力形式へと変換することで、最終的な出力であるpとvとが得られます。

先読みの効率化　ロールアウトの廃止

アーキテクチャの変更にあわせて、モンテカルロ木探索（MCTS）も単純化されました。従来のような「ロールアウト」、つまり架空のゲームをプレイするのはやめて、ネットワークが出力する価値vだけを信じるようになりました 図3.13 。

図3.13 AlphaGo Zeroにおけるモンテカルロ木探索

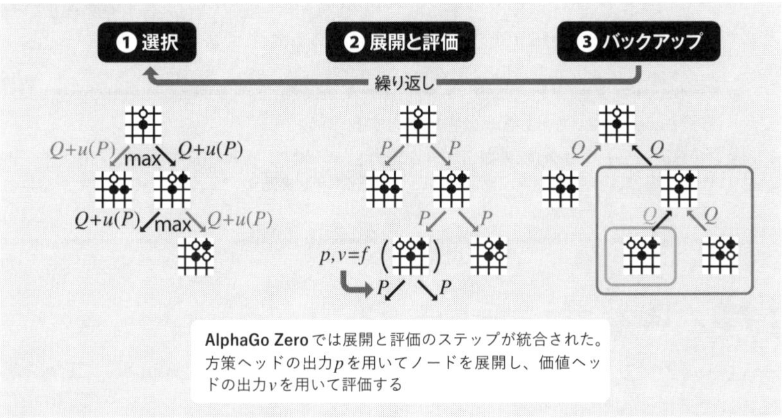

❶選択　❷展開と評価　❸バックアップ

繰り返し

AlphaGo Zeroでは展開と評価のステップが統合された。方策ヘッドの出力pを用いてノードを展開し、価値ヘッドの出力vを用いて評価する

p.84のNoteの論文を参考に筆者作成。

MCTS　選択

最初の「選択」は、AlphaGoと同じです。 図3.13 のQは行動価値、$u(P)$は行動が選ばれる確率で、その和の大きいものを選んでゲーム木を下りていきます。

MCTS　展開と評価

次の「展開と評価」では、ネットワークを用いてpとvを計算します。pは19×19の配列なので、そこから値の大きいものを選んで次の手の候補とします（ 図3.13 のPの矢印）。

MCTS バックアップ

最後の「バックアップ」では、計算されたvを元に、ゲーム木を遡ってQの値を更新します。ネットワークはpとvとを同時に計算しているので、ロールアウトのために追加の処理は必要なくなりました。

この一連のシミュレーションを、時間がくるまで何度も繰り返します。Qの大きなノード、つまり価値の高いノードほどより深く探索され、Qが小さくなるとPを優先して別の手の探索が始まります。

MCTSは次の手の確率分布を計算する

MCTSの仕上げとして、次に打つ手を決めます。ゲーム木の2段めを見て、各ノードを訪問した回数が多いほど有力な候補です。そこで、「訪問回数に比例して次の手が決まる」と考えて、その確率分布をπと表現します。

ここまでの手順をひとまとめにして、AlphaGo ZeroではMCTSを「状態sを入力として、次の手の確率分布πを求める計算機」であると考えます。

TIP

方策とMCTSはどちらも確率分布を出力する

「方策ネットワーク」は確率分布pを出力し、「MCTS」は確率分布πを出力します。どちらも同じような出力ですが、MCTSには先読みがあるのでより勝率の高い手が選ばれます。

学習プロセス 自己対戦の結果を予測する

これで必要なものは整ったので、ここから囲碁を学習します。AlphaGo Zeroの学習プロセスは、AlphaGoのそれとはまったく異なります。

自己対戦

まず、ネットワークをランダムに初期化します。最初はランダムなネットワーク同士で、あちこちデタラメに石を置く戦いが始まります。

対戦中、各エージェントはMCTSで確率分布πを計算し、それに従って次の手を決定します。自己対戦ではなるべく多様な手が選ばれるように、ベストな手(πの最大値)を選ぶのではなく、確率分布に従って次の手を決定します。さらに多様性を高めるために、低い確率でランダムな手が選ばれることもあります。

盤面に何もない初期状態をs_1とし、手が進むたびに状態が$s_2, s_3 \ldots$と変わるものとします。このとき、MCTSの実行結果も$\pi_1, \pi_2, \pi_3 \ldots$として保存しておきます **図3.14❶** 。ゲームが決着したら、その対戦結果(勝ったら「1」、負けたら「-1」)をzとして保存します。

図3.14 自己対戦の結果を使って学習する

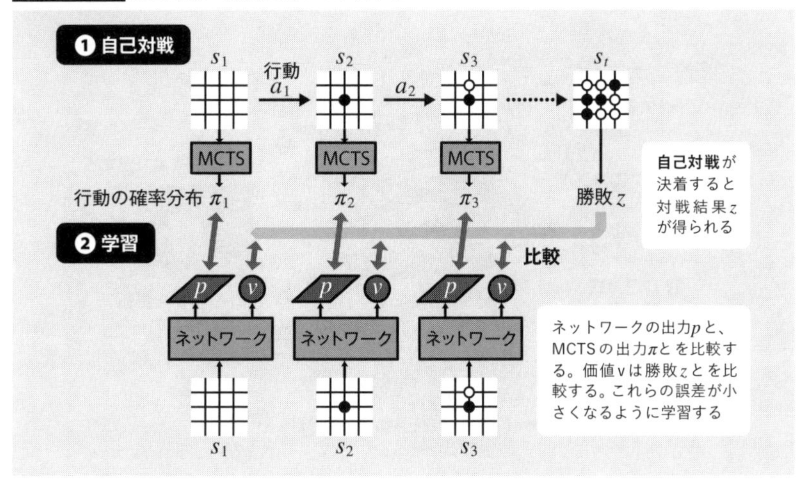

p.84 の Note の論文を参考に筆者作成。

■――― ネットワークの更新

自己対戦が終わったところで、これまでの結果を振り返ります。AlphaGo Zeroのネットワークは現在の状態 s を受け取って、次の手の「確率分布 p」と「価値 v」を予測します。しかし、実際に自己対戦をしてみると「確率分布 π」と「対戦結果 z」が得られました。

おそらく両者は一致しないでしょう。したがって、予測を実際の結果に近づけるために勾配法で少しずつネットワークのパラメータを更新します 図3.14❷。そうすることで、最初はランダムだったネットワークが、徐々に本当の確率分布と価値を予測できるようになります。

そうして正しい予測をできるようになる頃には、このネットワークは今までよりも強いものへと成長しているわけです。

■――― イテレーション 何度も繰り返して少しずつ強くなる

実際には効率化のために、大量のデータを集めてからまとめてネットワークを更新します。以下の処理は何度も繰り返すことになるので、一回の処理を**イテレーション**と呼びます 図3.15。

図3.15 AlphaGo Zeroのイテレーション

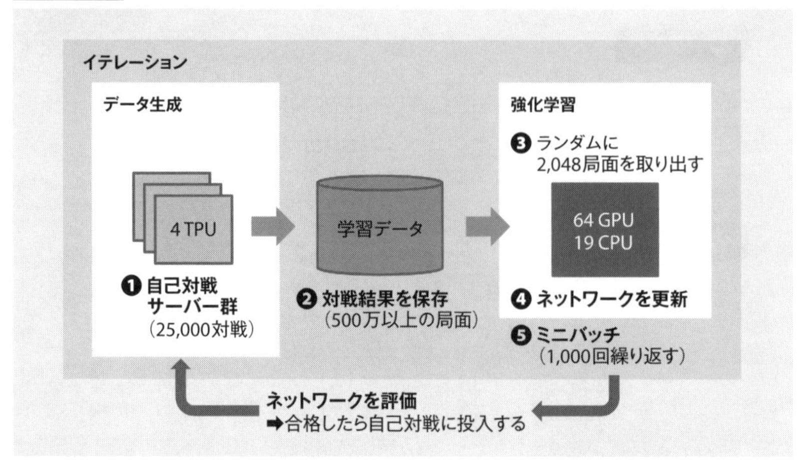

各イテレーションでは、25,000回の自己対戦が行われます 図3.15❶ 。囲碁の対戦は平均211手で終わるといわれているので、およそ500万以上の局面が生成されることになります。そのすべてが学習データとして一ヵ所に集められます 図3.15❷ 。

過去のイテレーションを含めた直近50,000回の対戦結果の中から、ランダムに2,048個の局面を取り出して強化学習します 図3.15❸ 。学習に使われるのは、64個のGPUと19コアのCPUを搭載した単一のマシンです。前述のとおりp、v、π、zの値を使ってネットワークが更新されます 図3.15❹ 。AlphaGo Zeroでは、これが一回のミニバッチとなります。

Column

自己対戦のための計算リソース

自己対戦では一手ごとにMCTSを実行しますが、AlphaGo Zeroでは時間短縮のためにシミュレーションは1600回に制限されました。自己対戦にはGoogle Cloud Platformの「TPU」（後述）を4つ搭載したマシンが使われましたが、それでも1,600回のシミュレーションには約0.4秒かかったようです。

仮に、一回の対戦が211手だとすると対戦時間は84.4秒です。論文には「3日間で490万回の自己対戦を繰り返した」とあるので、ここから逆算すると、AlphaGo Zeroは自己対戦のために1,000台以上のマシンを使っていたと推計されます*a。

ボードゲームでは強化学習そのものよりも、自己対戦によるデータ生成の方が遥かに大量の計算リソースを必要とするようです。

*a 84.4秒 × 4,900,000回＝約4786日。これを3日で終えるには1,596台のマシンが必要です。

ネットワークの評価

ミニバッチを1,000回繰り返すたびに、ネットワークが本当に改善されているかどうかを評価します 図3.15❺ 。評価時には学習の進んだ最新のネットワークと、イテレーションを開始する前のネットワークとで対戦します。この対戦を400回繰り返して勝率が55%を超えていれば、そのときのネットワークを新しいネットワークとして採用してイテレーションを終了します。

これで、新しいネットワークは以前よりも少しだけ強くなっています。この新しいネットワークを使って、また次のイテレーションを開始します。後はこれを延々と繰り返すことで、AlphaGo Zeroはどこまでも強くなります。

結果 AlphaGoよりも強くて効率的

AlphaGo Zeroの性能を確かめるために、論文では3日間(72時間)の小さな学習と、40日間に及ぶ長期の学習の2通りを実験しています。前者ではネットワークに20層のResNetが使われ、後者ではそれが40層にまで拡大されています。

以下では、後者の実験結果について説明します。

3日でAlphaGo Leeに勝利

学習を始めてから3日後には、AlphaGo Zeroは「AlphaGo Lee」*1の強さを超えています。初代のAlphaGoが最初の教師あり学習だけで一週間かけていたことを考えると、大幅なスピードアップです。

21日でAlphaGo Masterに勝利

そして、21日めには「AlphaGo Master」*2の強さを超えています。AlphaGo Masterは、初代AlphaGoから改良を重ねて世界最強の地位を盤石にした囲碁AIですが、AlphaGo Zeroとの対戦では89:11の大差で敗北しています。

それでいて効率的

前節のAlphaGoは複数のGPUマシンでMCTSによる先読みを分散実行していましたが、AlphaGo Zeroは4つのTPUを載せたシングルマシンで実行するようになりました。MCTSが効率化されたことによって、シンプルな実装でも十分な強さを実現できたようです。

---

*1 初代AlphaGoの改良版。2016年3月、囲碁の世界チャンピオンであるLee Sedolに勝利した。

*2 初代AlphaGoの改良版。2017年1月、オンラインの囲碁対戦ネットワークで世界中の強豪に全戦全勝した当時最強の囲碁AI。

人にとって未知の強さへ

最終的に、AlphaGo Zeroは囲碁で定石とされる強い戦法をいくつも再現したのみならず、人なら絶対に選ばないであろう戦法を取りつつも、なぜか負けないという境地に至ります。

AlphaGo Zeroの対局は、プロが見ても理解できないことも多いといいます。人の戦い方から学ぶのをやめたことで、人の考えに囚（とら）われない自由な戦法を見つけ出せるようになったのでしょう。

Column

人とAIの戦い方は違う

AlphaGo Zeroのしくみは驚くほどシンプルであり、AIとは何なのかについて多くの示唆を与えてくれます。以下は、筆者が感じた印象です。

ニューラルネットワークは正解を記憶している

前節に引き続き、AlphaGo Zeroは「自己対戦から得られた膨大な経験」を記憶することで強くなっています。これは知能というよりは、昔のように計算機のパワーでなんとかしてしまったという感じが拭（ぬぐ）えません。

しかし考えてみると、人間にしても同じようなものなのかもしれません。人も過去の経験から、あるいは他者から学んだ知識として「どのような場合にどう行動するか」を学習し、そのとおりに行動しているだけです。

囲碁であれば、人類が長年にわたって積み上げてきた定石のようなものがあり、対戦を繰り返す中でまた新たな知見が得られて強くなっていきます。AlphaGo Zeroがやっているのは、これまでの人類が積み上げてきたのと同じことを、ごく短時間に凝縮して再現したということかもしれません。

人には人の戦い方がある

一方、人間はResNetほど正確に物事を記憶できないし、MCTSほど効率良く先読みができるわけでもありません。人には「人としての能力の限界」があり、その枠の中で戦う以外にありません。

人間は記憶力や思考力に限界がある代わりに、抽象的な概念に名前を付けて記憶したり、他者と共有したりするのが得意です。「定石を覚える」などはその典型です。

同じ能力を駆使して人間同士で戦うからこそゲームはおもしろいのであり、それとはまるで異なる特性をもったゲームAIと戦っても「人には理解できない」ということになるのでしょう。

3.4 AlphaZero

「AlphaZero」は2017年に発表されたゲームAIであり、囲碁に加えてチェスや将棋にも対応することで、どのようなボードゲームでも同じやり方で学習できることを示しました。

Note

自己対戦によってチェス、将棋、囲碁をマスターする汎用的な強化学習アルゴリズム

本節では、次の論文について解説します。

- D. Silver et al.「A general reinforcement learning algorithm that masters chess, shogi, and Go through self-play」(Science, vol. 362, no. 6419, 2018)
URL https://doi.org/10.1126/science.aar6404

チェス、将棋、囲碁をマスター

「AlphaZero」は、「AlphaGo Zero」の改良版として2017年12月に発表され、2018年12月に『Science』に掲載されたゲームAIです。囲碁に加えてチェスや将棋にも対応したことにより、メディアでも広く取り上げられました。

AlphaZeroは、コンピュータ将棋の分野で当時(2017年)最強だった「elmo」に91.2%の勝率を達成しています。そのときの棋譜が公開されると、人間であれば指さないような独創的な手が多く見られたことから、いまや「AIは創造性を持つようになった」ともいわれました。

■ドメイン知識を取り除く

AlphaZeroが開発された目的は、AlphaGoの研究を通じて得られた知見が囲碁に限定されたものではなく、もっと「汎用的な技術」であることを示すことです。その題材として選ばれたのが、古くから研究されてきた「チェス」と「将棋」でした。

当時最強だったチェスAI(Stockfish)や将棋AI(elmo)は、それぞれのゲームに特化したドメイン知識に依存していました。それらのドメイン知識は、他のゲームに応用できるものではありませんでした。

その点、前節のAlphaGo Zeroには囲碁に特化したドメイン知識はほとんどなく、他のゲームにも応用できる汎用性を備えています。AlphaGo Zeroを応用すれば、他のボードゲームでも強くなると考えるのは自然なことです。

AlphaGo Zeroからの変更点

AlphaZeroのしくみは前節の内容とほぼ同じなので、本節ではおもな変更点のみを説明します。

ゲームごとの入力データ

ゲームによって盤面や駒が異なるため、入力データはゲームに合わせて用意されます リスト3.2 。囲碁では黒と白の石の場所をそれぞれ1枚の画像として表現しましたが、チェスや将棋では駒の種類が多いので、種類ごとに1枚の画像が用意されます。

リスト3.2 AlphaZeroの入力データ

```
❶囲碁                      ❷チェス                    ❸将棋
内容              枚数     内容              枚数     内容              枚数
----------------------     ----------------------     ----------------------
P1の石               1     P1の駒               6     P1の駒              14
P2の石               1     P2の駒               6     P2の駒              14
                           繰り返し             2     繰り返し             3
                                                      P1の持駒             7
                                                      P2の持駒             7
----------------------     ----------------------     ----------------------
                   × 8                        × 8                        × 8

手番                 1     手番                 1     手番                 1
                           合計移動回数         1     合計移動回数         1
                           P1のキャスリング     2
                           P2のキャスリング     2
                           手が進まない回数     1
----------------------     ----------------------     ----------------------
合計                17     合計               119     合計               362

P1 = プレイヤー1, P2 = プレイヤー2, 駒の位置は過去8回の履歴が渡される
```

出典　論文（p.93のNoteを参照）。日本語訳は筆者。

ゲームごとの出力部

囲碁では、19×19の盤面のうち「どの場所に次の石を置くのか」を予測しました。チェスや将棋では、「すでに置かれている駒をどのように動かすのか」を予測します。

チェスなら8×8、将棋なら9×9の盤面について、考えられるすべての「駒の動き」を出力データとして用意します。たとえば、1枚めの出力は「駒を1つ前へ動かす確率」、2枚めの出力は「駒を2つ前へ動かす確率」のようにして、あらゆる動きを確率分布として表現します リスト3.3 。

リスト3.3 AlphaZeroの出力データ

```
 ❶チェス                      ❷将棋
内容                   枚数  内容                  枚数
-----------------------      -----------------------
クイーンの動き          56  クイーンの動き          64
ナイトの動き             8  ナイトの動き             2
アンダープロモーション   9  クイーンの動き+成り     64
                             ナイトの動き+成り       2
                             持ち駒を打つ            7
-----------------------      -----------------------
合計                    73  合計                   139
```

- クイーンの動き＝縦横斜め方向に移動(8方向×距離)
- ナイトの動き＝チェスのナイト(8通り)、将棋の桂馬(2通り)

出典　論文(p.93のNoteを参照)。日本語訳は筆者。

チェスには全部で73通り、将棋には139通りの動きがあるので、これに盤面の大きさを掛けると、チェスでは合計$8\times8\times73=4,672$、将棋では合計$9\times9\times139=11,259$の大きさの確率分布として次の手が表現されます。

TIP

ルールに違反しない手が選ばれる

実際のゲームではこれらすべての行動が許されるわけではなく、MCTSで次の手を決めるときにルールに違反しない手が選ばれます。

■ ネットワーク更新の単純化

AlphaGo Zeroでは、ミニバッチを1,000回繰り返すたびにネットワークを評価し、勝率が55%以上になると新しいイテレーションを開始していましたが、そのようなしくみはなくなりました。ミニバッチは単純に一定回数繰り返され、ネットワークは常に更新されます。自己対戦にはその時点で最新のネットワークが使われます。

Column

Google Cloud TPU

TPU(*Tensor processing unit*)はGoogle Cloud Platformで使える行列演算専用のプロセッサです。機械学習では高速化のために「GPU」(*Graphics processing unit*)がよく使われますが、GPUはもともと3Dグラフィクスのために作られており、機械学習に最適というわけではありません。たとえば、画像処理には大量の32ビット演算が使われますが、ニューラルネットワークでは8ビット、または16ビットあれば十分なので、GPUの大部分の回路は深層学習には必要ありません。

第1世代のTPUは8ビット演算に特化しており、ニューラルネットワークで予測をするときに使われます。一方、第2世代のTPUは16ビット演算に対応しており、ネットワークの学習にも使われます。

TPUが大量に必要なときは、「TPU Pod」という単位でラックに詰められた大量のTPUが利用できます。本書の執筆時点では、512コアの第2世代TPU Podが1時間384ドル(約4万2000円)で借りられます。

結果 チェスと将棋でも世界最強に

AlphaZeroでは自己対戦のために第1世代のTPUを5,000コア、強化学習のために第2世代のTPUを64コア利用しています。

自己対戦中に実行されるシミュレーションの回数は、AlphaGo Zeroでは1,600回だったのに対して、AlphaZeroでは800回に半減されました。

ランダムな状態から学習を始めて、チェスではわずか4時間後にはStockfishの強さを上回り、将棋では2時間足らずでelmoの強さを超えています。囲碁でも8時間後にはAlphaGo Leeを超えており、第2世代TPUによる高速化がうかがえます(AlphaGo Zeroでは3日かかった)。

各ゲームでは70万回のミニバッチが実行され、学習に費した時間はチェスで9時間、将棋で12時間、囲碁では34時間でした 表3.1 。

表3.1 AlphaZeroの学習時間

	チェス	将棋	囲碁
ミニバッチ回数	70万回	70万回	70万回
トレーニング時間	9時間	12時間	34時間
トレーニングゲーム数	4,400万回	2,400万回	2,100万回
シミュレーション回数	800回	800回	800回
シミュレーション時間	40ms	80ms	200ms

出典　論文(p.93のNoteを参照)。日本語訳は筆者。

対戦結果

最終的に、学習の完了したネットワークで各AIと対戦した結果が 表3.2 です。

表3.2 AlphaZeroの対戦結果

	チェス (vs. Stockfish)		将棋 (vs. elmo)		囲碁 (vs. AlphaGo Zero)	
	先手	後手	先手	後手	先手	後手
AlphaZeroの勝ち	29.0%	2.0%	84.2%	98.2%	68.9%	53.7%
引き分け	70.6%	97.2%	2.2%	0.0%		
AlphaZeroの負け	0.4%	0.8%	13.6%	1.8%	31.1%	46.3%

出典　論文(p.93のNoteを参照)。日本語訳は筆者。

チェスは引き分けの多いゲームですが、AlphaZeroはStockfishに対して1,000戦中155勝6敗。将棋ではelmoに対して勝率91.2%。前節で取り上げたAlphaGo Zero(3日間の学習をしたもの)に対しても61%の勝率を達成しており、AlphaZeroが汎用的な技術であることが示されました。

3.5 MuZero

「MuZero」は2019年に発表されたゲームAIであり、AlphaZeroのしくみをさらに一般化し、ボードゲームに特有のドメイン知識を取り除くことで、ゲームのルールそのものを学習するようになりました。

Note

学習したモデルによるプランニングで、Atari、囲碁、チェス、将棋をマスターする

本節では、次の論文について解説します。

- J. Schrittwieser, I. Antonoglou, T. Hubert, et al.「Mastering Atari, Go, chess and shogi by planning with a learned model」(Nature 588, 2020)
  URL https://doi.org/10.1038/s41586-020-03051-4

ゲームのルールを学習する

「MuZero」は、AlphaZeroに続く研究として2019年11月に発表され、2020年12月に『Nature』に掲載されたゲームAIです。MuZeroの特徴は、囲碁のようなボードゲームだけでなく、Atari-57のようなビデオゲームまでをも同じしくみで学習できるようにしたことです **図3.16** 。

■――プランニングのためにはルールが必要

MCTSで先読みするには、何か行動を選択するたびに「盤面の状態がどう変化するか」がわかっている必要があります。本章でこれまでMCTSを使ってこれたのは、ボードゲームには明確な「ルール」が存在するからです。

たとえば、将棋では歩兵を前に進めることはできても、後ろに下げることはできません。AlphaZeroでは、このようなゲームごとのルールは人の手によってハードコードされており、それがあるからこそ状態の変化を先読みできたわけです。

しかし、現実の世界の多くの問題には、ボードゲームほど明確なルールはありません。たとえば、Atari-57のゲームで「右」を押したときに画面がどう変わるのかは事前にはわかりません。AlphaZeroのやり方が通用するのは事前にルールがわかっている場合だけであり、未知のゲームではプランニングすることができませんでした。

■――経験からルールを学習する

そこでMuZeroは、AlphaZeroに組み込まれていた「ゲーム固有のルール」を取り除き、それに代わるものを自身の経験から学習して身につけます。

ボードゲームにしろビデオゲームにしろ、まずは適当に行動してみて、もしそれがルールに反しているなら環境からフィードバックを得ます。「何が許されるのか」を学習することで、次第に可能な行動だけが選ばれるようになっていきます。

図3.16 MuZeroに至る歴史

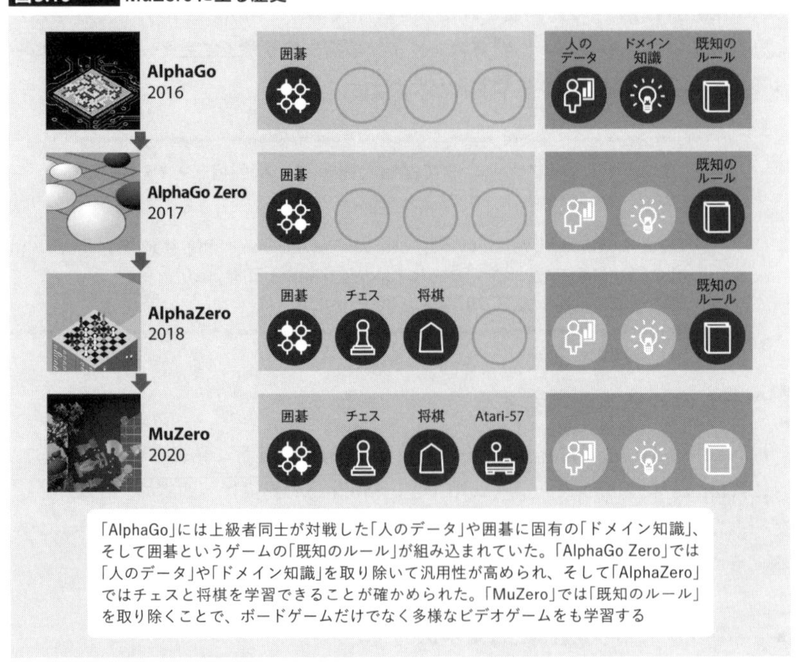

参考 URL https://deepmind.com/blog/article/muzero-mastering-go-chess-shogi-and-atari-without-rules

Column

AIに創造性はあるか？

実際のところ、AIに創造性はあるのでしょうか。AlphaZeroの対戦結果には「結果として」創造的な手が含まれていたのはたしかでしょうが、AlphaZero自身はそれをランダムに見つけているに過ぎません。

今のところ、AIは「人間にとって価値ある知識」と「そうでない知識」を区別できるような判断力を持ち合わせてはいません。AIが見つけた手の中に「定石として知られるもの」や「見たことのない独創的なもの」があるとわかるのは、それは見る側の「人間に高度な認知能力がある」からです。

ゲームが複雑になればなるほど「ランダムに価値ある行動を見つける」ことは難しくなり、AIが創造的な手を発見する可能性は著しく下がります。この問題については、5章で改めて取り上げます。

そのようにして学習を重ねるうちに、MuZeroは未知の世界で「ルールそのものを学習」し、その知識をプランニングに役立てます。

アーキテクチャ　三つのネットワーク

AlphaZeroでは、単一のネットワークだけを使って「方策と価値」を予測しましたが、MuZeroでは新たに二つのネットワークを加えて、全部で三つのネットワークが登場します。

図3.17 は、AlphaZeroとMuZeroがMCTSを実行する手順を比較したものです。次の行動の確率分布pと価値vとを求めるのに関数fを用いるのは同じですが、MuZeroでは新たに関数gとhが登場します。

図3.17　AlphaZeroとMuZeroの違い

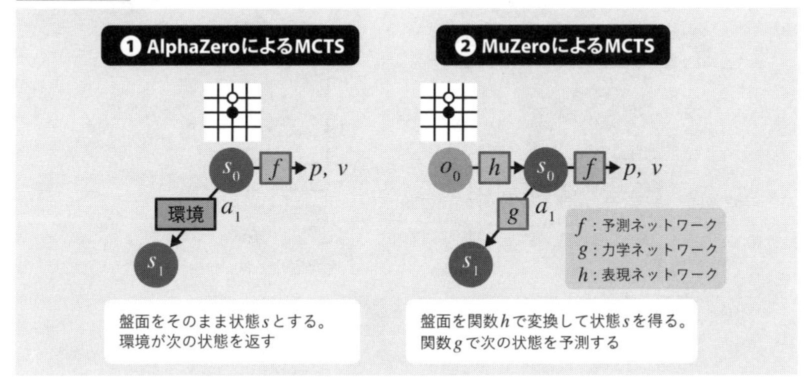

Column

次に起きることを予測する　フォワードモデル

人間は、「世界のルール」を学びながら生きています。「雨がどのように降るか」という正確なメカニズムを知らずとも、曇り空を見て「雨が降りそうだ」と予測すれば傘を持つことを決断します。何かを観測するたびに「次に起こること」さえ予測できれば、それが意思決定の材料となります。

MCTSの過程では、現在の状態から次の手を一つ選んで「一手先の状態」を先読みします。このとき「状態がどう変わるか」を予測するものが「フォワードモデル」（1章）です。

ボードゲームには明確なフォワードモデル（＝ルール）があるので、人の手で実装するのも簡単です。物理法則に従って動く現実の世界でも、物理演算を行うシミュレータがあればフォワードモデルは作れます。

しかし、まったくの未知の世界ではフォワードモデルは用意できず、プランニングすることもできません。MuZeroのアプローチは、ゲームのルールや物理法則がわからなくても「何度も経験すればフォワードモデルは学習できる」というものです。

■——表現ネットワーク

表現ネットワーク（*representation network*）は、環境から得られる**観測**（*observation*）データoを、内部的な**隠れ状態**（*hidden state*）sへと変換するための関数です。これを「$s=h(o)$」と表現します。

ボードゲームの観測データは、AlphaZeroとほぼ同じです。囲碁では19×19、チェスでは8×8、将棋では9×9の盤面を重ねたものが観測データとなります。囲碁と将棋では過去8回の履歴、チェスでは過去100回の履歴が積み重ねられます 図3.18❶ 。

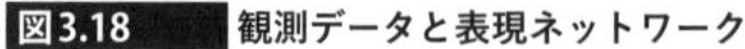
図3.18 観測データと表現ネットワーク

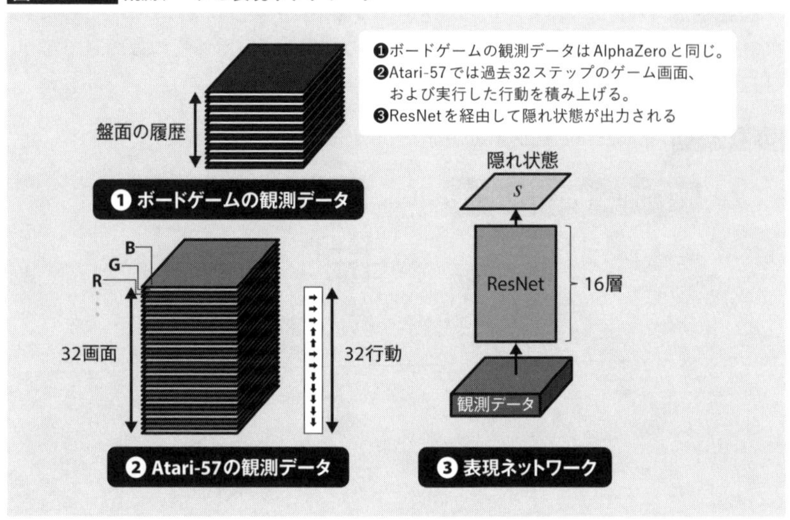

Atari-57では、過去32フレームのゲーム画面をそれぞれ96 × 96ピクセルに縮小し、RGBの3枚に色分けしたものが使われます。それに加えて、過去32回の行動の履歴を積み重ねたものが観測データとなります 図3.18❷ 。

こうして与えられた観測データoは、16層のResNetにより変換され、出力として隠れ状態sが得られます 図3.18❸ 。この隠れ状態はニューラルネットワークの中間層（隠れ層）と同様、観測データを抽象化した情報を表現していると考えられます。

Atari-57の観測データは96 × 96ですが、隠れ状態は6 × 6にまで縮小されます。ビデオゲームの画面は人の目に合わせて冗長な表現をしているので、意思決定に必要な情報量としては6 × 6で十分だったようです。

■——予測ネットワーク

予測ネットワーク（*prediction network*）は、AlphaZeroのマルチヘッドと同じものです 図3.19❶ 。隠れ状態sを確率分布pと価値vとに変換します。これを「p, $v=f(s)$」

と表現します。

図3.19 予測ネットワークと力学ネットワーク

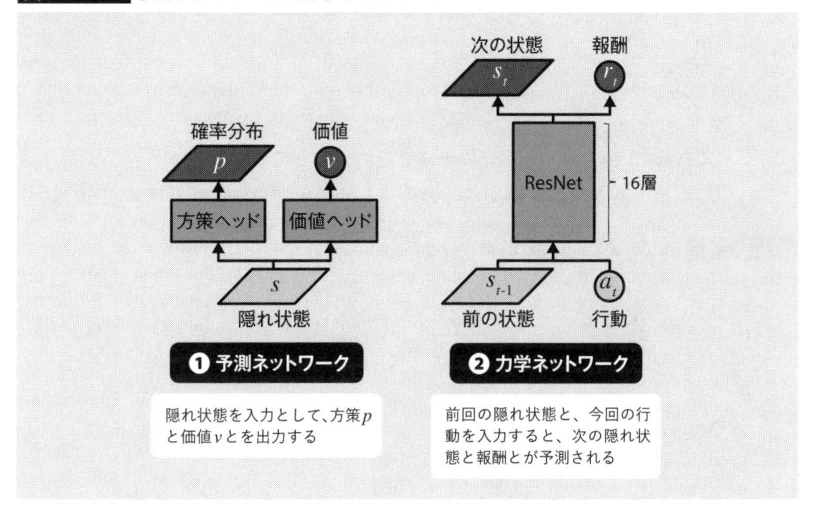

力学ネットワーク

力学ネットワーク（*dynamics network*）は、行動の結果として状態がどう変わるのかを予測するネットワークです 図3.19❷ 。ある時間tについて、一つ前の隠れ状態s_{t-1}と今回の行動a_tとを入力すると、得られる報酬r_tと次の状態s_tとを出力します。これを「r_t, s_t=$g(s_{t-1}, a_t)$」と表現します。

力学ネットワークも表現ネットワークと同じく、16層のResNetにより実装されます。

モンテカルロ木探索

以上の三つのネットワークをつなぎ合わせると、次のようになります。最初の観測データをo_0とします。表現ネットワークhを使って、隠れ状態s_0を計算します。

$$s_0 = \underbrace{h(o_0)}_{\text{表現ネットワーク}}$$

次に、予測ネットワークfを使って、p_0とv_0を計算します。

$$p_0, v_0 = \underbrace{f(s_0)}_{\text{予測ネットワーク}}$$

p_0の確率分布に従って、次の行動a_1を決定します。そして、力学ネットワークgを使うと状態の変化を予測できます。

$$r_1, s_1 = \underbrace{g(s_0, a_1)}_{\text{力学ネットワーク}}$$

こうして得られたs_1は、一手先の未来を予測したものとなります。再び予測ネットワークに戻って処理を繰り返すと、何手でも先読みが可能となります **図3.20** 。

図3.20 MuZeroによるMCTSの実行過程

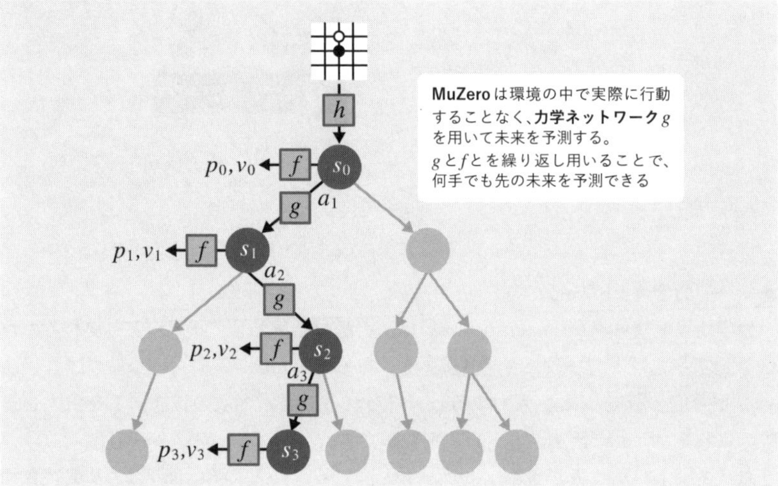

MuZeroは環境の中で実際に行動することなく、**力学ネットワーク***g*を用いて未来を予測する。
*g*と*f*とを繰り返し用いることで、何手でも先の未来を予測できる

p.97のNoteの論文を参考に筆者作成。

価値等価モデル

次に考えなければならないのは、三つのネットワークをどのように学習させるかです。通常の機械学習であれば、入力データに対して期待する出力データが得られるようにパラメータを調整します。たとえば、Atari-57の96 × 96ピクセルの観測データoを入力として、その価値vを計算するモデルMがあるとします **図3.21❶** 。

Mは価値を計算することはできても、観測データの移り変わりを予測することはできません。そこで前述した三つのネットワーク(f, g, h)を組み合わせて、**図3.21❷** のようなモデルを組み立てます。

こうして作られたf, g, hの組み合わせが、モデルMと同じように価値を計算できるならば、両者は**価値等価**(*value equivalence*)であると呼ばれます。

図3.21 価値等価モデル

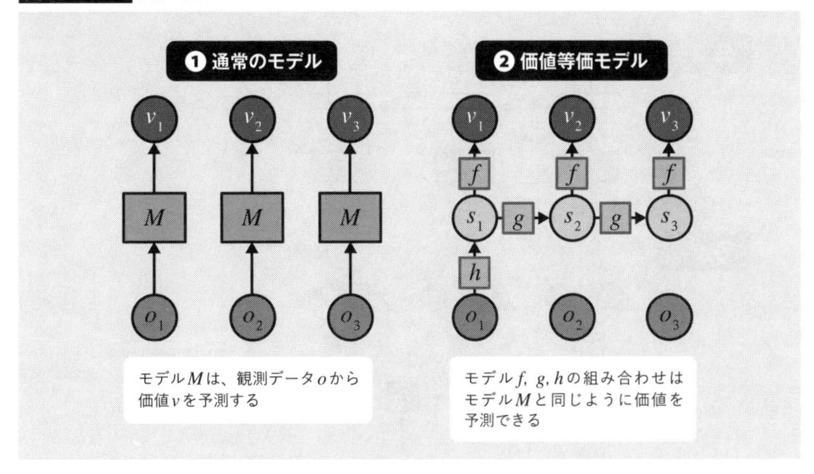

AlphaZeroでは 図3.21❶ のような通常のモデルでボードゲームを学習できることが示されました。ならば、それと価値等価である 図3.21❷ のモデルでも同じように学習できるはず、というのがMuZeroの考え方です。

学習プロセス

MuZeroの学習プロセスは、AlphaZeroとよく似ています。最初に、MCTSで行動を決めつつゲームをプレイし、その結果を経験として記録します。そして次に、記録を読み出しながらネットワークを更新します。

データ収集

MuZeroのMCTSでは、ボードゲームでは800回、Atari-57では50回のシミュレーションを実行します。MCTSにより次の行動の確率分布πが得られるので、それに従って次の行動aを決定します 図3.22❶ 。

ゲーム環境の中で、実際に行動すると直接的な報酬uが得られます。これはボードゲームにはなかったものですが、Atari-57ではゲームの進行中にもスコアが得られるので、それが報酬となります。

こうして集めたデータは、強化学習用のマシンへと送られます。ボードゲームでは、一回の対戦が終わるたびにデータが送られます。Atari-57はゲーム時間が長いため、200回の行動をするたびに送られます。

図3.22 MuZeroの学習プロセス

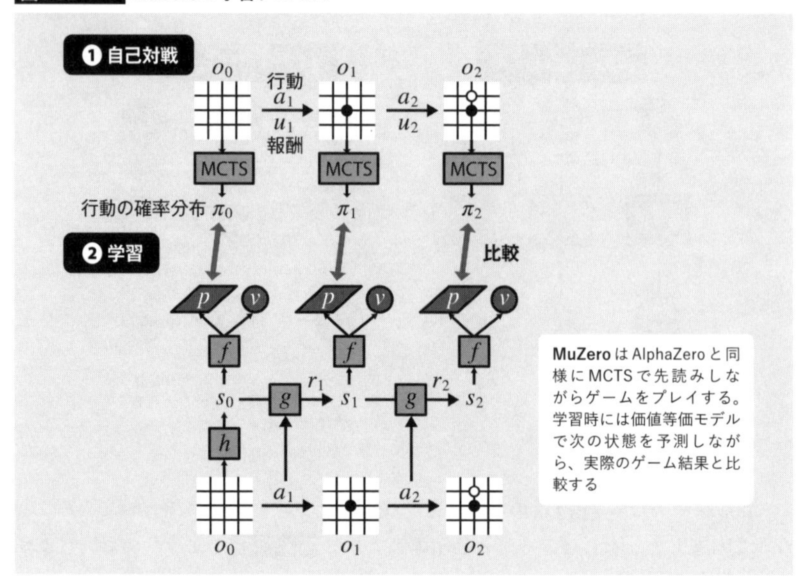

p.97のNoteの論文を参考に筆者作成。

価値等価モデルの学習

学習時には、集めたデータの中から長さK（論文ではK=5）のステップが切り出されます。MuZeroの力学ネットワークは隠れ状態の時間変化を学習するものなので、時間的に連続したデータが必要です。

取り出したデータと三つのネットワークを使って、ゲームの流れを再現します図3.22❷。最初の観測データから表現ネットワークhでs_0を計算し、それに続く隠れ状態s_1, s_2...を力学ネットワークgで予測します。各状態に予測ネットワークfを適用すれば、pとvの値も順次得られます。

このようにして再現されたf, g, hの組み合わせは、実際にゲームをプレイするのと価値等価なモデルになっています。したがって、予測されたpやvの値を、データ収集時に実際に得られたπやuに近づけることを考えれば良いことになります。

通時的誤差逆伝搬法 BPTT

以上のようにして再現された価値等価モデルは、RNNと同じように時間的に連続するデータを「展開」(*unroll*)した状態になっています。したがって、RNNと同じように「通時的誤差逆伝搬法」(BPTT、2章)で学習できます。

具体的には、長さKのデータのそれぞれについて「ネットワークが予測した値」と「実際のゲームプレイから得られた値」とを比較してロスを計算します。そして、BPTT

でパラメータを更新します。

いまは f, g, h の三つのネットワークがあるので、それぞれを同じロスで更新します。これを繰り返すことで、三つのネットワークが次第に正しい結果を予測できるようになります。

結果

論文では、上記の学習プロセスを各ゲームについて100万回ずつ繰り返しており、チェス、将棋、囲碁の三つについては、いずれもAlphaZeroとの比較でほぼ同等の強さを達成しています。

Atari-57では、論文発表時点で最高のAIであった「R2D2」(4章)を大きく上回る結果となりました。とりわけ全ゲームの平均スコアで高い伸びを示しており、先読みが有効に働くゲームで高得点を得ることに成功しています。また、57ゲーム中51のゲームで、人のスコアを上回っています。

Column

脳は未来を予測している

MuZeroは、フォワードモデルを実現するために「ResNet」を用いて次の時間の状態を予測します。ResNetはRNNではないものの、ネットワークの更新にはBPTTを用いており、状態の時間変化を学習する能力を持ちます。

同じように、時系列データから未来を予測する手法として「World Model」[a]も注目されています。World Modelは、より直接的にCNNとRNNとを組み合わせて、画像の時間変化を学習します。人間が寝ている間に夢を見るように、World ModelではAIの中で画像を作り出して学習に利用します。

人間の脳にも時系列データを学習する基本機能があり、大脳新皮質は常に「数ミリ秒先の未来」を予測しているといわれています。たとえば、人が歩くときには、右足が地面に着く直前には「どのような反動が加わるのか」を無意識のうちに予測しています。

そして、実際に予測したとおりであれば、何も起きません。もしも予測と違っていた場合、たとえばつまずいたり、穴に落ちたりした場合には、脳に割り込みがかかって意識が強制的にそちらに向けられます。

いま世界で起きていることを認識し、それが予測したとおりなのか、それとも予測と違って注意を払うべきものなのか、それを区別しながら行動を決められるのが人間に備わった知能です。未来予測は、汎用AIにとって欠かせない機能の一つであるといえるでしょう。

*a URL https://worldmodels.github.io

MCTSを使わなくても高い性能

MuZeroでは、MCTSによる先読みをしなければAIの強さは大きく低下しますが、Atari-57に関しては少し事情が異なるようです。100万回の学習を済ませたMuZeroを使って、MCTSのシミュレーション回数を変えながらゲームをプレイしたところ、以下のことがわかりました。

Atari-57では、シミュレーション回数を100回よりも多くしてもスコアは上昇せず、むしろ減少に転じます。6×6の隠れ状態では、十分にたしかな未来を予測できないためではないかと論文では考察しています。

その一方で、シミュレーション回数が1回、つまり確率の高い行動を一つ選択するだけで先読みをしない場合にでも、十分に高いスコアが達成されました。MuZeroは学習の過程で最適な行動を見つけているため、学習さえ完了してしまえばMCTSに頼らずとも適切な行動を選択できます。

Column

MCTSは優れた教師?

Atari-57のようなビデオゲームでは、「MCTSは学習時にこそ有益」であり、「学習が終わった後は使わなくても良い」という結果は、人間がものを覚えるときの手順にも似ていて興味深いところです。

人も新しくものを覚えるときには試行錯誤したり、他人のやり方から学んだりしながら、時間をかけて知識を身につけます。しかし、一度やり方を覚えてしまえば、同じことを何度も考えたりはせずに、反射的に次の行動を決定できるようになります。

「ものを考える」というプロセスがMCTSで、「反射的に行動」というプロセスが方策ヘッドの出力だとすれば、「MCTSから方策ヘッドへと知識が移動」したことによって、考えるプロセスは必要なくなったのでしょう。

MCTSのようなプランニングのしくみは、まだ正しいやり方を知らないときに「教師データを作成する」のには効果的ですが、学習が終わってしまえばなくてもかまわないものなのかもしれません。

もっとも、人には「学習が終わる」などという状態はなく、常に知識を更新し続けます。「すでにある知識を使って行動を決める」ことと、「思考によってより良い行動を模索する」こと、その両方をうまく組み合わせて知識を更新していけるのが人の知能の特徴なのかもしれません。

3.6 まとめ

本章では、2016年に発表された「AlphaGo」から、2020年の「MuZero」へと至るゲームAIのしくみを説明しました。

■——— 汎化 同じようなものを同じものとして記憶する

AlphaGoは、囲碁の盤面を**画像として認識**することで、従来のコンピュータには難しかった**直感的に次の手を選ぶ**ことができるようになりました。

深層学習の技術により、AIは**同じようなものを同じものとして記憶する**ことが可能です。このようなAIの能力は**汎化**と呼ばれます。AlphaGoは囲碁の盤面を汎化することで、**最もそれらしい手**を膨大な経験から学習します。

■——— MCTS 勝率の高い手を見つける

汎化の能力は完全ではないので、間違いもあります。AlphaGoとその後継となるAIは、**モンテカルロ木探索(MCTS)**による**先読み**を取り入れることで、より高い精度で**勝率の高い手**を見つけます。

MCTSが見つけた「勝率の高い手」は、再びAIによって記憶され、次からはその手が直接選ばれるようにモデルが更新されます。そうしてまた自己対戦を繰り返すことで、AIはどこまでも強くなります。

■——— 未来予測 行動の結果を予測しながら計画を立てる

「先読み」が役に立つのはボードゲームばかりではありません。人も日常的に先読みをしながら意思決定をしています。MuZeroは**ビデオゲームの世界で先読みをする**ことを目指して開発されました。ビデオゲームの世界では既知のルールが使えないので、**行動の結果を予測する**ためのネットワークが導入されました。

結果として、MuZeroには**少し先の未来を予想**して、その中から**最も高い報酬が得られる行動**を選択する能力があります。将来を予測しながら計画を立てるAIは、本書の中でもMuZeroだけであり、今後ますます発展する可能性のある分野の一つであるといえるでしょう。

4章

Atari-57を学ぶAI

DQN、Rainbow、Ape-X、R2D2、NGU、Agent57

本章では、DeepMindが開発した「DQN」と、その後継となる技術について説明します。

4.1節では、Atari-57ベンチマークの技術的な概要と、その課題について説明します。Atari-57の中でもとくに難しいとされる『モンテズマの逆襲』を例として、AIに必要とされる能力について整理します。

4.2〜4.6節では、2013年に発表されたDQNが、その後どのように改良されていったのかを説明します。新しく登場したAIにも従来のAIの良いところがそのまま残されており、歴史を追って理解する必要があります。

4.7節では、2020年に登場した「Agent57」について説明します。これはDQN以降のAIの集大成であり、性質の異なる57個のゲームすべてで人間を上回るスコアを出せるように数多くの工夫が盛り込まれています。

図4.A 内因的モチベーションで『モンテズマの逆襲』をプレイする

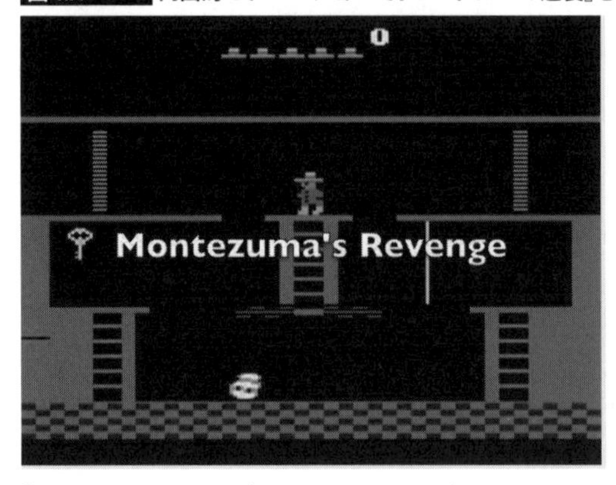

『Montezuma's Revenge』(Parker Brothers, 1984)
参考 「Playing Montezuma's Revenge with Intrinsic Motivation」 URL https://youtu.be/0yI2wJ6F8r0

4.1 「Atari-57を学ぶ」とはどういうことか

本節では、Atari-57のAIを開発する上での前提となる、ゲームの技術的な仕様について説明します。

Atari 2600の仕様

1章でも取り上げたとおり、Atari 2600は1977年に発売された家庭用ゲーム機であり、現在のコンピュータと比べると驚くほど少ないリソースしか使われません。

ゲーム本体は、「ROM」(*Read-only memory*)と呼ばれるカートリッジに書き込まれます。ROMのサイズは2〜4KBくらいで、その中にプログラムや画像などのデータがすべて収められています。

各ゲームの実行時に使われるメモリは「RAM」(*Random access memory*)と呼ばれ、こちらは128バイトしかありません。そこに、ゲームのスコアやキャラクターの状態などが保存されます。

■——— ゲーム画面 160×210ピクセル、128色、60fps

Atari 2600の画面の解像度は横160ピクセル、縦192ピクセルとされています。ただし、縦の長さはゲームによってばらつきがあり、機械学習環境である「Arcade Learning Environment」(ALE)から得られる画像は160 × 210ピクセルで統一されます。

画面の色には、128色のカラーパレットが使われます。カラーパレットは各ゲームが独自に定義しており、人の目で何色に見えるのかは計算しなければわかりません。ALEでは各ピクセルをRBGの24ビットカラー、もしくは8ビットのグレイスケール(白黒)で得ることができます。

得られた一枚のゲーム画面を**フレーム**(*frame*)と呼びます 図4.1 。フレームは毎秒60回、つまり60fps(*frame per second*)で更新されます。

図4.1 フレームの構造

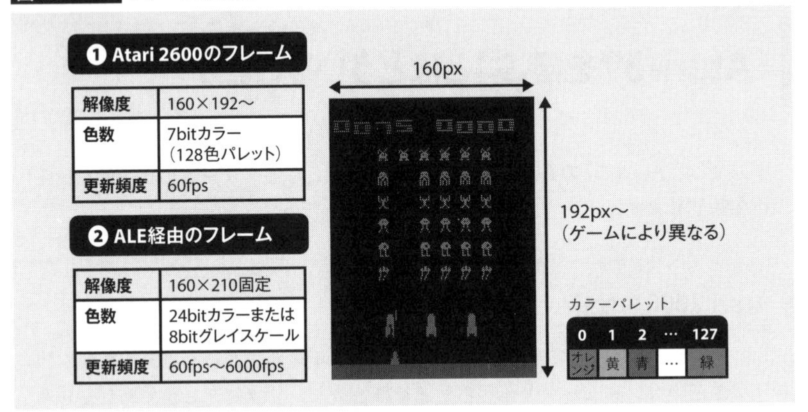

■――ゲームの操作 18種類の行動

ゲームの操作にはジョイスティックが使われ、8方向の移動(上下左右と斜め)と、攻撃などに使われる1つのボタンがあります。「8方向の移動」と「何もしない」のそれぞれについてボタンのオンとオフがあるので、合計18種類の行動が可能です 図4.2 。

図4.2 ジョイスティックによる操作

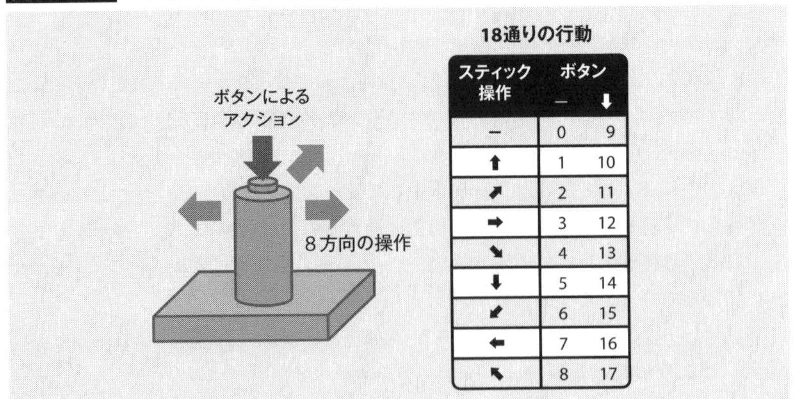

スティック操作	ボタン ―	ボタン ⬇
―	0	9
⬆	1	10
⬈	2	11
➡	3	12
⬊	4	13
⬇	5	14
⬋	6	15
⬅	7	16
⬉	8	17

Atari-57ベンチマーク

「Atari-57ベンチマーク」は、Atari 2600のゲームの中から57個を選んでAIの性能を測る指標としたものです。2章で見たように、強化学習では「マルコフ決定過程」(MDP)として問題を定式化しますが、Atari-57では 図4.3 のように学習環境が統一されます。

図4.3　Atari-57の学習環境

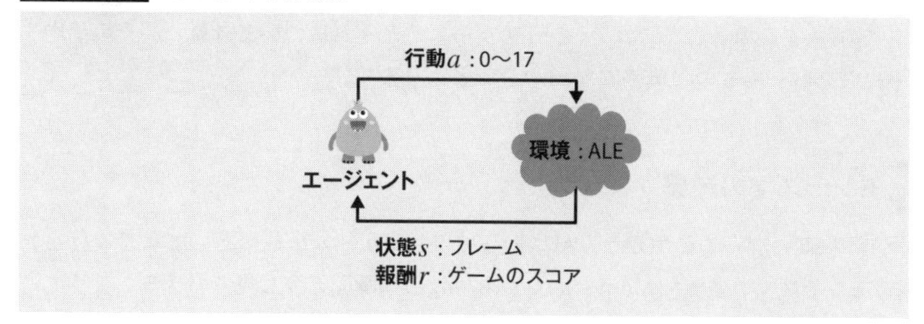

Atari-57ではゲームを「環境」、フレームを「状態」、ゲームのスコアを「報酬」として考えます。全部で18種類の「行動」があるので「0〜17」の整数が環境に渡されます。エージェントが行動を選択するたびにゲーム内の時間が進んで、新しい画面と報酬が送られてきます。

TIP

ゲームを100倍速で実行できる

AIがゲームをプレイするときには、実行速度を最大で100倍速（6000fps）にまで高速化できます。その場合、ゲーム画面のデータ量は毎秒200MBにもなります。

■――ゲームの終了条件

ゲームの開始から終了までを**エピソード**（*episode*）と呼びます。ゲーム内でキャラクターが死ぬなどして終了すると、それでエピソードの終了です。

ゲームによっては無限に続くものや、ゴールに辿り着けなくて終わらない場合もあるので、最初に制限時間を決めておいて、タイムアウトした場合にもエピソードを終了します。

■――人を基準としたスコア

一回のエピソードで得られたスコアが、AIの性能となります。ゲームによってスコアの大きさが異なるので、わかりやすくするために「人を基準としたスコア」（*human-normalized score*、HNS）を計算します。

ゲームごとに、次の二つのスコアを事前に調べておきます。

❶完全にランダムに行動したときのスコア
❷初心者がゲームをプレイしたときのスコア

ここで❶のスコアを「0」、❷のスコアを「100」と換算したときに、AIのスコアがどの程度なのかを計算したものが「人を基準としたスコア」です。もしこれが「200」であれば、平均的な初心者の2倍のスコアが得られたという意味になります。

この「人を基準としたスコア」を57のゲームそれぞれについて計算し、その平均や中央値を取ったものが最終的なAIの評価となります。

モンテズマの逆襲

Atari-57のゲームの中から、AIにとって難しいゲームの代表としてよく挙げられる『モンテズマの逆襲』(Montezuma's revenge)の画面を少し見ておきましょう。これをクリアできないようでは話になりません。

『モンテズマの逆襲』は、迷宮を探検して宝石を集めるゲームです。複数の部屋を行ったり来たりしながら、謎を解いていきます。

図4.4は、ゲームスタート直後の画面です。左に見える鍵を手に入れて、それを使ってドアを開けることで次の部屋へと移動します。下には敵がうろついているのでタイミング良くジャンプして回避します。

図4.4 『モンテズマの逆襲』のスタート画面

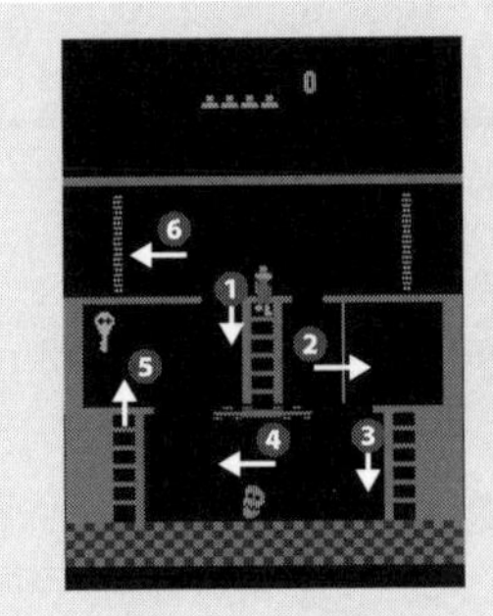

最初の画面は、次の手順で攻略する。

1. スタート地点からハシゴを降りる
2. ロープを使って右に飛び移る
3. ハシゴを降りる
4. 敵をジャンプで回避して左に移動
5. ハシゴを登って鍵を入手
6. スタート地点まで戻って、左側のドアを開ける

最初の部屋に宝石はなく、環境からの報酬は得られません。足を踏み外したり敵と接触したりすると死亡するので、それがマイナスの報酬となります。したがって、この部屋だけを考えたときの最適な戦略は「何もせずにじっとしている」ことになってしまいます。

迷宮は、全部で24の部屋から構成されます。最初の部屋を抜けた後にも数々のトラップを回避してようやく報酬が得られます。このようなゲームを学習するには環境から得られる報酬だけでは不十分であり、自発的に迷宮を探索しようとする動機をAIに与えてやらねばなりません。

ビデオゲームとボードゲーム

以上の仕様を踏まえて、前章で学んだボードゲームとの違いを整理しておきましょう。「ビデオゲームを学ぶ」とはどういうことなのかを、機械学習という観点から考えます。

■――― 対戦相手　勝敗ではなくスコアを報酬とする

Atari 2600のゲームには、対戦相手がいません。一人用のゲームしかないので、勝敗ではなくスコアを競います。ALEはゲームごとのスコアをRAMから読み取り、報酬として渡してくれます。

AIは「報酬を最大化すべく強化学習すれば良い」という点ではボードゲームと変わりませんが、いずれは勝敗が決するボードゲームと違って、Atari 2600では長期的に報酬を得るための探索が重要となります。

■――― 入出力　未知の世界を探索する

囲碁では「19 × 19の盤面に2種類の石」が並びますが、Atari 2600では「160 × 210の画面に128種類の色」が並んだものを入力データとして考えます。受け取るデータ量は大幅に増えますが、その大部分は意思決定に影響のない画像なので、適度に情報量を減らすことは可能です。

出力データとしては、囲碁では次の手として100以上の選択肢が考えられるのに対して、Atari 2600では18種類の行動しか選べません。その一方で、やみくもに行動するだけでは報酬が得られないゲームも多いため、未知の世界を積極的に探索するようなしくみが必要です。

Column

MuZeroには足りなかったもの

前章で取り上げたMuZeroはとても優秀で、実のところ、これから説明するどのAIよりも高いスコアを達成しています。ただし、MuZeroが得意とするのは57のうち51のゲームだけであり、残り6つのゲームについてはまるで人には及びません。

これは、MuZeroのしくみを考えれば当然のことです。いくら先読みするとはいっても高々50回のシミュレーションであり、何万回もの行動をしなければならないゲームだと、MuZeroでは学習のしようがありません。

Atari-57を攻略するには、何度も失敗を繰り返しながらも、危険を回避しつつゴールに向かって歩き続けることが必要です。MuZeroにはそのような探究心はないので、まったく異なるしくみのAIが必要なのです。

■——— **内部状態** 過去の行動を記憶しなければならない

一部のゲームでは、現在見えている画面だけでは次の行動を判断できず、これまでの行動を内部状態として保持しておかなければなりません。

たとえば、鍵の掛かったドアがある場合、鍵を持っているかどうかで行動は変わります。そのような「鍵を持っている」という状態を何らかの手段で記憶する必要があります。

■——— **ステップ数** 行動回数が圧倒的に多い

ゲームが終わるまでの行動回数(ステップ数)は、ゲームによって大きく異なります。ボードゲームはせいぜい数百回も駒を動かせば決着しますが、Atari 2600では、ゲームクリアまでに30分以上かかることもあります。仮に30分だとフレーム数は10万以上で、それと同じ数だけ行動が発生します。

ボードゲームは一回の行動選択の重要性が高く、一度間違った行動を選ぶと取り返しがつかなくなります。そのため、MCTSなどで先読みをして、間違った行動を選ばないことが重要です。

一方、Atari 2600では同じ行動を何度も繰り返します。右に移動したければ、ジョイスティックを右に押し続けます。行動するたびに先読みする必要はありませんが、ランダムに行動しても同じ場所をうろうろして前に進まないので、長期的に意味を持った行動を選択しなければなりません。

4.2 DQN

「DQN」は2013年に発表されたゲームAIであり、強化学習にニューラルネットワークを取り入れて高度なAIを実現できることを示しました。

Note

深層強化学習でAtariをプレイする

本節は、次の論文について解説します。

- V. Mnih et al.「Playing Atari with Deep Reinforcement Learning」(arXiv, 2013)
  URL https://arxiv.org/abs/1312.5602

強化学習に深層学習を組み合わせる

「DQN」(*Deep Q network*、深層Qネットワーク)はDeepMindが2013年に発表し、2015年に『Nature』に掲載されたゲームAIです[*1]。Atari 2600の複数のゲームを汎用的な手法で学習したことにより、DeepMindの名を一躍有名にするきっかけになったといわれています。

DQNの特徴は、以前から強化学習に使われてきた「Q学習」(2章)に深層学習の技術を応用したことです。DQNの登場以降、深層学習と強化学習とを組み合わせた**深層強化学習**(*deep reinforcement learning*)が盛んに研究されるようになりました。

Qテーブルをニューラルネットワークに置き換える

DQNの基本的な戦略は、Q学習で用いられた「Qテーブル」をニューラルネットワークで置き換えることです 図4.5 。

図4.5 Q学習とDQN

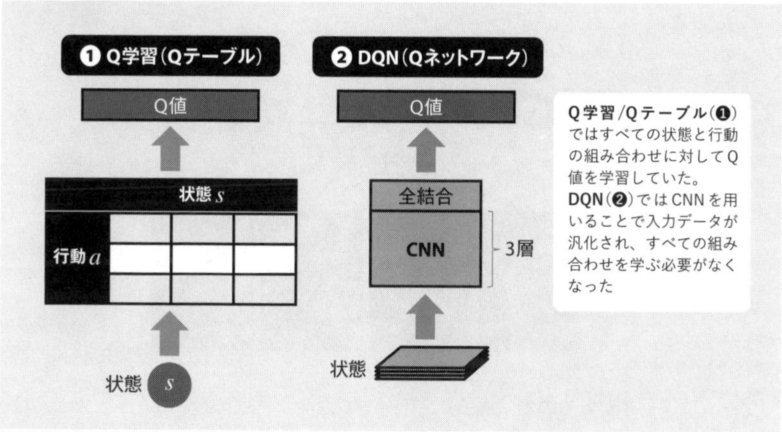

❶ Q学習(Qテーブル)
Q値
状態 s
行動 a
状態 s

❷ DQN(Qネットワーク)
Q値
全結合
CNN
3層
状態

Q学習/Qテーブル(❶)ではすべての状態と行動の組み合わせに対してQ値を学習していた。
DQN(❷)ではCNNを用いることで入力データが汎化され、すべての組み合わせを学ぶ必要がなくなった

伝統的なQ学習では、意思決定の基準となる行動価値関数(Q関数)をQテーブルという形で表現しました。Qテーブルは「状態」と「行動」の組み合わせによって定義されるため、状態や行動の数が増えると爆発的に大きくなるという問題がありました。

Atari 2600のゲーム画面は「160 × 210ピクセル」「128色」なので、およそ430万通りの状態を持つことになります。そのすべてについてQ値を計算するのは無理があります。ニューラルネットワークを用いて画面を抽象化すれば、「同じようなゲーム画面では同じように行動する」という効果が期待できます。

---

*1 本節では、2013年にarXivで公開されたDQNについて説明します。2015年に発表されたNature版とは一部異なります。

アーキテクチャ

DQNでは、Q値を計算するためのネットワークを**Qネットワーク**(*Q network*)と呼びます。Qネットワークの構造は、3層の中間層から成るシンプルなCNNです。

■——— 入力データ 84×84、グレイスケール、4フレーム

Qネットワークへの入力は、ゲーム画面(フレーム)です 図4.6❷ 。元画像は「160×210ピクセル、128カラー」ですが、DQNではこれを「84×110ピクセル」に縮小した上でグレイスケール(白黒)に変換します。そして、スコアなどが表示される上下の領域をカットして「84×84ピクセル」に変換します。

図4.6 Qネットワークの入出力

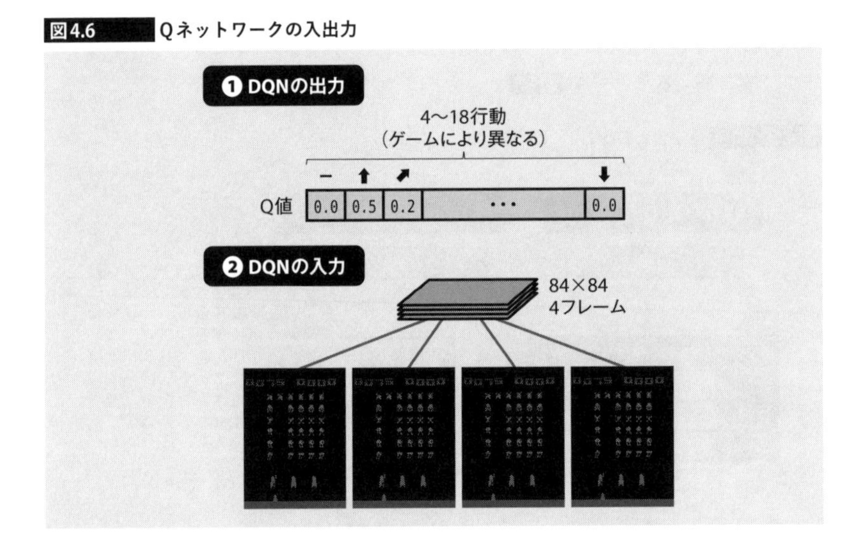

ゲームには動きがあるので、過去4フレームの画像が一度に渡されます。たとえば、ブロック崩しのようなゲームでは、ボールが上に動いているのか、下に動いているのかで次の行動が変わります。最終的な入力データは「84×84×4」の大きさを持った配列となります。Qネットワークは、これを4チャンネルの画像として読み込みます。

■——— 出力データ Q値

Qネットワークの出力は、実行可能な行動のQ値となります 図4.6❶ 。可能な行動は18種類あるので、最大で18個のQ値が一度に出力されます。

計算量を節約するために、DQNでは一度選択した行動を4回連続で繰り返します。つまり、「4回行動して4フレームを読み込む」ことを1回のステップとして、それを毎秒15回(合計60fps)繰り返します。

TIP

同じ行動を4回繰り返す

4回連続で同じ行動をするというDQNの特徴は、その後のAIにも共通の振る舞いとして引き継がれています。

TD学習 ゴールから遡って学習する

Qネットワークは、Q学習と同じようにゴールから遡って少しずつQ値を更新します。最初はランダムに行動してみて、偶然にも報酬の得られる行動が見つかったら、次からはその行動が発生しやすくなるようにネットワークを更新します。

最初から将来の行動を予測しようとするのではなく、直近の行動結果だけを見て学習します。「次に何が起きるか」という「時間的な差異」(*temporal difference*)にしか注目しないことから**TD学習**(*temporal difference learning*)と呼ばれています。

TD誤差 得られた報酬からQ値の誤差を計算する

2章でも見たとおり、「Q値」とは大まかにいって「今回の報酬r_t」と「割引された将来のQ値」とを足し合わせたものとして定義されます。

$$Q(s_t, a_t) = r_t + \gamma Q(s_{t+1}, a_{t+1})$$

Q値　割引率　今回の報酬　将来のQ値

これを、Qネットワークで実際に計算してみます。「現在の状態s_t」をQネットワークに入力すると、出力としてQ値の配列が得られます。その中から最大のものを選んで、「次の行動a_t」とします 図4.7❶ 。

図4.7 TD誤差を計算する

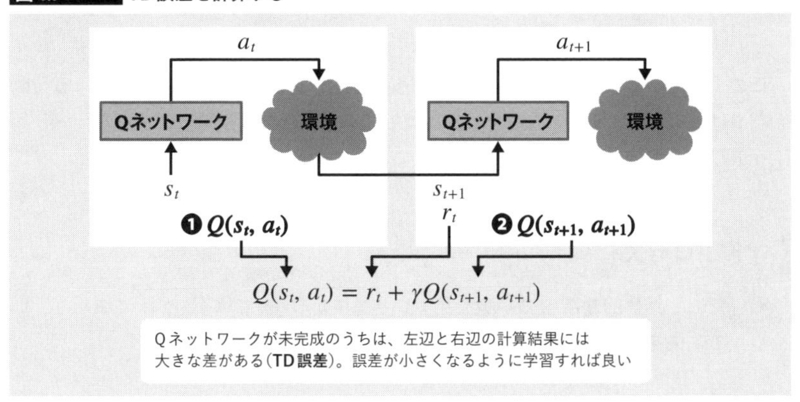

実際に環境(ゲーム)の中で行動すると、「報酬r_t」と「次の状態s_{t+1}」とが返されます。この新しい状態を再びQネットワークに入れると、さらに「次の行動a_{t+1}」が得られます 図4.7❷ 。

こうして得られた二つのQ値には先ほどの等式が成り立つはずですが、Qネットワークが未完成ならば、左辺と右辺の計算結果には大きな差が生じるでしょう。これを**TD誤差**(*temporal difference*)と呼びます。より正確な予測をするために、TD誤差が小さくなるよう誤差逆伝播法でネットワークを更新します。

Q値が行動を遡って伝播する

前述の方法でゲームを学習できるかどうかは、環境からどれだけ報酬が得られるかにかかっています。頻繁に報酬が得られるゲームほど、うまく学習することができます。

ひとたびQ値の高い行動が見つかれば、その手前の行動の価値も徐々に上がります。たとえ環境からの直接的な報酬が得られなくとも、Q値の高い状態へと至る行動が存在するからです 図4.8 。

図4.8 行動を遡って伝播する

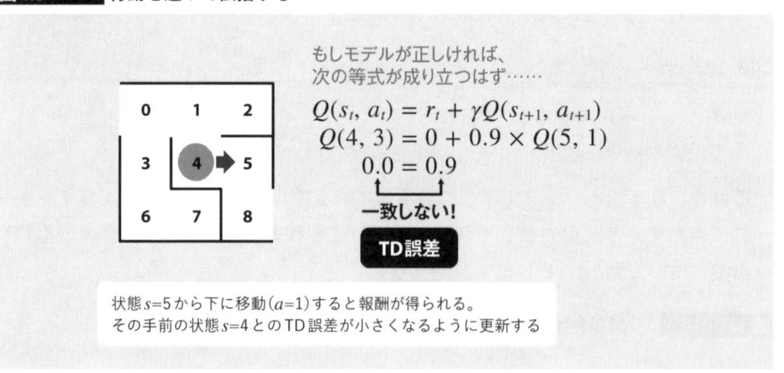

このようにして、報酬の得られるところから逆に遡る形で、次々と価値ある行動を見つけていくのがTD学習です。これはちょうど、Q学習と同じことをニューラルネットワークを使って実現していることになります。

学習プロセス

それでは、具体的な学習の手順を見ていきます。DQNではTD学習に加えて、いくつかの工夫を組み合わせることで安定した性能を達成しています。

ε-グリーディ法　一定確率でランダムな行動を選択する

Q学習には「最もQ値の高い行動を選択する」という性質があるため、一度Q値が高まるとその行動ばかりが選択されてしまい、他に良い行動がないかを探索することがなくなってしまいます。

そのため、確率 ε（イプシロン）でランダムに他の行動も選択するような戦略を、**ε-グリーディ法**（*epsilon-greedy algorithm*）と呼びます。ネットワークの学習中には適度に新しい行動を織り交ぜることで、より良い行動が見つかる可能性が高まります。

経験リプレイ　ランダムに取り出したデータで学習する

DQNは、エージェントが経験した内容をいったんリプレイバッファに書き出して、そこから取り出した過去の経験を使って学習します。この手法を**経験リプレイ**（*experience replay*）と呼びます。

仮に、エージェントが報酬を得るたびにそれを学習すると、最初に経験する同じような場面が何度も学習されてしまい、偏ったネットワークが作られてしまいます。どのような場面にでも対応できるバランスの良いネットワークを作るには、さまざまなシーンを保存しておいて、それを後からまとめて学習する方が望ましい結果が得られます。

TD学習によるネットワーク更新

以上をまとめると、DQNの学習プロセスは 図4.9 のようになります。ゲームを開始したら、最初に「状態 s_t」を初期値（ゲーム画面）にセットします 図4.9❶。

図4.9 DQNの学習プロセス

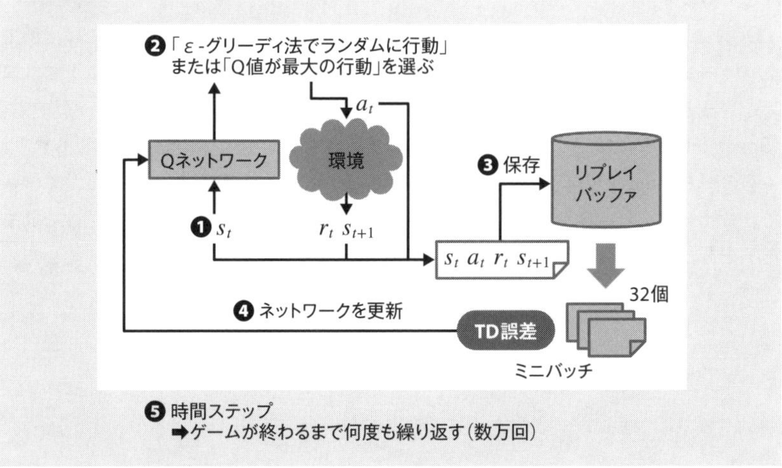

「次の行動a_t」をどうするかは、「ε-グリーディ法」に従って決定します。DQNでは5%の確率でランダムに行動し、95%の確率でQネットワークを使って次の行動を決めます 図4.9❷ 。

行動の結果、ゲームから「報酬r_t」と「次の状態s_{t+1}」が渡されるので、これらの内容をリプレイバッファに保存します 図4.9❸ 。

次に、リプレイバッファの中からランダムに32個のデータを取り出して、それをミニバッチとして「TD誤差」を計算します。誤差がわかれば、それを使ってQネットワークを更新します 図4.9❹ 。

DQNでは、ここまでの一連の処理を一回の時間ステップとして考えて、ゲームが終了するまでこのステップを何度も繰り返します 図4.9❺ 。

■——— 学習が終わるまでエピソードを繰り返す

Atari 2600のゲームは、一回のエピソードだけで数万ステップを繰り返すことになりますが、当然ながら一回プレイしただけでは十分にゲームを学習することはできません。前述のようなエピソードの実行をさらに何百回と繰り返すことで、少しずつ学習が進みます。

結果 29のゲームで人を超えた

DQNは非常に単純なしくみですが、これだけでAtari 2600の多くのゲームを学習することに成功しています。2013年に発表された論文では7つのゲームが評価に用いられ、そのうち6つで深層学習を使わない従来型AIを上回るパフォーマンスを達成しています。

DQNはその後も改良が加えられ、2015年に『Nature』に掲載された論文では全部で49のゲームが評価に用いられ、そのうち29のゲームで人間と同等かそれ以上のスコアを達成しました。たとえば「ブロック崩し」(Breakout)や「インベーダーゲーム」(Space Invaders)などのゲームで、DQNは人よりもうまくゲームをプレイします。

その一方で『モンテズマの逆襲』のような難しいゲームは、DQNではまったく学習できませんでした。DQNは深層強化学習の可能性を示した一方で、それだけではまだ不十分であることもわかり、その後の研究が活発になるきっかけとなりました。

4.3 Rainbow

「Rainbow」は2017年に発表されたゲームAIであり、DQNに多数の改良を加えることで性能向上を実現しました。

Note

Rainbow：深層強化学習の改善を組み合わせる

本節は、次の論文について解説します。

- M. Hessel et al.「Rainbow: Combining Improvements in Deep Reinforcement Learning」(arXiv, 2017) URL https://arxiv.org/abs/1710.02298

DQN改良の歴史 Rainbowまで

DQNの発表以降、それを改良する数々の工夫が提案されてきました。2017年までの歴史を大まかに示すと、図4.10 のようになります。

図4.10 Rainbow誕生までの歴史

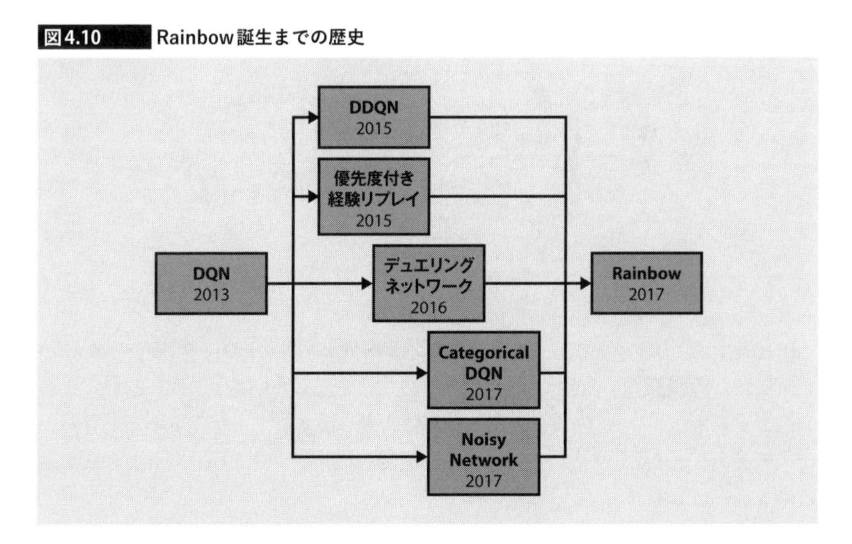

2017年までに提案された6つのアイデアをまとめて一つにしたものが、2017年10月にDeepMindによって発表された「Rainbow」(虹)です。オリジナルのDQNと合わせて7つの技術を組み合わせていることから、論文でも7色のグラフが用いられているのが印象的です。

以下では、Rainbowに採用されたアイデアの中から「DDQN」「優先度付き経験リプレイ」「デュエリングネットワーク」「マルチステップ学習」の4つを説明します。

DDQN（ダブルDQN）

「DDQN」（*Double DQN*）は、Qネットワークを二つ用意することで学習効率を向上させるテクニックです。

前節でも見たとおり、DQNでは時間ステップを進めるたびにQネットワークを更新していました 図4.11❶ 。このQネットワークはTD誤差の計算にも使われ、ステップを繰り返すほど誤差が小さくなる方向へと向かいます。

図4.11　DDQNの学習プロセス

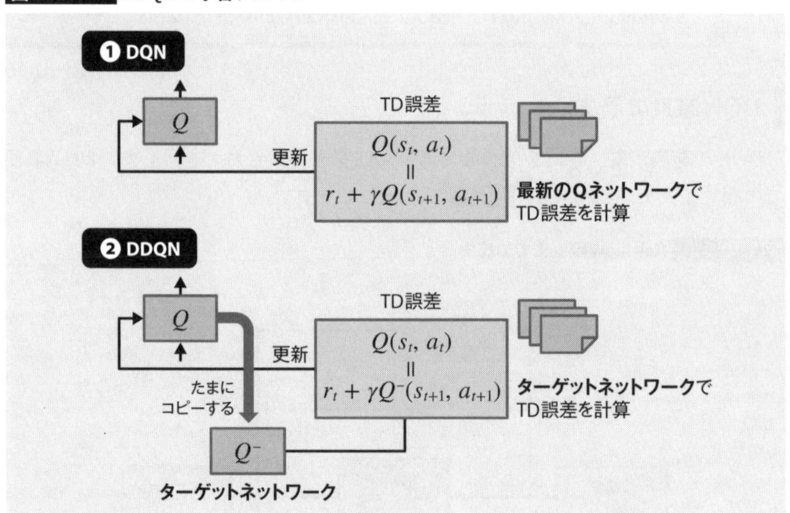

DDQNでは、Qネットワークをコピーして**ターゲットネットワーク**（*target network*）を作ります 図4.11❷ 。図中では、これを「Q^{-}」と表記しています。DDQNは、このターゲットネットワークをTD誤差の計算に利用します。ターゲットネットワークはステップごとに更新するのではなく、何万回ものステップを繰り返してから定期的にコピーします。

オリジナルのDQNでは、Qネットワークは直近の経験から得られた報酬を過剰に学習してしまい、幅広い経験をバランス良く学習することができませんでした。ターゲットネットワークの更新を遅らせることで問題が軽減され、最終的なスコアも上昇します。

優先度付き経験リプレイ

優先度付き経験リプレイ(*prioritised experience replay*)は、リプレイバッファから取り出すデータに優先順位をつけ、「学習する価値の高い経験ほど高頻度に利用する」というテクニックです。

オリジナルのDQNは、単純にランダムにデータを取り出していました。優先度付き経験リプレイでは、学習時に計算したTD誤差を記録しておいて、誤差の大きいものほど次もまた選ばれやすくなるようにします。

リプレイバッファに新しく入れるデータは、優先度を最大にします。新しい経験はまんべんなく学習しつつも、まだ学習しきれていない(=誤差の大きい)経験ほど何度も繰り返し使われるようになります。

デュエリングネットワーク

デュエリングネットワーク(*dueling netowrk*、決闘ネットワーク)は学習プロセスを変えるのではなく、Qネットワークの構造自体に手を加えます。図4.12のように、CNNの中間層の後ろに「状態価値」と「アドバンテージ」を学習する新たな中間層を付け加えます。

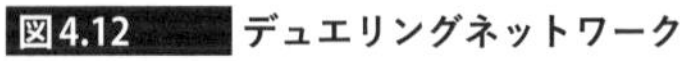
図4.12 デュエリングネットワーク

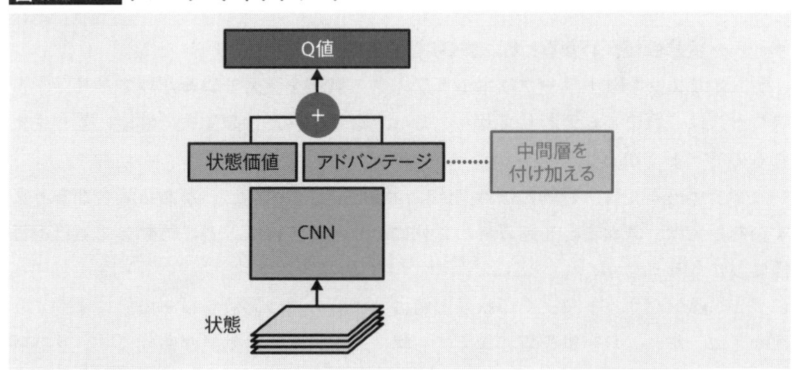

■―――アドバンテージ関数　相対的な行動の価値

2章でも見たように、価値ベースの強化学習には「状態価値関数」(V関数)と「行動価値関数」(Q関数)の二種類の関数があります。後者から前者を差し引いたものを**アドバンテージ関数**(*advantage function*)と呼び、$A(s, a)$と表します。つまり、次の計算式が成り立ちます。

$$\underbrace{A(s,a)}_{\text{アドバンテージ関数}} = \underbrace{Q(s,a)}_{\text{行動価値関数}} - \underbrace{V(s)}_{\text{状態価値関数}}$$

Q関数を使うかどうかにかかわらず、状態には一定の価値があります。たとえば、ゴール直前の状態は価値が高く、今にも死にそうな状態は価値が低いと考えられます。アドバンテージ関数はそうした「状態そのものの価値」を行動価値から差し引いたものであり、「ある行動が他の行動と比較して有利か不利か」を数値化したものといえます。

■——Q関数を再定義する

上記の式を並べ替えると、次の関係式が得られます。

$$Q(s, a)=V(s)+A(s, a)$$

つまり、Q関数とは「状態価値関数とアドバンテージ関数との合計」に等しくなります。この式に合わせて、ネットワークの中間層を「状態価値」と「アドバンテージ」とに分けてから足し合わせるように変形したものがデュエリングネットワークです。

先の図にもあるとおり、途中で分岐したネットワークの出力は最後に合計されており、最終的な出力はQネットワークとまったく同じです。

■——状態価値がわかると効率良く学習できる

デュエリングネットワークはネットワークの構造を変えているだけであり、学習プロセスはこれまでと変わりません。では、なぜこれだけの変更で性能に差が生まれるのでしょうか。

ビデオゲームでは、行動とは無関係に「状態の絶対的な価値」がある場合があります。たとえば、床から足を踏み外して死にそうなときには、どう行動しても低い価値にしかなりません。

デュエリングネットワークの状態価値は、状態の持つ価値を単一の値に集約するがゆえに、あれこれ行動を試さなくても早期に学習される効果があります。状態価値が正解に近づくほど、それを使って計算されるQ関数も正解に近づきます。つまり、あらゆる行動を試すまでもなく、状態価値の存在自体が学習を効率化する効果があるというわけです。

マルチステップ学習

マルチステップ学習(*multi-step learning*)は、1回行動するたびに学習を進めるのではなく、何ステップか先まで行動してから経験を記録することで、学習の精度を上げようとするテクニックです。

これまでにも何度か示したとおり、Q関数は次のように定義されます。

$$Q(s_t, a_t) = r_t + \gamma Q(s_{t+1}, a_{t+1})$$

この式を3ステップ先まで展開すると、次のように書き換えられます。

$$\begin{aligned}
Q(s_t, a_t) &= r_t + \gamma Q(s_{t+1}, a_{t+1}) \\
&= r_t + \gamma(r_{t+1} + \gamma Q(s_{t+2}, a_{t+2})) \\
&= r_t + \gamma(r_{t+1} + \gamma(r_{t+2} + \gamma Q(s_{t+3}, a_{t+3}))) \\
&= r_t + \gamma^1 r_{t+1} + \gamma^2 r_{t+2} + \gamma^3 Q(s_{t+3}, a_{t+3})
\end{aligned}$$

Qネットワークはあくまでも Q関数を近似したものに過ぎないので、どうやっても不正確なものにしかなりません。したがって、より多くの報酬を使って計算する展開後の式の方が「正しいQ関数」に近づく可能性が高まります。

■――― リプレイバッファに複数ステップまとめて書き込む

マルチステップ学習を実現するには、リプレイバッファから取り出すデータが何ステップか連続したものになっている必要があります。そのためには、時間ステップをいくつかまとめてデータを書き込む必要があります。

優先度付き経験リプレイと同様、マルチステップ学習ではリプレイバッファの構造が大きく変更されます。

Rainbow DQN改良の盛り合わせ

以上のようなDQN改良のテクニックを一つに組み合わせたらどうなるのかを研究したものが、「Rainbow」です。Atari-57で「人を基準としたスコア」を計測したところ、およそ200%(平均的な人と比べて2倍)のスコアが達成されました。

オリジナルのDQNのスコアは50%足らずですが、個々の改良だけでは100%程度にしかにまでしかスコアは上昇しなかったので、Rainbowによって大幅な改善が実現されました。

Rainbowで取り入れられた技術はその後のAIにも採用されており、ベースラインとして性能比較のためによく用いられます。

4.4 Ape-X

「Ape-X」は2018年に発表されたゲームAIであり、分散処理によって機械学習の時間を短縮し、短時間で高いスコアを達成しました。

Note

分散化した優先度付き経験リプレイ

本節は、次の論文について解説します。

- D. Horgan et al.「Distributed Prioritized Experience Replay」(arXiv, 2018)
URL https://arxiv.org/abs/1803.00933

分散処理による高速化

機械学習のやり方を変えるのではなく、多数のマシンに処理を分散することで高速化し、より多くのデータから学習することでスコアを伸ばすことに成功したのが、2018年3月にDeepMindから発表された「Ape-X」です。

機械学習は分散処理が難しく、しばしば一台の高性能なマシンで実行されます。ネットワークのパラメータを少しずつ変えることで学習が進むしくみなので、データを分けて計算するのが難しいのです。

Rainbow以前の研究では、強化学習のエージェントは基本的に一台のマシン上で実行され、逐次的に時間ステップを進める実装となっていました。モデルを作るのには長い時間がかかるので、およそ10日程度の学習を済ませた段階で成果が論文として発表されていました。

もし分散処理により高速化が実現できれば、同じ時間でより大量のデータから学習できるようになり、そのぶんだけスコアの上昇が見込めます。

データ生成を分散し、ネットワークを非同期に更新する

Ape-Xでは、Rainbowの技術の中から「DDQN」「デュエリングネットワーク」「マルチステップ学習」、そして「優先度付き経験リプレイ」の4つを取り入れています。これらをまとめると、図4.13 のようになります。

図4.13 分散化する前のアーキテクチャ

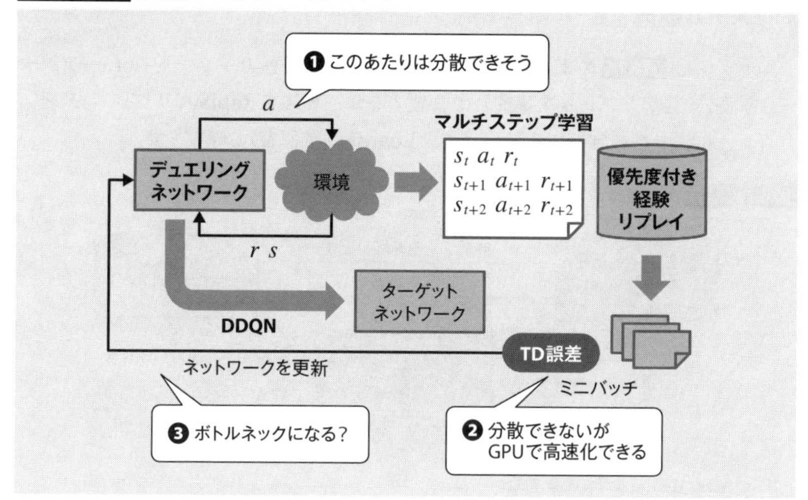

このシステムを分散化するとしたら、どのようにデザインすると良いでしょうか。前章で見たAlphaGoもそうでしたが、強化学習では何度もゲームをプレイすることになるため、その部分を切り離して分散するのが効果的です。図4.13 でいえば❶の「デュエリングネットワーク」と「環境」のループの部分です。

そうして大量のデータを作り出したとして、問題はネットワークの更新です。学習データを一ヵ所に集めてミニバッチを大きくすれば、機械学習の速度は上げられます 図4.13❷ 。しかし、更新されたネットワークを分散システム上で同期するのは、ボトルネックになりそうです 図4.13❸ 。

そのため、Ape-Xではネットワークを1ステップごとに更新するのはやめて、一定時間ごとに非同期的にネットワークを配布するように変更します。

■ 価値のある経験を優先学習する

また、Ape-Xは「優先度付き経験リプレイ」のしくみをうまく使って、学習する価値の高いデータだけを優先的に見つけます。考えてみると想像の付くことですが、何度もゲームをプレイしていると同じことを繰り返すようになり、新しい経験をすることは次第に少なくなります。

得られるデータの大部分は無価値なものになっていきますが、その中に埋もれた「新しい経験」さえ学習できれば、すべてのデータを学習する必要はありません。学習する価値のあるような「新しい経験」を見つけ出すために、分散システムの膨大な計算機パワーを使うのがApe-Xの戦略です。

システム構成　ゲームプレイを分散する

Ape-Xでは 図4.14 のように、ゲームをプレイする分散サービスを**Actor**（アクター、俳優）、経験リプレイを集約して管理するサービスを**Replay**（リプレイ）、経験リプレイにより機械学習するサービスを**Learner**（学習者）と呼びます。

図4.14　Ape-Xのシステム構成

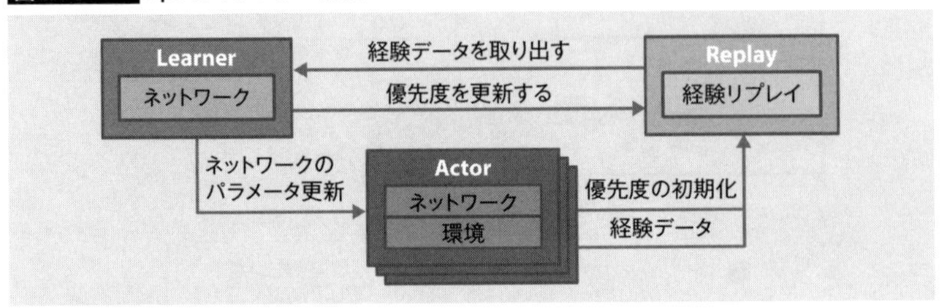

p.126のNoteの論文を参考に筆者作成。

このうち大規模に分散されるのはActorだけであり、ReplayやLearnerは一台のマシンに集約されます。これは、前章で見たAlphaGo Zeroの構成とほぼ同じです。

■――優先度を決めてからデータを集める

Rainbowから取り入れた技術のうち、「優先度付き経験リプレイ」には大きな変更があります。Rainbowではすべての経験がリプレイバッファへと格納され、新しく届いたデータは最優先で学習に使われていました。しかし、Ape-Xでは非常に多くのActorによって大量のデータが生成されるので、同じやり方だとうまく優先度が付けられません。

そこでApe-Xでは、Actorの側で「事前に優先度を決めてから」Replayへとデータを送ります。優先度とはつまり「ネットワークに与える影響の大きさ」なので、Actorの側でTD誤差を計算すればわかります。そうして集められたデータには最初から優先度が付いているので、Leanerは優先度の高いデータだけを取り出して学習に利用します。

結果　短時間で高いスコアを達成

論文では、360台のActorを用いてAtari-57のスコアを計測しています。オリジナルのDQNやRainbowなどがおよそ10日間（240時間）をかけて達成したスコアを、Ape-Xはわずか1日足らず（20時間）で上回りました。学習を始めて5日後には、平均的な人の4倍を越えるスコアに達しています。

TIP

データ量は100倍以上

ただし、この間に生成されたデータ量はDQNやRainbowが学習に用いたデータ量の100倍以上です。短い時間で学習できるようにはなったものの、そのために使われる計算量は膨大です。

多様性が良い結果を生み出した

Ape-Xは単に分散処理によって速度を向上させただけでなく、独立して実行される多数のActorによって「多様性が生み出された」とも考えられています。

Atari-57のように、いろいろな行動を探索することが重要なゲームでは、各Actorが「ε-グリーディ法」に従ってランダムに行動することで「偶然にもうまいやり方を発見できる」確率が高まります。そうしてたまたま発見された新しい経験の積み重ねが、最終的に優れたネットワークを作り上げたのだと考えられます。

Column

人も経験リプレイをしている?

「優先度付き経験リプレイ」を使った学習のしくみは、人間の記憶のしくみともよく似ています。

人間の脳には**海馬**(*hippocampus*)と呼ばれる領域があり、記憶の形成に大きく関わっているといわれています。人が何かを経験すると、それはまず**短期記憶**(*short-term memory*)として海馬に蓄積され、その後、寝ている間などに大脳新皮質へとコピーされて**長期記憶**(*long-term memory*)として定着すると考えられています。

人は経験したことのすべてを覚えているわけではなく、「自分にとって重要な出来事」だけを記憶し、そうでないことは忘れます。つまり経験に「優先度」を付けて一時的に保存し、優先度の高い経験だけを「リプレイ」して長期記憶に移しているのだと考えられます。

ただし、Ape-Xの「優先度付き経験リプレイ」には、海馬ほどの能力はありません。人は記憶が短期記憶にあるのか、長期記憶にあるのかは区別せず、どちらも同じように思い出せます。現在のAIにはそのようなしくみはなく、経験リプレイはネットワークの更新時にしか利用されません。

海馬のように短期記憶としても読み出せる便利な技術があると良いのですが、筆者の知る限りではそのような能力を持つAIはほとんどなく、短期記憶と長期記憶との統合はまだまだ難しいのかもしれません。

4.5 R2D2

「R2D2」は2018年に発表されたゲームAIであり、RNNを用いた時系列データの学習が新たに取り入れられました。

Note

分散強化学習における回帰型経験リプレイ

本節は、次の論文について解説します。

- S. Kapturowski, G. Ostrovski, J. Quan, R. Munos, and W. Dabney「Recurrent Experience Replay in Distributed Reinforcement Learning」(OpenReview.net, 2018) URL https://openreview.net/forum?id=r1lyTjAqYX

強化学習に時系列学習を取り入れる

「R2D2」(*Recurrent replay distributed DQN*、回帰型リプレイ分散DQN)は、2018年9月にDeepMindによって発表されたゲームAIです。前節で取り上げたApe-Xをベースとして、さらに「RNN」(2章)を用いて時間的な変化を学習に取り入れることでスコアの改善に取り組みます。

Column

計算リソースの大部分はデータ生成に使われている

深層学習というと、「GPUで大量の計算をしている」イメージがありますが、少なくとも強化学習においては「ボトルネックはデータ生成」(Actor)にあることが多いようです。

Ape-Xでは、1台のLearnerに対して360台ものActorが用意されています。1台のGPUマシンの性能を使い切るデータを生成するには、それだけ多くのActorを並列稼働させなければ間に合わなかったということです。

前章のAlphaGoなどでもそうでしたが、実際にゲームをプレイして学習用のデータを作るのには想像以上の計算リソースが必要です。もしうまく分散化することができなければ、機械学習のためにではなくデータ生成のためだけに長時間待つことになってしまいます。

データ生成を大規模に並列化できるようになったことで、潤沢な計算リソースさえ用意できれば研究時間を短縮できるようになりました。それが近年の深層強化学習の発展を促しましたが、その一方で最先端の研究をするには大規模なインフラが必要とされる時代になってしまいました。

これまでに見てきたAtari-57のAIは、どれも直近の4フレームを入力データとして学習してきました。つまり「いまどのような画面が見えるか」という情報だけで次の行動を決定してきたため、長期的に「どう行動してきたのか」を考慮に入れる余地がありませんでした。

■―――部分マルコフ決定過程　MDPとPOMDP

2章でも見たように、ゲームの状態がすべてわかっていることを前提に次の行動を決定することを**マルコフ決定過程**（MDP）と呼びます 図4.15❶ 。前節までのAIは、いずれもAtari-57をMDPとして扱ってきました。つまり、ゲームの状態はすべて画面に反映されており、「画面を見れば次の行動が決定できる」と仮定してきました。

図4.15　MDPとPOMDP

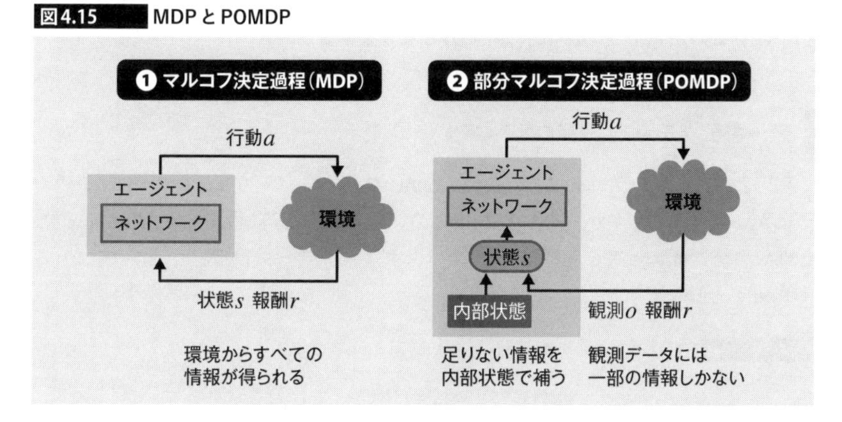

しかし、実際には目に見えるものがすべてではなく、これまでの行動によって決まる「暗黙的な状態」[*2]を持つゲームも少なくありません。AIにとってはゲームが内部でどのような状態を持っているのか知るよしもないので、最初から足りない情報があるものとして考える必要があります。

限られた情報だけで意思決定することを、**部分マルコフ決定過程**（*partially observable Markov decision process*、POMDP）と呼びます 図4.15❷ 。POMDPでは、環境を**観測**（*observation*）して得られる情報を「観測データo」と呼びます。観測データは本質的に不完全であり、意思決定に必要な「状態s」は予測するしかないと考えます。

そして、予測のために足りない情報は、エージェント自身の中に何らかの**内部状態**（*internal state*）を保持することによって補います。

*2　ゲームではよく「フラグが立つ」などといって、同じ場面でもフラグの有無によって動きが変わるときがあります。このフラグは目に見えないものなので、暗黙的な状態です。

隠れ状態　長期的な行動の履歴をエンコードする

従来のAIでも「直近の4フレーム」を入力データとして用いていたので、ごく短い時間的変化は学習できました。しかし、それは時系列学習というよりは「4枚の画像を一度に見ている」だけであり、長期的な時間変化が考慮されるわけではありませんでした。

R2D2はRNNの隠れ層の出力、つまり「隠れ状態」をエージェントの内部状態とみなすことで、長期に及ぶ行動の履歴を隠れ層にエンコードします。目に見える画面が同じであっても、過去の行動が異なれば隠れ状態も違った値となるので、結果として生み出される行動にも変化が生まれます。

環境から直接的に得られる「観測データ」と、これまでの行動の履歴がエンコードされた「隠れ状態」との、この二つを組み合わせることで、従来よりも正確に状態sを予測するのがR2D2の基本的な考え方となります。

アーキテクチャ　LSTMの導入

R2D2のアーキテクチャは 図4.16 のようになります。入力層の後にCNNが続くのはApe-Xと同じですが、その後にRNNの一種である「LSTM」(2章)が加わります。LSTMの後にはApe-Xと同様に「デュエリングネットワーク」が入り、最終的な出力もApe-Xと同じです。

図4.16　R2D2のアーキテクチャ

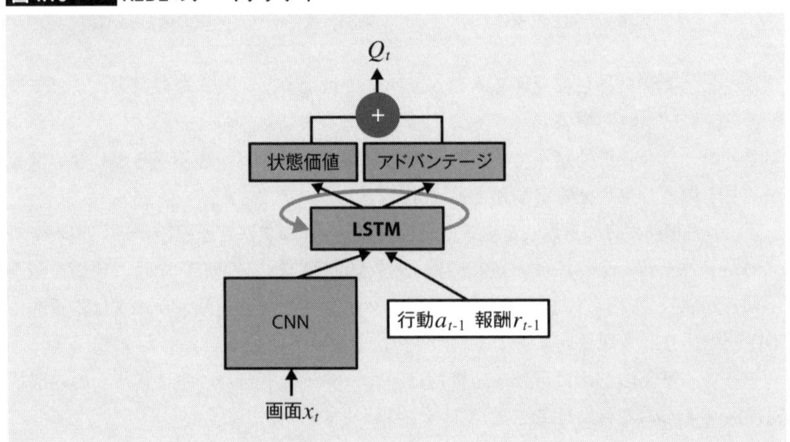

R2D2には、Ape-Xで採用された「DDQN」や「マルチステップ学習」、「優先度付き経験リプレイ」なども取り入れられています。いくつか小さな改善はあるものの、基本的には「ネットワークにLSTMの層が加わった」こと以外には、大きな変更はありません。

システム構造 リプレイシーケンス

R2D2は、Ape-Xと同じように分散システムで経験リプレイを収集します。ただし、後から時間的な推移を再現できるように「連続する80ステップの経験リプレイ」(以下「リプレイシーケンス」)をまとめて保存するようになりました 図4.17 。

図4.17 リプレイシーケンスの構造

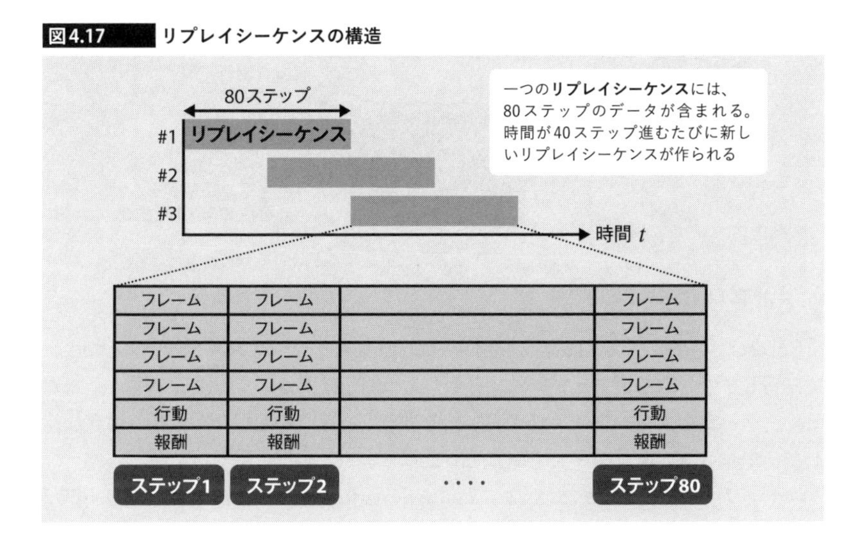

リプレイシーケンスの境界で情報が途切れることを避けるために、各シーケンスの開始時間は40ステップずらされます。これによって、エピソード中のあらゆるシーンがいずれかのリプレイシーケンスに含まれるように工夫されています。

リプレイシーケンスを構成する80ステップのデータは、図4.17 下段のような構造になっています。各ステップには、従来の経験リプレイと同様に「連続する4フレームのゲーム画面」「実行された行動」、そして「得られた報酬」の組み合わせが格納されます。

DQN以降のAIは、いずれも4フレームごとに行動するように作られているため、R2D2もそれと同じく4フレームを1ステップとして行動します。したがって、一つのリプレイシーケンスには実際には「4フレームx 80ステップ= 320フレーム」の画面が含まれます。

データの生成速度 毎秒400以上のリプレイシーケンス

Atari 2600は毎秒64フレームで動作するため、320フレームはちょうど5秒間に相当します。一回のゲーム時間は最大で30分間に制限され、ゲームが終了するまでには720個のリプレイシーケンスが生成される計算です。

R2D2では、ゲームプレイのために256個のActorが並列で実行され、各Actorはおよそ4倍速でゲームを動かします。したがって、計算上は毎秒400以上のリプレイシーケンスが作られます 図4.18 。

図4.18 R2D2によるデータ生成

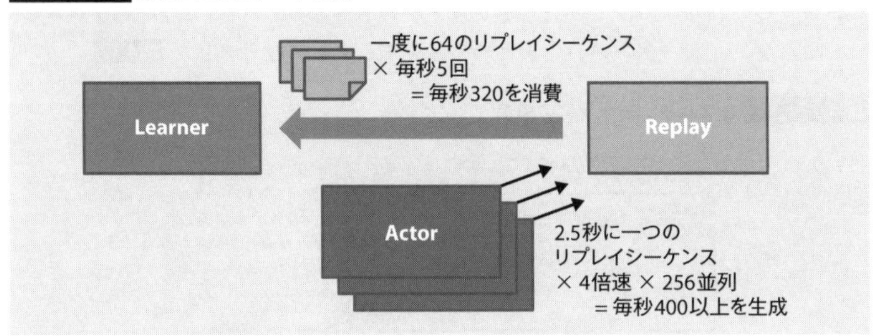

学習プロセス BPTT

R2D2は、多数のActorによって生成されたリプレイシーケンスを一台のLearnerで学習します。取り出すリプレイシーケンスの開始時間は、ランダムです。したがって、ゲーム中のワンシーン（5秒間）を切り出した短い動画を次々と見るような感じで、AIはさまざまなシーンを少しずつ学習します。

ネットワークにLSTMが加わったことにより、強化学習の手順が変わります。R2D2は、「通時的誤差逆伝搬法」（BPTT、2章）でネットワークを更新します。 図4.19 は、R2D2のネットワークを時間に沿って展開したものです*3。

図4.19 BPTTによる時系列データの学習

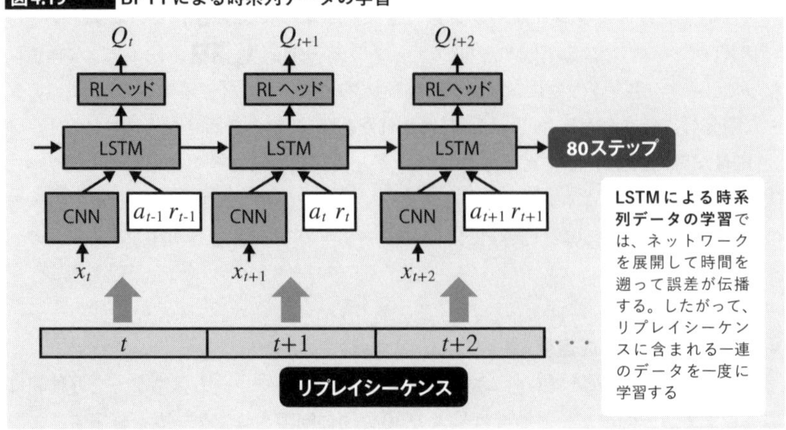

*3 デュエリングネットワークのマルチヘッド部分を省略して「RLヘッド」と呼びます。

リプレイシーケンスの1ステップには「4つのフレームx_t」と「直前の行動a_{t-1}」、および「報酬r_{t-1}」が含まれます。このうち、x_tはCNNに読み込まれ、a_{t-1}とr_{t-1}は直接LSTMへと渡されます。

リプレイシーケンスには80ステップのデータが含まれるので、それらを順に入れていくことで、出力データ（Q値）も次々と計算されます。そうして予測されたQ値と、リプレイシーケンスに含まれる報酬とを用いて、DQNと同様にTD誤差が計算されます。

ミニバッチによる並列化

実際には、LearnerはReplayからランダムに64個のシーケンスを取り出して、それらをミニバッチとして学習します。LearnerはGPUを活用することで、ミニバッチによる学習を毎秒5回の速度で繰り返します。結果として、毎秒320個ほどのリプレイシーケンスが消費されることになります。

リプレイシーケンスに含まれる80ステップ分のデータを、時系列データとして学習するのがR2D2の肝となる部分です。LSTMによる学習では時間的な順序に従って計算を進めなければならないため、そのままでは並列化するのにも限界があります。

R2D2は64個の独立したシーケンスを取り出すことにより、データ処理の並列性を高めています **図4.20** 。このような大規模な並列計算はGPUが得意とするところです。

図4.20 GPUを使ったミニバッチによる計算

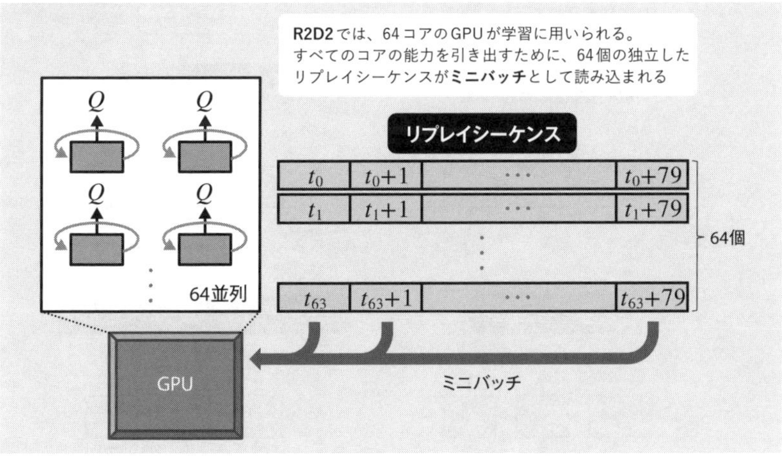

TIP

100億以上の画面を学習する

一つのリプレイシーケンスには4 × 80 = 320枚の画像が含まれ、それを64個取り出すということは、一回のミニバッチには2万枚以上のゲーム画面が含まれることになります。R2D2はそれを毎秒5回のペースで100時間以上計算し続けることにより、合計100億以上の画面を学習します。

初期状態によって結果はどう変わるのか?

R2D2では、リプレイシーケンスとして80ステップのデータを読み書きしますが、そこで問題となるのが「隠れ状態の初期値」をどうするかです 図4.21 。ゲーム開始の直後は0で初期化すれば済む話ですが、それ以降のシーケンスは何かしらの状態からスタートするのが普通なので、これをどう扱うのかを決めなければなりません。

図4.21 シーケンスの初期状態をどうする?

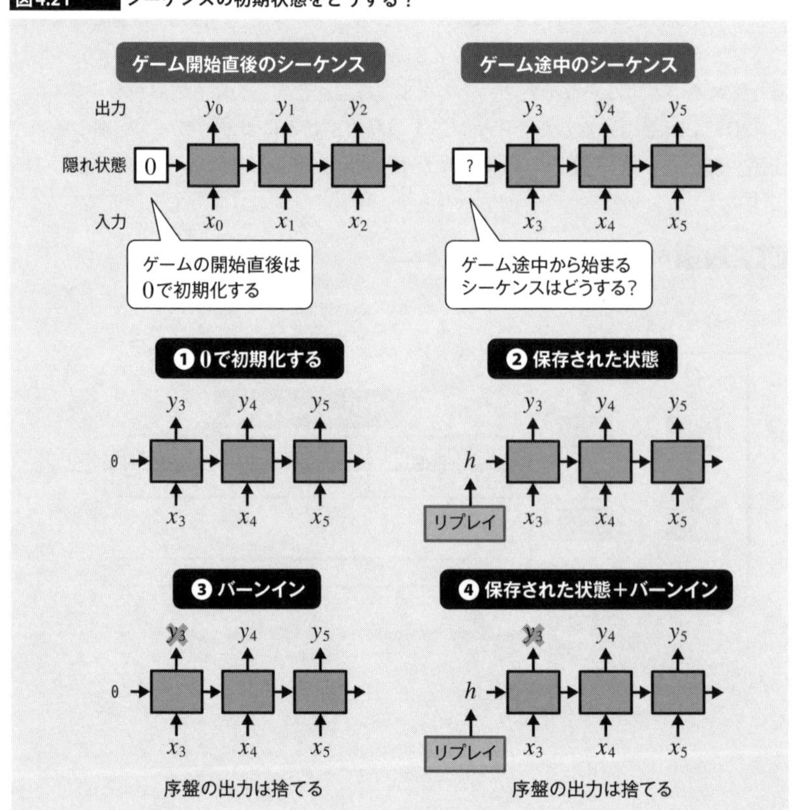

R2D2では4つの方法を比較、検討しています。一つは単純にすべて0で初期化してしまうことです 図4.21❶ 。これは実装は簡単ですが、好ましい方法ではありません。実際にゲームをプレイしているときには、そこに至る経緯があって次の行動を決めているにもかかわらず、0で初期化してしまうと、それまでの経緯を無視してしまうことになるからです。

リプレイバッファに隠れ状態を保存する

より良い方法として、Actorが学習データを生成するときに、リプレイシーケンスと一緒に隠れ状態hを保存しておいて、それを学習時の初期状態として用いることが考えられます 図4.21❷ 。

これは一見良いアイデアですが、完全な方法ではありません。データの生成時に用いられるネットワークは、学習時に用いられるネットワークよりも古いので、リプレイに保存された隠れ状態は最新のものではないからです。とはいえ、0にするよりはましなので評価の対象とします。

バーンイン　出力データの前半部分を使わずに捨てる

別のアプローチとして**バーンイン**(*burn-in*、「慣らし運転」の意味)という手法もあります。バーンインでは初期状態としては0を与えますが、出力されたデータのうち前半部分は使わずに捨ててしまいます 図4.21❸ 。

初期状態が0だと、予測される出力データも信頼できるものにはなりませんが、それでもいくつか予測を繰り返すうちに、その結果として生成される隠れ状態は正しい状態へと近づいてくることが知られています。

R2D2ではリプレイシーケンスに含まれる80のステップのうち、最初の20または40のステップをバーンインに使って、そこから先の出力だけを学習に用いるケースについても評価しています。

両方のやり方を組み合わせるのがベスト

結果として、図4.21❷ と 図4.21❸ のどちらの方法でも、0で初期化するよりも高いスコアを達成できることが明らかになりました。そして、両方を組み合わせることで、より安定して性能を高められることもわかりました 図4.21❹ 。

最終的にR2D2では、保存された状態をRNNの初期状態として用いつつ、80ステップのうち最初の40ステップをバーンインによって消費し、残った40ステップの出力を使って学習を進めています。

結果

R2D2は前節のApe-Xと比較して、同じ学習時間(120時間)で4倍近いスコアを達成しており、人と比べて約20倍の成績を叩き出すまでになりました。また、57のうち52のゲームで人を上回ることに成功しています。

残った5つのゲームのうちの、3つ(Skiing、Solaris、およびPrivate Eye)についてはパラメータをうまく調整することで高成績を収めることもできたようですが、最後の2つ(Montezuma's RevengeとPitfall!)の「難しいゲーム」については依然としてスコアが伸びず、まったく新しい手法が必要だと結論付けられています。

4.6 NGU

「NGU」は2019年に発表されたゲームAIであり、AIが「好奇心」に従ってゲーム内を自発的に探索するようになりました。

Note

決して諦めるな:指向性のある探索戦略を学習する

本節は、次の論文について解説します。

- A. P. Badia et al.「Never Give Up: Learning Directed Exploration Strategies」(OpenReview.net, 2019) URL https://openreview.net/forum?id=Sye57xStvB

好奇心に従って世界を探索する

「NGU」(*Never give up*)は、2019年9月にDeepMindから発表されたゲームAIです。Atari-57を制覇するための最後の課題として残されていた、「難しいゲーム」のクリアに挑戦しています。

これまでに見てきたAIは、どれも「環境から得られる報酬」、つまりゲームのスコアだけを頼りに学習してきました。強化学習は報酬を最大化するようにネットワークを更新するので、なかなか報酬が得られないゲームでは思うように学習が進みません。

■ 報酬の頻度 密な報酬、疎な報酬

強化学習では一般に、頻繁に報酬が得られることを**密な報酬**(*dense reward*)、ほとんど報酬が得られないことを**疎な報酬**(*sparse reward*)と呼びます。たとえば、敵を倒すたびにスコアが得られるのは「密な報酬」であり、迷路を抜けてゴールしたときに

一度だけ報酬が得られるならば「疎な報酬」です。

これまでのAIは、途中経過でどのように行動するかはランダムな行動選択に頼ってきました。DQNでは「ε-グリーディ法」を使って、一定確率でランダムな行動を発生させることで「偶然にもゴールに辿り着く」ような行動を見つけて、それを学習してきました。

しかし、Atari-57の難しいゲームでは、いくらランダムな行動を繰り返してもゴールに辿り着くことができません。結果として何の報酬も得られずに、適切な行動がわからないまま時間だけが過ぎていきます。

■——— 外因性報酬と内因性報酬

ゲームから疎な報酬しか得られないならば、「自発的に密な報酬を作ろう」という発想が生まれます。強化学習では、エージェントが「外部環境から与えられる報酬」を**外因性報酬**(*extrinsic reward*)、エージェント自身が「自分で作り出した報酬」を**内因性報酬**(*intrinsic reward*)と呼びます **図4.22** 。

図4.22 外因性報酬と内因性報酬

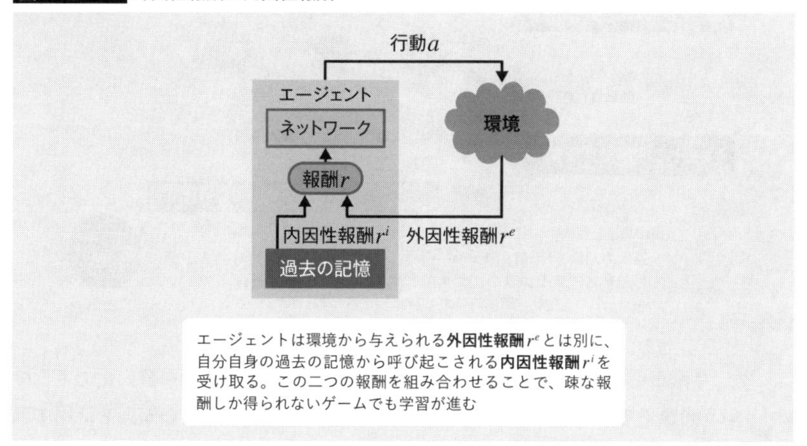

内因性報酬を実現する一つの方法が**好奇心**(*curiosity*)を持たせることです。とはいっても、AIが本能的に好奇心を持つことなどありません。開発者がそのようにエージェントを作ってやる必要があります。

ここでは、「好奇心」を「知らないことを知ろうとする行動」として定義します。好奇心のあるAIを作るには、前提として「これまでに経験したことを記憶」した上で、「今までに経験したことのない行動」を優先的に選択できる必要があります。つまりは、記憶力の強化です。

そうして、次々と新しい行動を試していけば、ランダムに行動するよりも高い確率でゴールできるだろう、というのがNGUの基本となる考え方です。

探索と活用のトレードオフ

強化学習では一般に、未知の世界でさまざまな行動を取ることで「長期的に報酬を最大化する方法」を見つけ出します。短期的には無駄が大きくとも、長期的にはより大きな報酬へと結びつく行動もあります。優秀なAIを作るためには、短期的な報酬の有無によらずに、今までとは違った行動を取ることも重要です。

AIが(それまでとは違う)新しい行動を取ることを、**探索**(*exploration*)と呼びます。探索を繰り返すうちに、より大きな報酬の得られる行動が見つかります。過去の経験に基づいて最適な行動を選択することを、**活用**(*exploitation*)と呼びます **図4.23** 。

図4.23 探索と活用のトレードオフ

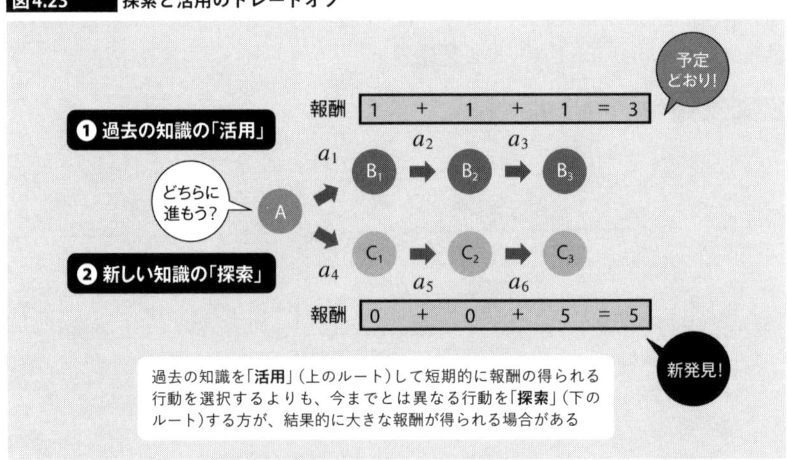

このとき難しいのは、「探索と活用のバランスをどうすれば報酬を最大化できるのか」という問題です。すでに報酬を得る方法を知っているなら、その知識を活用すれば良いと思いがちですが、いつどこで未知の方法が見つかるかもわからないので新しい行動の探索も欠かせません。

この問題を**探索と活用のトレードオフ**(*exploration-exploitation trade-off*)と呼び、そのバランスをどう取るかがAIの独自性となります。

TIP

最適なバランスはゲームによって異なる

一般に「密な報酬」が得られるゲームでは、知識を活用するほど早く学習が進みますが、「疎な報酬」しか得られなければ探索が重要になります。最適なバランスは、ゲームによって異なります。

■——探索と活用の最適なバランスを探す

いつ探索を優先し、いつ知識を活用する方が良いのかは事前にはわからないので、それ自体をAIが自分で見つけ出せるようにします。

好奇心に従って探索を進める手法、すなわち**好奇心駆動探索**(*curiosity-driven exploration*)では「報酬r」を次のように定義します。NGUではこれを**拡張された報酬**(*augmented reward*)と呼んでいます。

$$r = r^e + \beta r^i$$

拡張された報酬 (r)、外因性報酬 (r^e)、内因性報酬 (r^i)

ここで、「r^e」は外因性報酬、つまり環境から得られる報酬であり、「r^i」は内因性報酬、つまり好奇心から得られる報酬です。この二つを足し合わせたものが、最終的に得られる報酬であると考えます。

内因性報酬には、係数としてβ(ベータ)を掛けます。もしβが0なら内因性報酬も0となり、環境から得られる報酬だけに従って学習することになります。これは、前節までのAIと同じです。

βを大きくすればするほど、好奇心を優先して学習が進むことになります。したがって、βの値をいろいろに変えてみることで探索を優先するのか、それとも知識を活用するのかをコントロールできます。

■——新規性モジュール 内因性報酬を作り上げる

内因性報酬r^iを詳しく見ていきます。内因性報酬は自由に定義することができるので、AIの個性を決める部分です。

NGUは、ここで**新規性モジュール**(*novelty module*)と呼ばれるサブシステムを導入します。「新規性」とは、エージェントの行動にどのくらいの目新しさがあるかを定量化したものです。好奇心とはすなわち、「新規性の大きな行動を選ぶ」ことであると考えます。

NGUの最大の特徴は、短期的な行動に影響を与える**エピソード新規性**(*episodic novelty*)と、長期的な行動を左右する**ライフロング新規性**(*life-long novelty*)の二つのモジュールを作成し、これらを組み合わせて内因性報酬を作り上げているところです 図4.24。どちらも複雑なアーキテクチャをしているので、それぞれ順に見ていきましょう。

図4.24 NGUにおける内因性報酬の計算過程

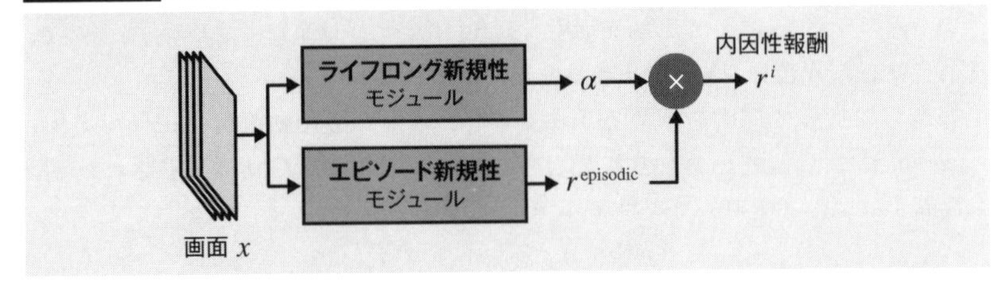

エピソード新規性

NGUにおける「エピソード新規性」は、一回のエピソード（ゲームの開始から終了まで）の中で新規性のある行動が選ばれるようにする指標です。つまり、「同じところをぐるぐる回ったりしないで新しいことをやってみよう」ということです。

エピソード新規性のコアとなるのは、「埋め込みネットワーク」と「エピソード記憶」の二つです 図4.25 。エージェントがゲーム画面を受け取るたびに、これらのネットワークを通して一つの値が計算されます。これを r^{episodic} と表現します。

図4.25 エピソード新規性の計算手順

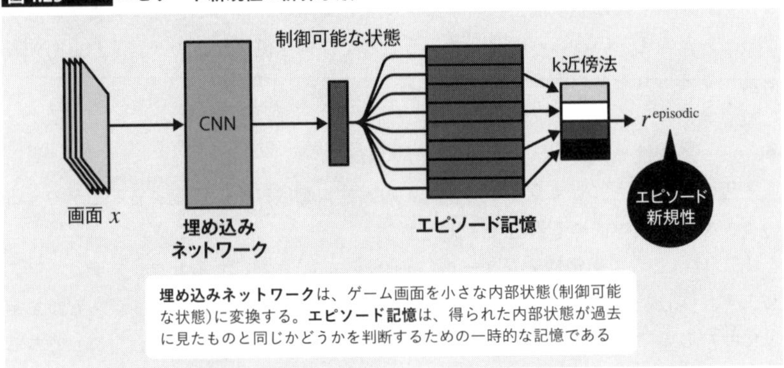

p.138のNoteの論文を参考に筆者作成。

■――― 埋め込みネットワーク

埋め込みネットワーク（*embedding network*）は、そのままでは情報量の多すぎるゲーム画面を抽象化して短いベクトルデータへと「埋め込み」ます。

機械学習において**埋め込み**（*embedding*）とは、画像や単語のような任意のデータをニューラルネットワークで処理しやすいように「ベクトルデータ」に変換することを意味する一般的な用語です。

NGUの埋め込みネットワークは4層のCNNで実装されており、ゲーム画面を長さ32のベクトルデータへと変換します。もし二つの画面が同じようなベクトルに埋め込まれるなら、その二つの画面は「似ている」という意味になります。

このベクトルを、NGUでは**制御可能な状態**(*controllable state*)と呼びます。制御可能な状態は、後述するエピソード記憶へと保存されます。「この画面は前にも見たな」という経験を作り出すものが埋め込みネットワークとエピソード記憶であるといえます。

■――― AIにとって意味のある変化を学習する

埋め込みネットワークによって計算される「似ている」画面とは、文字どおり画像として似ているのではなく、「経験として似ている」ものでなければなりません。

ゲームによっては、エージェントの行動とは無関係に画面がランダムに変化することもあります。そうした変化はAIにとって新しい経験ではないので、同じ経験として一つにまとめたいところです。

「ランダムな変化」と「AIにとって意味のある変化」とを、どうしたら区別できるでしょうか。NGUではエージェントが行動したときに、その「結果として起こる画面変化」を意味のある経験として捉えます。

■――― シャムネットワーク　行動に関連する成分を埋め込む

ゲーム画面からランダム性を取り除くために、埋め込みネットワークは **図4.26** のような方法で学習されます。最初に、パラメータを共有する同一のネットワーク(図中のCNN)を二つ横に並べて、それぞれの出力を接続して一つの大きなネットワークを形成します。これを**シャムネットワーク**(*siamese network*)と呼びます。

図4.26　シャムネットワークによる学習

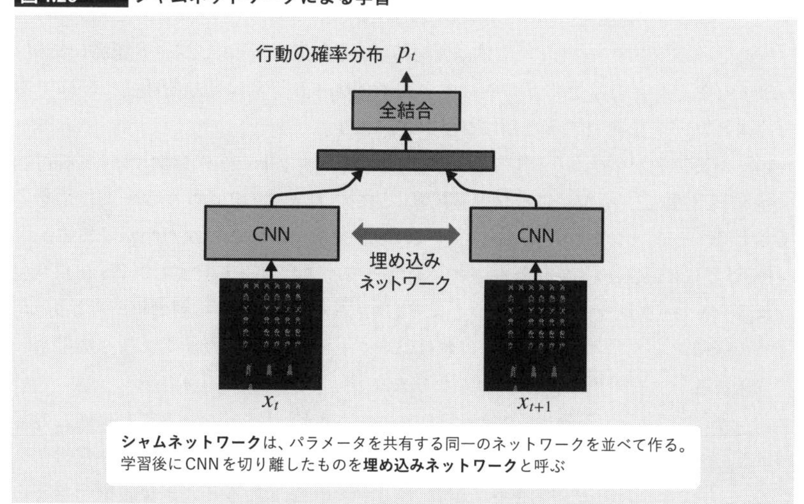

p.138のNoteの論文を参考に筆者作成。

二つ並べたネットワークには「時間的に連続する二つのゲーム画面」を与えて、そのとき実行されたエージェントの行動を「教師あり学習」します。すると、与えられた画面から行動を予測するようなモデルが作られます。

行動を予測できるということは、ネットワークの中間状態には予測に必要十分な情報が「埋め込まれている」と考えられます。そこでは、行動とは無関係のランダムな成分はノイズとして取り除かれ、行動と関連の深い成分だけが残ります。

■――埋め込みネットワークを切り離す

シャムネットワークの学習が完了したら出力層を外して、二つ並べたネットワークの片方にだけ着目します。このネットワークはゲーム画面を入力として、「行動を予測できるだけの十分な情報量」を残した中間状態を生成します。

このネットワークこそが「埋め込みネットワーク」であり、そして生成される中間状態が「制御可能な状態」です。つまり、埋め込みネットワークは単に画像をベクトル化するだけではなく、「同じような行動を伴う場面」を同一の中間状態へとエンコードする能力を持ちます。

TIP

埋め込みネットワークは事前に作っておく

埋め込みネットワークは、NGU本体のネットワークとは完全に独立しているので、エピソード新規性の計算に先立って事前に学習を済ませます。

■――エピソード記憶　エピソード新規性を計算する

埋め込みネットワークが作り出した「制御可能な状態」は、**エピソード記憶**(*episodic memory*)としてメモリ上に保持されます。エピソード記憶は単なる数値の配列であり、エピソードを開始するたびにクリアされます。

エージェントがゲームをプレイする間、埋め込みネットワークは次々と「制御可能な状態」を計算し、それがエピソード記憶に追記されます。このエピソード記憶を見ることでエージェントがどのくらい新しい経験を積んでいるのかがわかります。

NGUでは**k近傍法**(*k-nearest neighbor*)を使って、エピソード記憶にある「制御可能な状態」のユークリッド距離を計算します(コラムを参照)。もし制御可能な状態が、過去の経験のいずれとも似ていなければユークリッド距離は大きくなり、結果として内因性報酬r^{episodic}の値も大きくなります。

以上が「エピソード新規性」の計算です。まとめると、「エピソードごとに過去の経験が配列として保持」され、その中に「似たような経験が増えるほど内因性報酬が下がる」ことにより行動が抑制され、逆に「新しい経験が加わると大きな報酬が与えられる」ことになります。

ライフロング新規性

次に、もう一つの新規性モジュールであるライフロング新規性について見ていきます。

NGUにおける「ライフロング新規性」は、エージェントの学習サイクルを繰り返すたびに緩やかに変化するような長期的な新規性です。前述したエピソード新規性がエピソードごとにリセットされるのに対して、ライフロング新規性は「エピソードを繰り返すたびに少しずつ変化」します。

人も幼い頃は、自宅の中で見たり聞いたりする、すべてのものに新規性を感じます。しかし、成長するにつれて、家の外あるいは海外など、今までとは違う環境に行かなければ、新規性が得られなくなります。結果として、行動範囲が広がります。

ライフロング新規性を理解するには、まず先行研究として「RND」を理解しておく必要があります 図4.27 。

Column

ユークリッド距離とk近傍法

ユークリッド距離(*Euclidean distance*)は数学用語で二つのベクトルの距離を意味します。たとえば、2次元のベクトル(p_1, p_2)と(q_1, q_2)があるとして、この二つの距離は 図C4.A のようにして計算されます。

エピソード記憶として格納される「制御可能な状態」は32次元のベクトルなので、32個の数値から距離を計算します。NGUは「制御可能な状態」が与えられるたびにエピソード記憶のすべてのベクトルとの距離を計算し、その中から距離の近いベクトルをk個選びます(論文では$k=10$)。

そして、各ベクトルとの距離の逆数を計算し、それをベクトルの「類似度」と呼びます。それらの類似度を合計して逆平方根を求めたものがr^{episodic}です。つまり「類似度が小さい(=似ていない)ほどr^{episodic}は大きく」なり、新規性の高い行動として扱われます。

図C4.A 2次元ベクトルのユークリッド距離

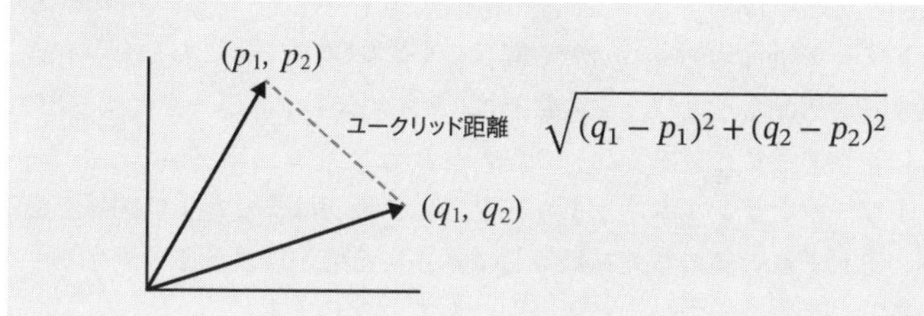

図4.27 RNDのアーキテクチャ

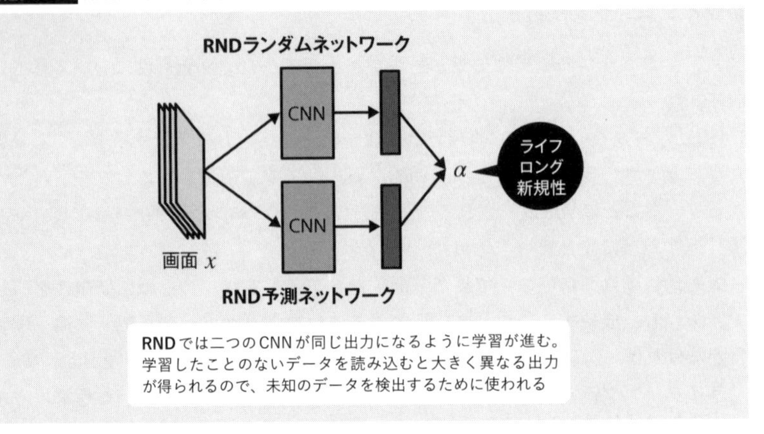

p.138のNoteの論文を参考に筆者作成。

RND

「RND」(*Random network distillation*、ランダムネットワーク蒸留)は、2018年にOpenAIの研究チームから発表されたゲームAIです。Atari-57のうち、『モンテズマの逆襲』のような難しいゲームをクリアすることを目的として開発されました。

RNDでは「ランダムネットワーク」と「予測ネットワーク」という二つのネットワークを作成します。それらの出力を比較することで、エージェントが新しい経験を積んでいるのか、それとも過去と同じ経験を繰り返しているのかを区別します。

ランダムネットワーク

ランダムネットワーク(*random network*)は、前述した「埋め込みネットワーク」と同じく4層のCNNですが、パラメータをすべてランダムに初期化します。

ランダムネットワークは一度作成したら一切手を加えずに、そのまま使い続けます。ランダムネットワークは何も学習せず、結果として生成される出力データには何の意味もありません。

予測ネットワーク

予測ネットワーク(*predictive network*)も同じく4層のCNNで、こちらもランダムに初期化されます。予測ネットワークの目的は「ランダムネットワークと同じ出力」を出せるように学習することです。

予測ネットワークとランダムネットワークとは、最初はまったく無関係な値を出力しますが、それぞれの値の誤差を計算して誤差逆伝播法によって予測ネットワークを更新すると、両者の出力は少しずつ似たものになります。

同じような経験を何度も繰り返すほど、二つのネットワークの出力は近づいていきます。したがって、二つの出力の類似度を計算すれば、エージェントが過去にも同じことを経験したことがあるのか(＝誤差が小さい)、それともまったく新しい経験を積んでいるのか(＝誤差が大きい)をおおよそ知ることができます。

ネットワークの誤差を内因性報酬とする

ライフロング新規性は、RNDの誤差を使って次のように計算します。これをα(アルファ)と表現します。

$$\underbrace{\alpha}_{\text{ライフロング新規性}} = 1 + \frac{\overbrace{\mathrm{err}(x)}^{\text{RNDの誤差}} - \overbrace{\mu_e}^{\text{誤差の平均}}}{\underbrace{\sigma_e}_{\text{誤差の標準偏差}}}$$

大まかにいって、同じような経験をしたときにはαは1未満となり、逆に新しい経験をしたときには1以上の数値となります。

報酬の構造

これで必要な準備は整ったので、いよいよNGUの内因性報酬r^iを計算します。これまでに用意したエピソード新規性r^{episodic}とライフロング新規性αの二つを組み合わせて、次の計算をします。

$$\underbrace{r^i}_{\text{内因性報酬}} = \underbrace{r^{\text{episodic}}}_{\text{エピソード新規性}} \times \overbrace{\min\{\max\{\underbrace{\alpha}_{\text{ライフロング新規性}}, 1\}, L\}}^{1\sim\text{Lの範囲に収める}}$$

少しわかりにくいですが、右辺の後半部分はαを「$1 \sim L$」の範囲に収めているだけです。αが1よりも小さければ1、Lよりも大きければLにします。ここでLは定数で、論文では$L=5$としています。

右辺の前半と後半は、単純な掛け算です。つまり「内因性報酬r^iとは、エピソード新規性r^{episodic}をα倍に増幅したもの」です。もしαが小さくても1にはなるので、そのときのr^iは、r^{episodic}に等しくなります。もしαが大きければ最大でL倍になります。

拡張された報酬　最適な報酬はゲームをプレイするまでわからない

ここで、最終的な報酬を改めて振り返りましょう。前述のとおり、好奇心駆動探索では拡張された報酬rを次の式で計算します。

$$r = r^e + \beta r^i$$

拡張された報酬（r）、外因性報酬（r^e）、内因性報酬（r^i）

外因性報酬r^eは、ゲームのスコアとして与えられます。内因性報酬r^iについては、先ほど説明しました。残る要素は係数βを決めることです。このβの大きさによって、探索を重視するのか、それとも知識の活用を優先するのかが決まります。しかし、最適なβの値はゲームによっても異なるので、実際にプレイしてみないことにはわかりません。

UVFA 複数のゴールをまとめて学習する

そこで、NGUの選んだ戦略は、複数の異なるβの値でゲームをプレイして結果をすべて学習することです。そのために使われたのが、「UVFA」(*Universal value function approximator*、普遍的な価値関数の近似)と呼ばれるしくみです。

UVFAでは、Q学習に入力データとして「ゴールg」を付け加えます 図4.28 。たとえば、迷路に複数の出口(ゴール)があるなら、どのゴールを目指すのかによって行動は変わります。1番めのゴールを目指すときにはg=1、2番めのゴールを目指すときにはg=2のようにしてネットワークを学習させることで、目指すゴールを切り替えられるようになります。

図4.28 UVFAによるQ学習

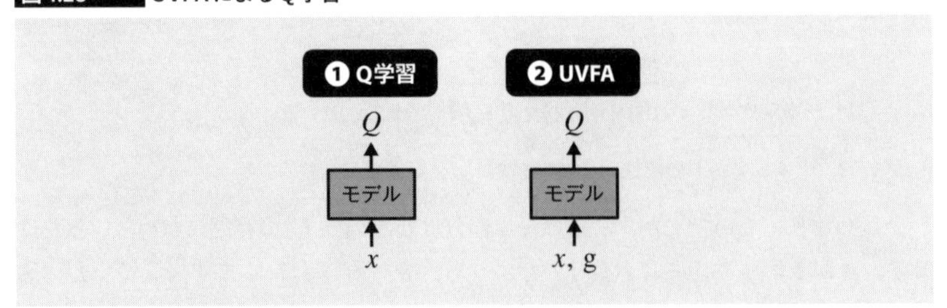

NGUではこの考え方を取り入れて、ネットワークにβの値を渡して学習します。そうすると、与えたβの値によって少しずつ行動の変わるAIが完成します。

アーキテクチャ 拡張された報酬を受け取る

NGUはエージェントの実装に、前節で取り上げたR2D2をそのまま利用します。報酬の計算部分を除くと、アーキテクチャはR2D2とほぼ同じです 図4.29 。

図4.29 NGUのアーキテクチャ

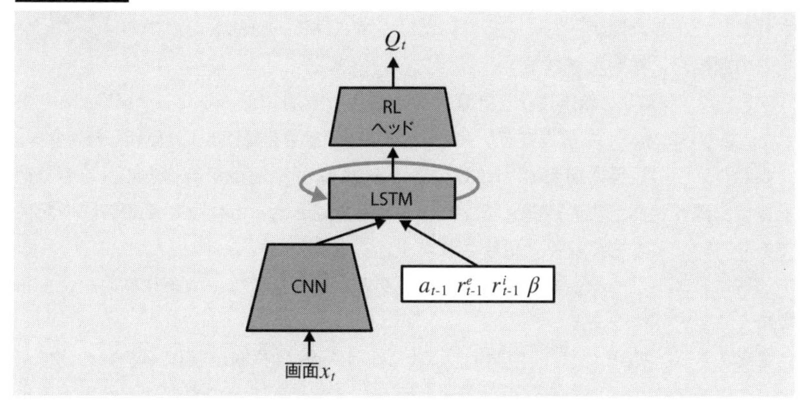

p.138のNoteの論文を参考に筆者作成。

一点だけ変更された部分として、R2D2ではLSTMへの入力として「直前の行動a_{t-1}」と「報酬r_{t-1}」だけを渡していましたが、この部分が「拡張された報酬」へと置き換えられます。つまり、NGUでは「直前の行動a_{t-1}」「外因性報酬r^e_{t-1}」「内因性報酬r^i_{t-1}」、そして「係数β」が渡されます。

NGUの内部状態 3種類の記憶

報酬の計算部分まで含めたNGUのシステム全体の構造は、図4.30のようになります。NGUは内因性報酬を作り出すために、いくつかの内部状態を持つようになったので、ここで改めて整理しておきましょう。

図4.30 NGUの内部状態

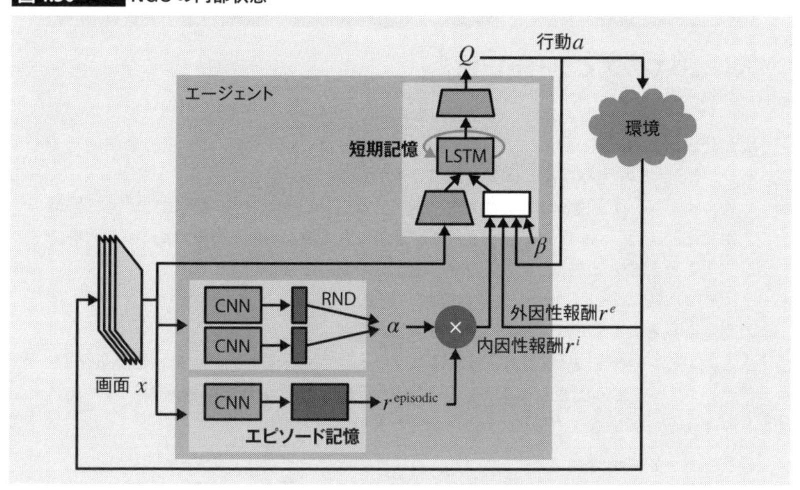

最初に、エピソード新規性r^{episodic}を計算するために、「エピソード記憶」が追加されました。これはゲームの実行中にだけ保持される一時的な記憶であり、エピソードの開始時に初期化されます。

次に、ライフロング新規性αを計算するために、「RND」のネットワークが追加されました。こちらは永続的な記憶であり、エージェントが学習を続ける限り更新し続けます。

これら二つの記憶に加えて、NGUには「LSTM」の短期記憶があります。この短期記憶は、隠れ状態が次の時間ステップにまで持ち越されるというごく短時間の記憶であり、時間とともに次々と更新されます。

最後に、エージェント本体のネットワークも永続的な記憶、つまり長期記憶として考えることができます。

まとめると、NGUには「短期記憶」「エピソード記憶」「長期記憶」の3種類の記憶があり、環境からの入力をそれらの記憶と照らし合わせることで内因性報酬を生み出しています。

学習プロセス　受け取る報酬が変化した

NGUの学習プロセスは、R2D2とまったく同じです。変更されたのは報酬だけなので、その結果としてAIの挙動が変わったことになります。

学習プロセスを言葉で説明するとしたら、次のようになります。最初のエピソードではまだ何も学習していないので、エージェントはほとんどランダムに行動します。エージェントによって異なるβの値が与えられ、それによって行動が変化します。$\beta=0$のときには内因性報酬は使われず、R2D2と同じように外因性報酬だけを見て学習します。

Column

人にとってのエピソード記憶

インターネットで「エピソード記憶」(*episodic memory*)と検索すると、脳科学の話ばかりが出てきます。もともとエピソード記憶とは「人の記憶」に関する専門用語であり、NGUでの使われ方とは少し意味が異なります。

人のエピソード記憶は、「いつどこで何をした」という個人の経験についての記憶です。たとえば、「昨日何を食べた？」と聞かれたときに「昨晩の夕食のシーン」を思い出すことができるのは、「エピソード記憶」のお陰です。

NGUのエピソード記憶も「最近の経験を記憶する」という点では似ていますが、その実装を見ると、記憶を回想する能力がないことは明らかです。

人のエピソード記憶は「海馬」(4.4節のコラム「人も経験リプレイをしている？」を参照)によって生み出されており、汎用AIの実現には欠かせない機能の一つであるとも考えられています[★a]。

★a 「海馬をモデルに組み込み汎用AI実現への一歩を。第3回全脳アーキテクチャ・ハッカソン『目覚めよ海馬！』レポート」(AINOW, 2017) URL https://ainow.ai/2017/11/02/123332/

$\beta>0$のときには、好奇心に従って探索することが増えます。エピソード記憶のお陰で単純にランダムに動き回ることは少なくなり、今までにやったことのない行動を試してみることが増えます。

繰り返しゲームをするうちに、次第に新規性のある行動は減ってきます。それでも、たまには今までとは異なる「新しい行動」が見つかり、それがライフロング新規性によって増幅されて大きな報酬が与えられます。すると、その行動は強化され、次にまた同じ行動が選ばれる可能性が高まります。そうしてまた、その先にある世界の探索が始まります。これを繰り返すのが「好奇心による探索」です。

結果 難しいゲームを克服した

NGUの結果には、良い面と悪い面とがあります。良い面としては、幅広い探索を必要とする難しいゲームで高いスコアを達成しました。その一方で、探索を必要としない単純なゲームのスコアは下がってしまいました。

論文では、条件をさまざまに変えながらNGUの性能を比較しています。たとえば、内因性報酬の係数βにはN個の異なる値をセットしますが、値を細かく変えるほどスコアは上がる傾向にあり、論文では32種類($N=32$)のβを与えたときに最も高いスコアが得られました。

一方、ゲームによってはβを固定($N=1$)して探索をしない方が良いものもあり、NGUの学習方法が必ずしも最適ではないことも明らかになりました。

■――ゲームによって探索の必要性は異なる

同じ$N=32$の条件でも、ゲームをプレイするときのβの値によってスコアが大きく異なることもわかりました。たとえば、『モンテズマの逆襲』ではβを大きくするとスコアが高くなる傾向にありますが、同じように難しいゲームである『Pitfall!』では、学習を済ませた後はβを0にした方がスコアが伸びるという逆転現象が起きています。

これはゲームの性質の違いによるものだと考えられます。βが0では、エージェントはすでに学んだ知識だけを活用して、新しい探索をしなくなります。つまり、『Pitfall!』はある程度の学習が済んだらそれ以上の探索はしない方が良いのに対して、『モンテズマの逆襲』ではその領域には達することなく、さらなる探索が必要であったと考えられます。

■――外因性報酬がなくてもゲームは学べる

一つおもしろい実験として、NGUでは外因性報酬を完全に0にして、内因性報酬だけでゲームを学ばせることも行っています。つまり、スコアをまったく見ずに好奇心だけでプレイしたことになりますが、それでも平均的には人を上回るスコアを達成できたようです。

そもそも多くのゲームは、「死なないように行動する」だけでも自然とスコアが上昇するようにデザインされており、長く遊び続けていれば結果として高いスコアが得られたようです。

平均的には高いスコアを達成した

探索を必要としないゲームでは、NGUはR2D2には及びませんでした。R2D2は人と比べて約20倍のスコアを達成したのに対して、NGUは13.5倍にとどまっています。NGUは、密な報酬が得られる場合にでも好奇心に従って新しいことをやってみようとするので、R2D2ほど効率良く学習できなかったのだと考えられます。

NGUは、57のうち51のゲームで人のスコアを上回ることに成功しています。『モンテズマの逆襲』や『Pitfall!』のような探索を必要とするゲームでは人を上回った一方で、大きくスコアの下がったゲームや、いまだ人には及ばないゲームもあったようです。

とはいえ、平均的にはいずれのゲームもまんべんなく高いスコアを出すことには成功しており、すべてのゲームを制覇するのもあと一息です。

4.7 Agent57

「Agent57」は2020年に発表されたゲームAIであり、Atari-57のすべてのゲームで人のスコアを上回ることに成功しました。

Note

Agent57:Atariベンチマークで人を超える

本節は、次の論文について解説します。

- A. P. Badia et al.「Agent57: Outperforming the Atari Human Benchmark」(arXiv, 2020) URL https://arxiv.org/abs/2003.13350

Atari-57で人を越えた最初のAI

Atari-57を攻略する長い道のりも、いよいよ大詰めです。2012年にAIの学習環境「ALE」がリリースされて以来、実に8年の歳月をかけて57すべてのゲームで人間のスコアを上回った最初のAIが、2020年3月にDeepMindから発表された「Agent57」です。

Agent57は前節で取り上げたNGUを改良したAIであり、DQN以降に発表されてきた研究成果を組み合わせた集大成のような存在です。ここで改めて、Agent57に至るこれまでの過程を振り返っておきましょう。

■——— DQNとその後の発展 Rainbow、Ape-X、R2D2、NGU

Agent57はDQNの直系の子孫であり、深層学習とQ学習（価値ベースの強化学習）とを組み合わせることで発展してきたAIの最新版です。これまで取り上げてきたとおり、Agent57に至るまでには段階的にいくつもの機能が追加されてきました 図4.31 。

図4.31 Agent57に至るまでの道のり

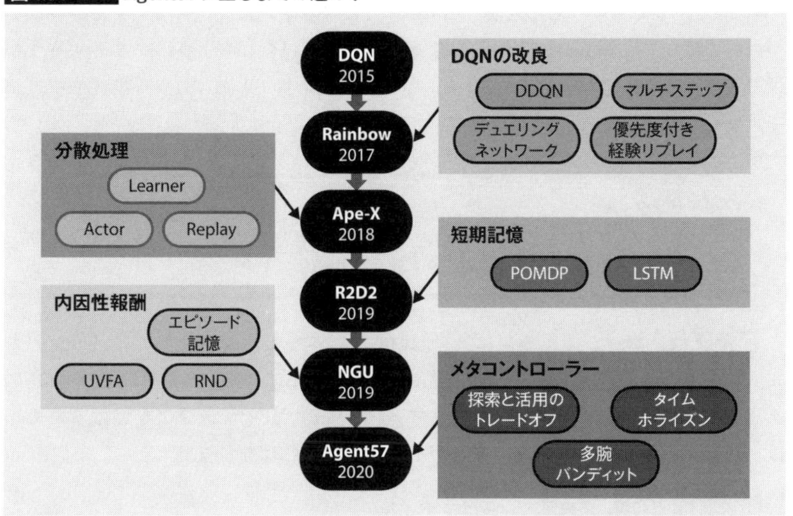

「Agent57: Outperforming the human Atari benchmark」
URL https://www.deepmind.com/blog/agent57-outperforming-the-human-atari-benchmark
上記を参考に筆者作成。

最初に「DQNの改良」として、「Rainbow」や「Ape-X」のような基本機能の向上がありました。Rainbowで取り入れられた「優先度付き経験リプレイ」などの技術は学習の基本性能を高め、そしてゲームを分散実行する基礎となりました。Ape-Xによって「分散処理」が実現されると学習速度は飛躍的に向上し、スコアの大幅な上昇につながりました。

「R2D2」では、LSTMを用いることでAIが「短期記憶」を持つようになりました。それまでのAIは「今の画面から次の行動を決定する」という「MDP」（マルコフ決定過程）のモデルを前提としていましたが、短期記憶という内部状態を取り入れたことで、エージェントがこれまでの行動履歴を踏まえて学習できるようになりました。

「NGU」で導入されたのも記憶力の強化です。「エピソード記憶」や「RND」などといった短期、あるいは長期の記憶を持つことにより、好奇心に従って積極的な探索をするエージェントが実装されました。こうした記憶も内部状態の一つだと考えると

R2D2との相性も良く、NGUはR2D2の自然な拡張として実装されています。

そして2020年、NGUで課題となった「探索と活用のトレードオフ」の問題を克服するために、新たに「メタコントローラー」と呼ばれる機能を追加したものが「Agent57」です。

評価基準 5パーセンタイルスコア

Agent57についての解説を始める前に、新たに導入された評価基準についての説明をしておきます。

前節のNGUでもそうでしたが、Atari-57では今や単純に高いスコアを上げることが目的ではなく、幅広い探索が必要な「難しいゲーム」をどのようにクリアするかが課題となっています。そのため、「人を基準としたスコア」(HNS)の平均値や中央値で評価するのではなく、「5パーセンタイル」を見るように変更します。

> Note
>
> **パーセンタイル**
>
> 数値を小さい順に数えて何%の位置にあるかを示したものを**パーセンタイル**(*percentile*)といいます。中央値は50パーセンタイルに等しくなります。

図4.32 は、ゲームごとのスコアを低い順に並べたときのグラフのイメージ図です。このうち低い方から数えて5%の位置(57のゲームのうち、3番めに悪いもの)にあるのが「5パーセンタイルスコア」です。5パーセンタイルスコアを伸ばすためには、ほぼすべてのゲームで高いスコアを達成しなければなりません。

図4.32 平均値、中央値、5パーセンタイル

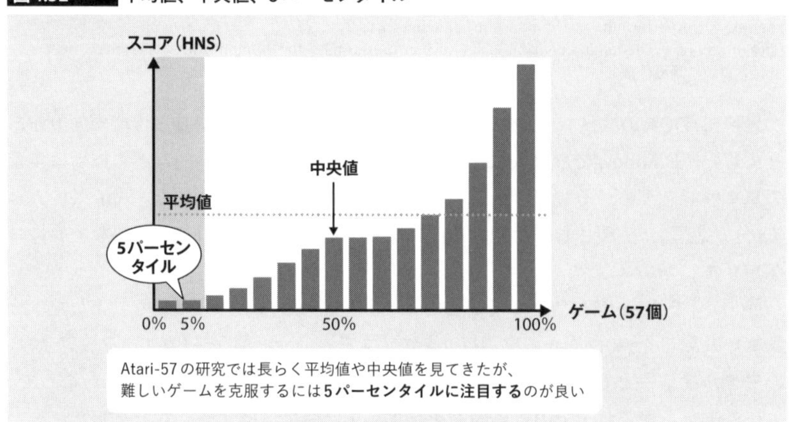

■——— **5パーセンタイルスコアによる比較**

DQNの登場以降、数多くの研究によってAtari-57の平均スコアは伸びていましたが、単純なゲームと難しいゲームの両方を攻略できるAIは存在しませんでした。結果として、5パーセンタイルスコアで比較すると、ごく近年になるまでほとんどスコアの上昇はありませんでした **図4.33** 。

図4.33 おもなAIの5パーセンタイルスコア

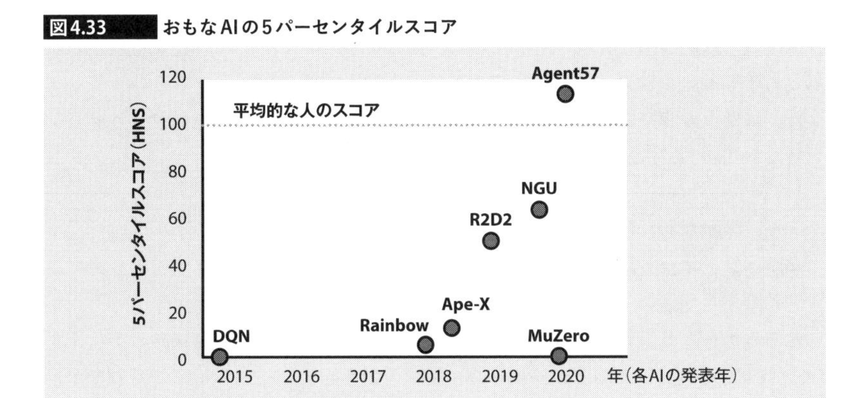

「Agent57: Outperforming the human Atari benchmark」
URL https://www.deepmind.com/blog/agent57-outperforming-the-human-atari-benchmark
上記を参考に筆者作成。

DQNのような初期のものだけでなく、MuZeroでさえ5パーセンタイルスコアは0であり、人間の知能には遠く及ばないことが見て取れます。MuZeroは平均値で見るとAtari-57でトップの性能を誇りますが(2020年時点)、広い探索を必要とするゲームは苦手です。

5パーセンタイルスコアが上昇し始めたのは、2019年のR2D2や2020年のNGUのようにAIが短期記憶を用いて探索範囲を広げるようになってからです。Agent57はそれをさらに発展させることで、ついに「57のゲームすべて」で人の平均スコアを上回ることに成功しました。

多腕バンディット問題

NGUは難しいゲームで高いスコアを上げることには成功した一方で、探索を必要としない単純なゲームでは逆にスコアを下げることになりました。好奇心に従って世界を探索しようとする性質のために、短期的にうまくいくやり方を捨てて新しいやり方を選んでしまうことがよくあるためです。

これは、前節で取り上げた「探索と活用のトレードオフ」の問題です。NGUは次々と新しい方法を「探索」しますが、ゲームによっては素直に過去の経験を「活用」する方が良いわけです。NGUは、まだこのバランスを最適化することはできていませんでした。

それでは、どうすれば探索と活用のちょうど良いバランスを見つけられるのでしょうか。幸いなことに、読者の皆さんはすでにその方法を知っています。前章で見た「モンテカルロ木探索」(MCTS)が、まさに探索と活用のバランスを取りながら次の行動を決める一つの解答でした。

MCTSでは次の手を先読みするために、新しい手を横方向に「探索」するのか、それとも勝率という知識を「活用」してより深く先読みするかのバランスを取っていました。より一般的には、このような不確実な意思決定が必要になる状況を「多腕バンディット問題」と呼びます。

■──報酬がわからなくても最適解を見つける

多腕バンディット問題(*multi-armed bandit problem*)は古くから強化学習の分野で研究されてきた問題の一つです。以下に、その概要を説明します。

とあるゲームセンターに「スロットマシン」(*one-armed bandit*)が複数あるとします(たとえば、10台)。プレイヤーはスロットマシンを回すと一定の確率で報酬を得ます。報酬が得られる確率は、スロットマシンによって異なります。当たりやすい台もあれば、当たりにくい台もあります。確率は、事前にはわからないものとします。

いま、この状況でスロットマシンを何度か回せるとします(たとえば、50回)。さて、どの台を何回まわすと最も多くの報酬を得られるでしょうか。

■──[例]少しずつ回してみる

どの台が良いかはわからないので、最初にすべての台で3回ずつ、合計30回ほど回してみましょう。そうすると当たりやすい台がわかるので、その中から1台を選んで残りの20回を回すと良いかもしれません。

ただ、3回程度では本当の確率はわかりません。たまたま最初はよかったけれども、その後はハズレが続くかもしれません。

最初に3回ではなく、4回ずつ回すとどうでしょうか。そうすると、より正確な確率を得られますが、その後で回せるのが10回にまで減ってしまいます。結果として、得られる報酬は少なくなるかもしれません。

いま知りたいのは「正確な確率」ではなく、「限られた試行回数の中で最大の報酬を得る」方法です。これは正解のない難しい問題です。

■──UCB法　スコア

多腕バンディット問題に対処する一つの方法が**UCB法**(*upper confidence bound algorithm*)です。細かい計算は省きますが、次のような手順で次に回す台を選びます。

最初に、すべての台を1回ずつ回します。そして、回した回数と当たった回数を記録し、次のようにして各台のスコアを計算します。

スコア = これまでに当たった確率 + 補正値

ここで「補正値」は、台を回せば回すほど減っていく値です。UCB法では、基本的には過去の経験に従って当たりやすい台を選びますが、選ぶ回数が増えるにつれて補正値が下がり、他の台も選ばれるようにバランスを取ります **図4.34** 。

図4.34 UCB法(例)

スロットマシン	A	B	C
1回め	ハズレ	―	―
2回め	―	当たり	―
3回め	―	―	当たり
4回め	―	ハズレ	―
5回め	―	―	当たり
当たった確率	0/1	1/2	2/2
+ 補正値	0.9	0.8	0.8
スコア	0.9	1.3	**1.8**

これまでに当たった確率に従って台を選ぶのが「活用」、補正値の影響で他の台が選ばれるのが「探索」であると考えると、UCB法は「探索と活用のトレードオフ」に対する一つの解答となります。

TIP

MCTSとUCB法

MCTSは、このUCB法を木探索に応用した一つの特殊な形です。

Column

現実の多腕バンディット問題

「多腕バンディット問題」は、現実の世界でもよく見る問題です。たとえば、Webサイトに広告を出したいとします。仮に10種類の広告があり、同時に出せるのは一つだけだとします。最も多く広告をクリックしてもらうには、どの広告を出すべきでしょうか。

広告がスロットマシン、クリックが当たりであると考えるなら、これは多腕バンディット問題です。最初は当たる確率がわからないので、少しずつ何度か出してみて、そうして確率がわかってくれば、よりクリックされやすい広告を出した方が得られる報酬が大きくなります。

Atari-57を多腕バンディット問題として考える

Atari-57においては、内因性報酬r^iに従って新しい行動を模索することが「探索」であり、外因性報酬r^eに従って経験に基づく行動選択をすることが「活用」です。NGUでは両者のバランスを取るための係数β（ベータ）を複数用意することで、多様なゲームに対応しようとしました。

一方、Agent57では、UCB法で「探索と活用」のバランスを決めます。ゲームをプレイするエージェントを多腕バンディット問題におけるスロットマシンであると考えて、初期設定が異なるさまざまなエージェントのうち、次に使うものをスコアに従って決定します。

タイムホライズン　どれだけ先の報酬まで学習に用いるか

Atari-57を攻略する上で残された課題の一つに、「異なるタイムホライズンにどう対処するか」という問題があります。

タイムホライズン（*time horizon*、時間的水平線）とは、「将来のどのくらいの期間を計画に盛り込むか」を意味する専門用語です。強化学習の文脈では、「どれだけ先の報酬まで学習に用いるか」を意味します。

Atari-57で人を超えるのが難しかったゲームのいくつかは、このタイムホライズンの問題が関連しています。

ゴールするまで報酬が得られない　Skiing

「Skiing」はAtari-57の一つで、アルペンスキーのようにゲートを通り抜けながら滑降してタイムを競うゲームです 図4.35 。ゴールまでのタイムによって、スコアが決まります。途中のゲートを抜けるのに失敗すると、タイムに5秒加算されます。

図4.35 Skiing

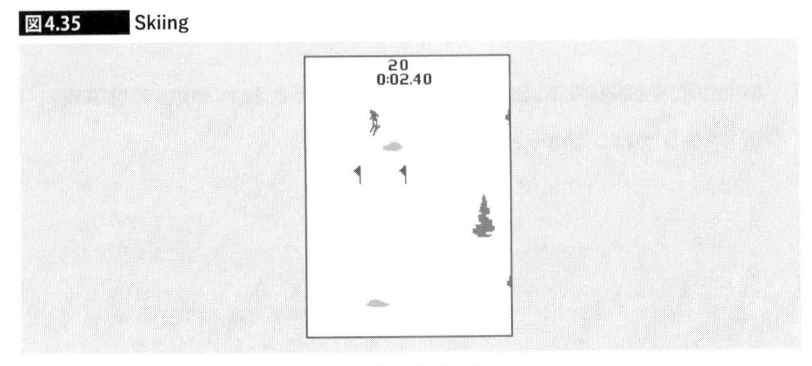

URL https://www.gymlibrary.ml/environments/atari/skiing/

このゲームは何もしなくてもゴールできるので、必ず一定のスコアは得られます。ただし、「タイムを短縮するにはゲートを抜けなければならない」という暗黙のルールに気づかなければ人を超えることはできません。

このゲームの難しさは、探索をするかどうかというよりも、「ゴールするまで報酬がわからない」というゲームのしくみに起因するものです。

■―――長期ホライズン　疎な報酬を活用する

密な報酬が得られるゲームでは、報酬が得られるたびにその直前の行動を強化することで学習が進みます 図4.36❶ 。しかし、疎な報酬しか得られないゲームでは、それまでの長い行動のうち何が報酬に結びついているのかがわかりません 図4.36❷ 。

図4.36　タイムホライズンの違い

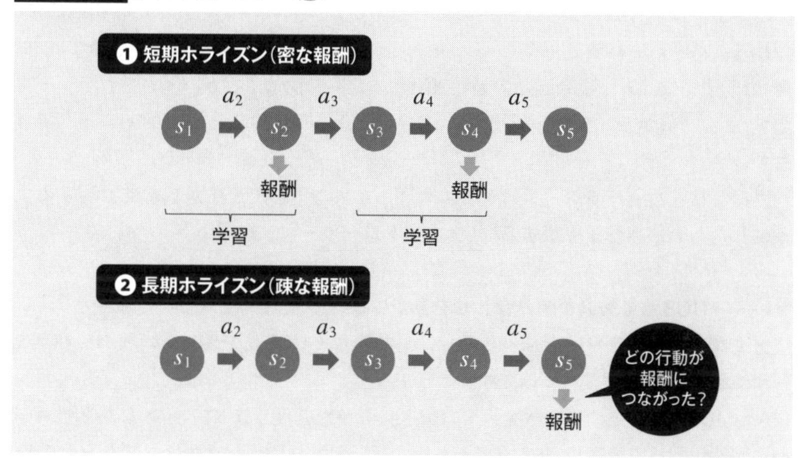

Skiingでは、一番最初のゲートを抜けるかどうかでもタイムが変わります。つまり、ごく初期の行動がずっと後になってから報酬に反映されます。このような性質を**長期ホライズン**（*long-term horizon*）と呼びます。

2章で見たように、Q学習では将来得られる報酬が割引率γ（ガンマ）によって割り引いて加算されます。

$$Q(s_t, a_t) = \underbrace{r_t}_{\text{報酬}} + \underbrace{\gamma}_{\text{割引率}} \underbrace{Q(s_{t+1}, a_{t+1})}_{\text{将来得られる報酬}}$$

この結果、長期ホライズンでは将来の報酬がとても小さくなり、なかなか行動の改善につながりません。この問題に対処するにはγを1.0に近づけて、将来の報酬が小さくならないようにすることが必要です。

メタコントローラー

長年の研究によって、Atari-57の難しさは次の二つの要素に集約されることがわかりました。

- **探索**(*exploration*)
  探索と活用のトレードオフをどう解決するか。どの程度の探索が必要かはゲームによって異なる。学習の初期には探索が重要でも、学習が進んだあとは探索をやめて知識を活用した方が良い場合もある
- **タイムホライズン**(*time horizon*)
  報酬が得られるまでの時間が異なる。報酬の少ないゲームでは、長期的な報酬が学習に反映されるように調節しなければならない

このようなゲームによって特性の異なる性質は、エージェントごとの初期設定、つまり、**ハイパーパラメータ**(*hyperparameter*)を変えて対処するのが普通です。「探索」の問題では、外因性報酬と内因性報酬との比率を決めるβがパイパーパラメータです。「タイムホライズン」の問題は、Q学習の割引率γによってコントロールできます。

最適なハイパーパラメータはゲームによって異なるので、それ自体を学習するようにしたものが新たに登場する「メタコントローラー」です。

■―――UCB法で最適な組み合わせを見つける

メタコントローラー(*meta-controller*)は、前述したUCB法を使ってハイパーパラメータを動的に決定するしくみです。

Agent57では、二つの変数をメタコントローラが管理します。一つは「外因性報酬と内因性報酬との比率」であるβであり、もう一つは「Q学習の割引率」であるγです。

この「βとγの組み合わせ」によって、エージェントの性質が変わります。探索を重視するエージェントや、長期ホライズンに適応したエージェントなどが作られます。

どの組み合わせが優秀なのかは事前にはわかりませんが、UCB法の手順に従って何度もゲームをプレイするうちに、高いスコアを出すものが頻繁に選ばれるようになり、それによって各ゲームに最適化された学習が実行されるという理屈です。

■―――スライディングUCB

最適な組み合わせは、学習の進捗に応じても変化します。前節でも見たように、最初は探索が重要でも、次第に知識を活用する方がスコアが高くなる場合もあります。

そのため、Agent57は純粋なUCB法ではなく「スライディングウィンドウUCB」(*sliding-window UCB*)と呼ばれる方法を採用しています。スライディングウィンドウUCBでは、直近の一定回数だけを見てUCBのスコアを決定します **図4.37** 。

図4.37 スライディングウィンドウUCB（例）

スロットマシン	A	B	C	
1回め	ハズレ	ー	ー	最初に1回ずつ回す
2回め	ー	当たり	ー	
3回め	ー	ー	当たり	
⋮				
10回め	ー	当たり	ー	直近の3回のみを見る
11回め	当たり	ー	ー	
12回め	ー	ハズレ	ー	
当たった確率	1/1	1/2	0/0	
＋				
補正値	0.9	0.8	1.0	
スコア	**1.9**	1.3	1.0	

次はAを回す

アーキテクチャ

Agent57では、アーキテクチャにも変更があります。前節で用いたNGUのネットワークを二つにコピーして、その二つの出力をつなぎ合わせる構造となりました 図4.38 。

図4.38 Agent57のアーキテクチャ

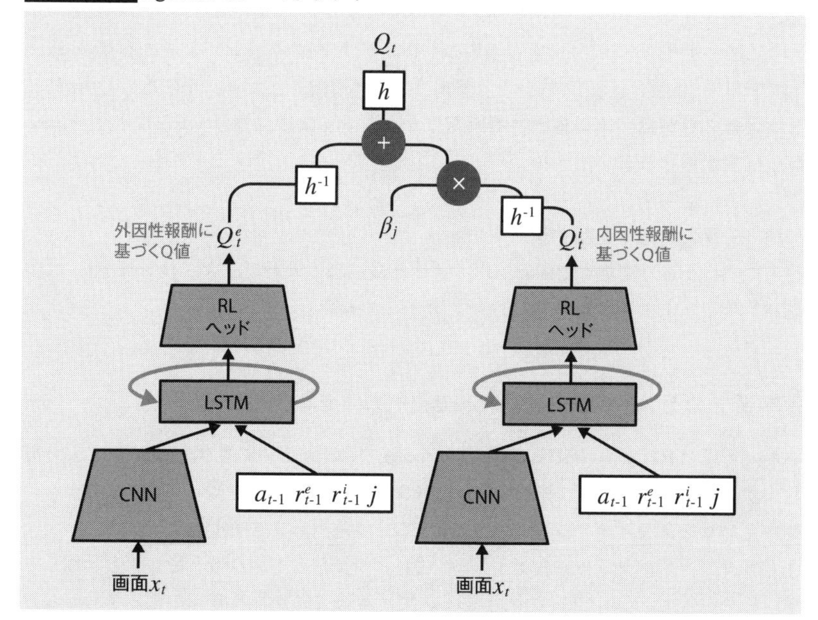

p.152のNoteの論文を参考に筆者作成。

左右のネットワークは、どちらも同じ入力を受け取りますが、それぞれが独立して学習されます。左のネットワークの出力 Q_t^e は、外因性報酬 r^e に基づいて計算されるQ値です。同じように、右のネットワークの出力 Q_t^i は、内因性報酬 r^i に基づくQ値です。

NGUは二種類の報酬を組み合わせて一つのネットワークで学習してしまったがために、R2D2と比較して一部のゲームで著しくパフォーマンスが低下しました。その反省から、Agent57では従来どおりに外因性報酬だけを使ったネットワークと、逆に内因性報酬だけを使ったネットワークとを分離することで両者を最適化しています。

■——二つのQ値を合算する

最終的なQ値は、二つのQ値を次の計算式で組み合わせます。

$$Q_t = h(h^{-1}(Q_t^e) + \beta_j h^{-1}(Q_t^i))$$

最終的なQ値　外因性報酬に基づくQ値　内因性報酬に基づくQ値

ここで、新しく関数 h、およびその逆関数 h^{-1} が登場します。この計算は「ベルマン作用素」(*Bellman operator*)と呼ばれ、NGUで得られたQ値と理論的に等価なQ値を、分離された二つのネットワークから合成します。

ここでのポイントは、「探索と活用のトレードオフ」のバランスを決める β が「報酬 r」ではなく「Q値の計算」に用いられるように変わったことです。そのため、$\beta=0$ としたときのQ値は純粋に外因性報酬だけから決まるようになり、R2D2とまったく同じ結果が得られます。

■——腕の番号で区別する

その他、小さな変更点ですが、LSTMへと渡される入力データが β ではなく、「多腕バンディットの腕の番号」である j に変わりました。

学習プロセス　多腕バンディット問題を分散システムで解決する

Agent57はR2D2やNGUと同様に、256個のActorを用いてゲームプレイを分散します。各Actorではそれぞれ独立したメタコントローラーが動いており、β と γ の組み合わせをスライディングUCBに従って一つ選択します 図4.39 。

各メタコントローラーは $N=32$ 本の「腕」、つまり β と γ の組み合わせを管理します。それがActorの数だけ(256個)あるので、実際にはかなり多くの組み合わせが評価されることになります。

図4.39 Agent57におけるゲームプレイ

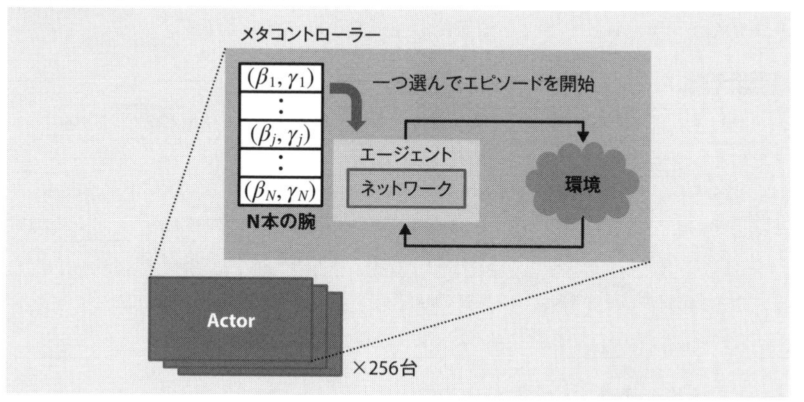

用意されるβやγの値は固定ではなく、学習が進むにつれて少しずつ変化するようです。多くのゲームでは学習の初期にβを大きくすることで探索を重視し、γを小さくすることで密な報酬を学習する方がうまくいきます。しかし、Skiingのようなゲームはかなりγを大きくしなければならないので、学習の進捗を見ながら値が調整されるようです。

■——— εUCB-グリーディ探索

低確率でランダムな探索を取り入れる「ε-グリーディ法」にも、変更があります。Agent57では低い確率εUCBに従って、ランダムな腕が選択されます。このεUCBはActorごとに異なる値に初期化され、異なるActorでは異なるゲームプレイが生み出されます。

こうして多様性が確保され、その中から選りすぐりの結果がリプレイバッファから取り出されて学習されるという構造です。

結果 57のゲームすべてを攻略

表4.1は、最終的にAgent57が達成した成績をまとめたものです。5パーセンタイルスコアで人を上回る116.67%を達成したほか、平均値や中央値でもR2D2とほぼ同等の結果となっています。そして、57のすべてのゲームで人を上回ることに成功しています。

論文では、学習のためにどのくらいのデータ量が用いられたのかも詳しく解説されています。難しいゲームの一つである『モンテズマの逆襲』は相対的に早い時点(100億フレーム程度)で人を超えた一方で、長期ホライズンである「Skiing」はなんと780億フレームものデータを必要としました。

Skiingをうまく学習するにはγを大きくして長期的な報酬を取り入れなければなりませんが、それに比例して学習時間も伸びてしまったようです。

表4.1 Agent57と他のAIとのスコア比較

統計	Agent57	NGU	R2D2	MuZero
人を越えたゲーム数	57	51	52	51
HNSの平均値	4766.25%	3421.80%	4622.09%	5661.84%
HNSの中央値	1933.49%	1359.79%	1935.86%	2381.51%
HNSの5パーセンタイル	116.67%	64.10%	50.27%	0.03%

出典　論文(p.152のNoteを参照)。日本語訳は筆者。

今後の課題 さらなる改善のために

ついに、すべてのゲームを学べるようになったことで、Atari-57によるAI研究は一つの区切りを迎えたといえるかもしれません。もっとも、研究はこれで終わりではなく、まだいくつもの課題が残されていることを論文では指摘しています。

まず、学習に必要なデータ量が多すぎるので、もっと効率良く学べるようにすることが一つの課題です。この問題は、6章で改めて考察します。

Column

Agent57に知能はあるか？

Agent57が、Skiingを学習するのに780億フレームものデータを用いる必要があったというのは驚愕です。ここまで膨大なデータ量を必要としたのは、Agent57が汎用的な方法ですべてのゲームを学ぶことを目指したからでしょう。

人間であれば「スキーとは何か」という「常識」があるので、ゲームを見て何をすべきなのかを一瞬で判断できます。そうでなくとも説明書でルールを理解すれば、すぐにやり方を覚えます。しかし、AIにはそのような常識はないので、ゴールして得られる報酬以外に頼れるものがなかったのです。

これはDeepMindのAI全般に共通していえることですが、AIは人間と同じやり方でゲームを学ぼうとはしていません。最終的に「より多くの報酬を得る」というゴールを目指して、その手順を発見するためにあらゆる手段を試みています。

未知の問題に対して「報酬だけを手掛かりに解答を見つける」ものが「知能」であるとするなら、Agent57は一定の知能を手に入れたといえるでしょう。その結果として、「短期記憶」や「好奇心」のような「人間の知能」にも見られるメカニズムが必要になってきたのは興味深いところです。

DeepMindが実現を目指す「汎用AI」とは、「人間の知能」を再現することではないし、ましてや「脳と同じ情報処理」を実現することでもありません。DeepMindが考える「知能」の定義については、次節で詳しく取り上げます。

一部のゲームではMuZeroが非常に高いパフォーマンスを発揮しており、それが平均値や中央値を高めることに貢献しています。MuZeroのように、先読みを取り入れることでもさらなる改善が望めます。

また、Agent57は「平均的な人のスコア」を超えただけであって、熟練した人のスコアを超えたわけではありません。いくつかのゲームではまだまだ大幅な改善の余地が残されていることを指摘しています。

4.8 まとめ

本章では、**深層強化学習**の誕生のきっかけとなった「DQN」と、その後継となるゲームAIを歴史に沿って説明しました。

2017年の「Rainbow」までは、**学習効率を上げるためのアーキテクチャ**についての基礎的な研究が続けられました。大規模な分散処理はせず、単体のコンピュータで**時間ステップのたびに強化学習**する手法が中心でした。

■——— 分散処理 ActorとLearnerを分離する

2018年の「Ape-X」の頃から分散処理を取り入れるのが普通になりました。ゲーム環境を動かしてデータを生成する**Actor**と、生成されたデータを学習する**Learner**とが分離され、**数百台のActorに負荷を分散**することで、従来の100倍以上の大量のデータを学習できるようになりました。

Learnerには64コア、または128コアのTPUが用いられ、その**学習性能に合わせてミニバッチを生成**するようになります。Learnerが更新した最新のネットワークは、**一定時間ごとにActorへと配布**される設計へと変わりました。

■——— 記憶力の強化 短期記憶、エピソード記憶、探索と活用のトレードオフ

「R2D2」以降のAIでは、Atari-57を**マルコフ決定過程(MDP)**から**部分マルコフ決定過程(POMDP)**へと捉え直すことで、スコア向上に挑戦します。

POMDPでは、AIが内部状態を用いて、足りない情報を補完せねばなりません。「R2D2」は**LSTMによる短期記憶**を追加し、「NGU」は**エピソード記憶**や**RND**のような新たな記憶力を取り入れることで、探索の範囲を広げました。

そして、「Agent57」は、**メタコントローラー**の導入によってハイパーパラメータを調整し、**探索と活用のトレードオフ**の問題を解決しました。

5章

StarCraft IIを学ぶAI

SC2LE、AlphaStar

本章では、DeepMindが開発したゲーム学習環境である「SC2LE」と、それを使ったAIである「AlphaStar」について説明します。

5.1節では、StarCraft IIというゲームの特徴と、そのAIの開発がなぜ難しいのかを説明します。SC2LEの技術的な仕様についても確認しておきます。

5.2節では、SC2LEの発表時に公開された論文について説明します。この論文では、「A3C」と呼ばれるActor-Critic型の強化学習を用いた結果が取り上げられています。

5.3〜5.6節では、「AlphaStar」のしくみを説明します。AlphaStarを理解するには多くの予備知識が必要であるため、それらについても順次説明します。

図5.A　AlphaStarのデモンストレーション

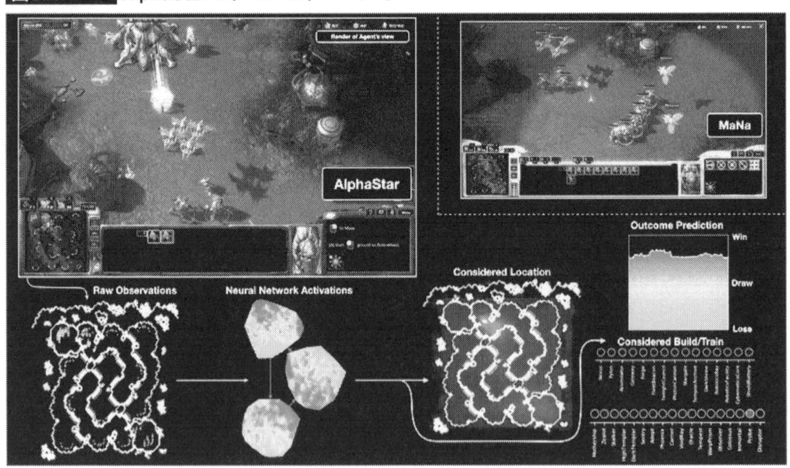

URL https://deepmind.com/blog/article/alphastar-mastering-real-time-strategy-game-starcraft-ii

参考　2018年12月、AlphaStarはStarCraft IIのプロプレイヤーと対戦して勝利を収めた。そのダイジェストが解説付きの動画として公開されている。

- 「DeepMind StarCraft II Demonstration」　URL https://youtu.be/cUTMhmVh1qs

5.1 「StarCraft IIを学ぶ」とはどういうことか

本節では、StarCraft IIのAIを開発する上で知っておきたい予備知識として、そのゲームの特徴と技術的な仕様を説明します。

より現実世界に近いゲーム環境

本章では、これから代表的な「リアルタイムストラテジーゲーム」(RTS)の一つである「StarCraft II」(以下、SC2)の世界を見ていきます。

ゲームの概要はすでに1章で説明したので、本節ではもう少し技術寄りの内容を取り上げます。読者の皆さんも「自分ならこのゲームのAIをどう作るか」を考えながら読み進めてみてください。

SC2は、いくつかの点で前章までのゲーム(囲碁、Atari-57)とは大きく異なります。これまでに学んだ知識は通用しないものも多いので、頭を切り替えていきましょう。

■―― 大幅に広がった観測空間

まず一つわかりやすい違いとして、ゲーム画面から得られる情報量が圧倒的に増加します。囲碁はせいぜい19 × 19(=361)の盤面の状態しかなく、Atari-57では160 × 210(=33,600)のゲーム画面がすべてでした。

SC2は現代的なビデオゲームなので、フルHD(1920 × 1080=約200万)のモニタなどが使われます。それでも到底マップ全体を見渡すことはできず、画面表示されるのはごく一部に過ぎません **図5.1** 。

SC2では、プレイヤーが動き回る空間全体のことを**マップ**(*map*)と呼び、そのうち画面に表示される領域を**スクリーン**(*screen*)と呼びます。プレイヤーはマウスやキーボードを使ってカメラを移動し、スクリーンに映し出された画像を見ることで世界の全体像を把握します。

ただし、ゲームの世界はリアルタイムに変わり続けるので、カメラを移動している間にも環境は変化します。必然的にSC2では、ゲーム全体の状況を完全な形で捉えるのは不可能です。

前節までのAIの多くは、「マルコフ決定過程」(MDP)として環境をモデル化してきました。つまり、状態sから行動aを計算できるという大前提がありました。一方、SC2では不完全な情報から意思決定をする「部分マルコフ決定過程」(POMDP)

図5.1 StarCraft IIにおける観測空間

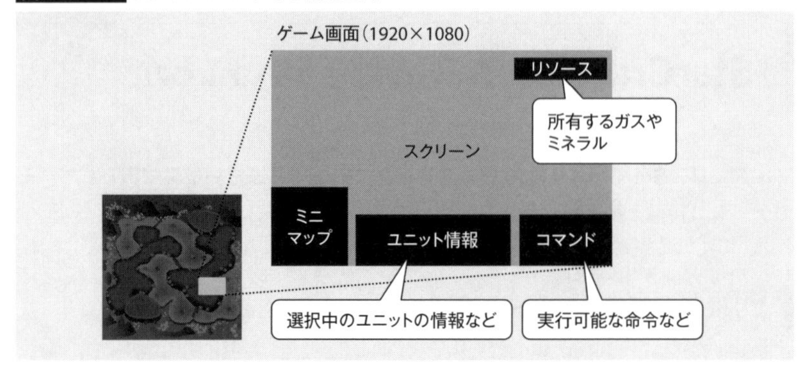

にならざるを得ません。

本章ではPOMDPを前提として、環境から得られるデータは「状態」(*state*)ではなく「観測」(*observation*)と呼びます。一つの観測データには限られた情報しか含まれないので、広く行動して観測データを集めなければ適切な意思決定をすることができません。

■──観測できない情報が増えた

SC2には、**リソース**(*resource*、資源)という概念があります。自軍や敵軍のユニット、建造物、それらの素材となる「ガス」や「ミネラル」などといったリソースを適切に管理することが勝利には不可欠です。

自軍が持つリソースは画面に表示されるのでいつでも参照できますが、敵軍のリソースは知ることができません。できるのは偵察部隊を敵地へと送り込んで、スクリーンに映し出された内容から推察することだけです。

結果として、SC2は本質的に不確かな情報に基づいて意思決定せざるを得ない構造となっています。

■──爆発的に増加した行動空間

観測データ以上に問題なのが、爆発的に増加した行動の組み合わせです。囲碁では、次に打つことのできる手は最大でも361通り(19 × 19)です。Atari-57に至っては、選択肢が18通り(ジョイスティックによる入力)しかありません。

これが、SC2では1億以上になります 図5.2 。あまりにも選択肢が多いので、これまでに説明したいくつかのテクニックが使えなくなります。

まず「ε-グリーディ法」に代表される「ランダムな行動」によって有望な行動を見つけるのは、もはや絶望的です。そのようなやり方では、いくら時間を費やしても何も見つからないでしょう。

「Q値」を使った行動の選択も、現実的ではありません。Q値とは「ある状態における各行動の価値」を数値化したものですが、可能な行動が1億通りもある状況では、それぞれの行動の価値など計算できません。根本的に考え方を改めなければ、SC2のAIを作ることはできないのです。

図5.2　StarCraft IIにおける行動空間

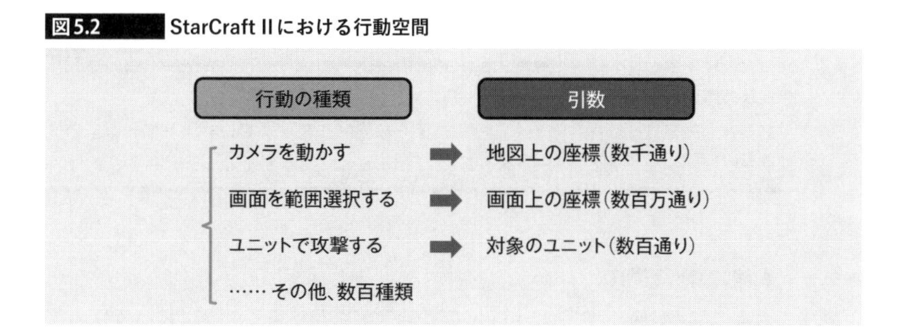

■――現実世界では避けられない問題

もっとも上記のような問題は、現実の世界で行動するAIを考える上では避けては通れません。我々の住むこの世界もまた広大な**観測空間**(*observation space*)と**行動空間**(*action space*)から成ります。

人間には世界のすべてを観測することはできないし、知覚として得られるごく限られた観測データだけを使って意思決定をしています。

人間に可能な行動は無数にあり、1億通りどころの話ではないでしょう。全身の筋肉をどう動かすのか、その組み合わせの数だけ行動が可能です。

現実世界を相手にするような高度なAIを作るためには、SC2のような広い「観測空間」と「行動空間」に対応できる技術が必要です。囲碁やAtari-57のようなゲーム環境は基礎研究には適していましたが、より現実に近い問題を扱うための題材としては、SC2のような複雑なゲームが必要なのです。

戦略ゲーム　長期的な意思決定

SC2のゲームの流れは、次のようになります。ゲーム開始時にはわずかなリソースしかないので、最初にやることはガスやミネラルを大地から掘り出して拠点に集めることです。

集めたリソースを消費することで、新しい建物を建造できます。建物が増えると、一度にできることも増えて生産性が上がります。いくつかの建物は、敵を攻撃する「ユニット」を作成するのに必要です。ユニットを作るのにも時間やリソースを消費するので、先に建物を増やして生産性を高めるのか、それともユニットを作って戦力を高めるのかを決断します。

生産性を高めるほど後から有利になりますが、そればかりやっていると先制攻撃されて負けるので、適度にユニットも作成しなければなりません。そのバランスをどうするのかは、相手の出方によっても変わります。そこで、最初に弱いユニットで敵地を偵察するのが典型的な序盤戦の流れです。

TIP

ゲームの序盤の展開

ゲームの序盤は、知識のある人なら似たような展開になります。ボードゲームでいうところの「定石」のようなものです。

戦略、戦術、戦闘

戦略ゲームには「戦略」「戦術」「戦闘」などの概念があります。SC2に当てはめて考えると、それぞれ次のような特徴があります。

- **戦略**(*strategy*)
  建物を作る順序(ビルドオーダー)。建物によって作成できるユニットが決まる。長期的な行動は所有する建物によって制約される
- **戦術**(*tactics*)
  ユニットを組み合わせて部隊を作る。単体のユニットでは集中攻撃されるとすぐ負けるので、5〜10程度のユニットを一つの集合として操作する
- **戦闘** (*combat*)
  敵の部隊と遭遇すると戦闘が始まる。戦闘は基本的に自動で進むが、敵を誘導したり撤退したりするなどの意思決定は必要となる

「グー、チョキ、パー」の関係

SC2のユニットには地上部隊や飛行部隊など数多くの種類があり、それぞれ得意とする相手が異なります。これらはよく「グー、チョキ、パー」(*rock paper scissors*)の関係に喩(たと)えられます。いわゆる「三すくみ」といわれる状態であり、得手不得手はあっても、どれが一番強いということはありません。

勝負に勝つには、なるべく相手が苦手とするユニットで攻撃できると良いのですが、互いにどのようなユニットを持っているのかわからないため、偵察で得られた情報を踏まえつつ作成するユニットを考えます。

戦闘を繰り返すたびに戦力差が生まれる

ある程度の戦力が整ったところで、部隊を敵地へと送り込んで本格的な戦闘が始まります。部隊が敵と遭遇すると自動で戦闘が始まりますが、プレイヤーが細かく指示を出すこともできます。前述した三すくみの関係があるので、自軍か敵軍のど

ちらかの部隊が大きく損害を受けます。

ユニットを作るのにはリソースを消耗するので、戦闘を繰り返すたびに両者が保有するリソースに差が生まれます 図5.3 。時間が経てば経つほど生産性も上がって強力なユニットを作成できるようになり、わずかな判断ミスでも大きな差につながります。そうして、もはや挽回できないほどに戦力差が広がったところで、一方が負けを宣言してゲームが終了します。

図5.3　戦力の推移

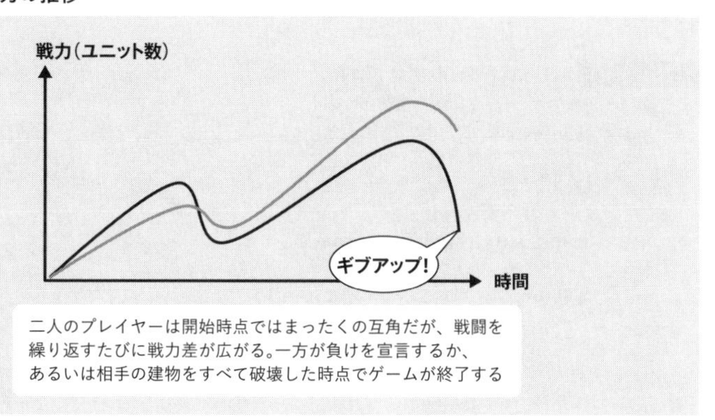

StarCraft II API

ここからは、実際にAIを開発するときに用いられるAPIについて説明します。AIは、以下に記述された入出力しか利用することができません。

ゲームとの通信に利用されるのが「StarCraft II API」です。Googleの「プロトコルバッファ」(*protocol buffer*)で実装されており、オープンソースソフトウェアとして公開されています。

Column

APM　1分間の行動回数

SC2を使ったAI研究のゴールは、「マクロ」の戦略で人間に勝つことです。いかに相手よりも有利な状況を作り出せるかが重要であり、個別の戦闘で人間離れした早技で勝利しても意味がありません。少しでも人間との条件を対等にするために、AIの行動には制限が加えられます。

なかでも重要なのが「APM」(*Actions per minutes*、1分間の行動回数)と呼ばれる指標で、1分間に実行された命令の数が定量的に計測されます。AIは、人間と同程度のAPMしか使わないことが期待されます。

■——— プロトコル バイナリデータによる行動と観測

StarCraft II APIは、スクリプトAIからでも深層学習AIからでもどちらからでも利用できるようにデザインされています。一般的なリクエスト/レスポンス型のAPIで、ゲームの開始や終了などの各命令が人間にとってわかりやすい形で提供されます。

いったんゲームが始まると、決着が着くまでの間は短い時間ステップごとに「Action」(行動)や「Observation」(観測)のメッセージが交換されます **リスト5.1** 。プロトコルバッファの特徴として、すべてのメッセージがバイナリデータとしてエンコードされます。

リスト5.1 Action(行動)のプロトコル

```
// 画面に対する行動のデータ
message ActionSpatial {
  // 各行動は、次のうちのいずれかである
  oneof action {
    // ユニットに対する命令
    ActionSpatialUnitCommand unit_command = 1;
    // カメラを移動する命令
    ActionSpatialCameraMove camera_move = 2;
    ...
  }
}
// ユニットに対する命令
message ActionSpatialUnitCommand {
  // アビリティID (行動の種類)
  optional int32 ability_id = 1;
  // ターゲット (移動先の座標など)
  oneof target {
    PointI target_screen_coord = 2;
    PointI target_minimap_coord = 3;
  }
  // その他の引数
  ...
}
```

URL https://github.com/Blizzard/s2client-proto/blob/master/s2clientprotocol/spatial.proto

ユニットに何かを命令するには、ActionSpatialUnitCommandメッセージを組み立てます。このとき、最初に「アビリティID」を指定します。これは行動の種類を示す整数値で、これだけでも数百種類あります。さらに、行動の種類に応じて移動先の座標などを引数として渡すため、その組み合わせによって膨大な数の行動が生まれます。

■——— リプレイパック

StarCraft II APIでは、人間同士の対戦データが「リプレイパック」として提供されます。これを教師データとして読み込むことで、ゲームのプレイ方法をAIに学習させられます。リプレイパックは数十GBのデータ量があり、これを読み込むだけでも多くの計算リソースが必要です。

PySC2

「PySC2」は、DeepMindによって開発されたSC2のクライアントライブラリです。Pythonで実装されており、内部でStarCraft II APIを呼び出します。PySC2は強化学習に特化しており、APIの複雑なデータをAIから扱いやすい形式へと変換してくれます。

以下では、PySC2を通して見たSC2の世界について説明します。後述するAlphaStarはPySC2を用いて実装されており、人と同じようにマウスやキーボードでゲームをプレイするわけではありません。

■──観測データ　特徴量レイヤーと保有リソース

PySC2では、観測データとして機械学習しやすいように抽象化された**特徴量レイヤー**(*feature layers*)が提供されます 図5.4 。

図5.4　ゲームの状態を示した特徴量レイヤー

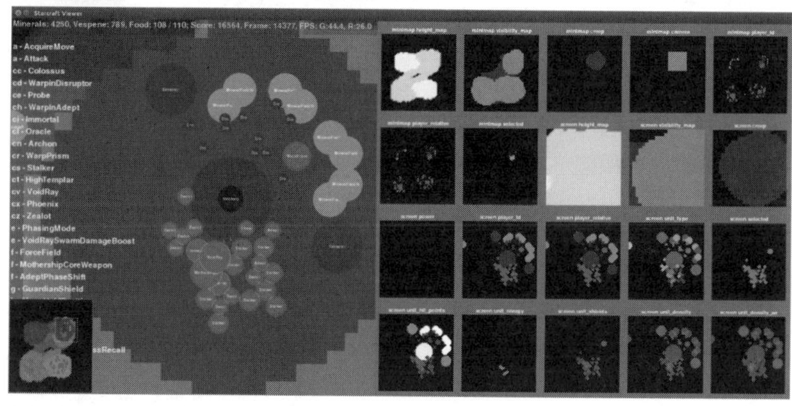

出典　O. Vinyals et al.「StarCraft II: A New Challenge for Reinforcement Learning」(arXiv, 2017)
URL https://arxiv.org/abs/1708.04782

SC2の観測空間は非常に大きいため、いきなり人と同じ画面をAIに認識させることには困難が伴います。StarCraft II APIではゲームの内部的な情報を個別に切り出して、「移動可能な領域」や「味方のユニットの位置」などの情報を独立して受け取れるようになっています。

特徴量レイヤーには、二つの種類があります。一つはスクリーンに映し出されている拡大図 図5.4 の左側)であり、建物やユニットなどの詳細な位置が見て取れます。

もう一つは**ミニマップ**と呼ばれる縮小図 図5.4 の右側)であり、マップ全体の現在の状況が小さな画像として表現されます。ミニマップにはすべての情報が含まれるわけではなく、自軍のユニットの周辺にあるものしかわかりません。遠く離れた場所で起きていることを知るには偵察ユニットを送り出す必要があります。

これらの特徴量レイヤーに加えて、現在保有しているリソースの量やユニットの一覧などが時間ステップごとに観測データとして渡されます。

TIP

人は画像認識して特徴量を得ている

人は、スクリーンに写し出された画像を認識することで、特徴量レイヤーに相当する情報を得ています。その意味では、人は本章で取り上げるAIよりも遥かに高度な情報処理をしています。

行動データ　ユニットを選択して指示を出す

AIが生成する行動も、機械学習しやすいように簡略化されます。図5.5は、ゲームの中で建物を作るときの行動の手順を示しています。

図5.5 人とAIが生成する行動の違い

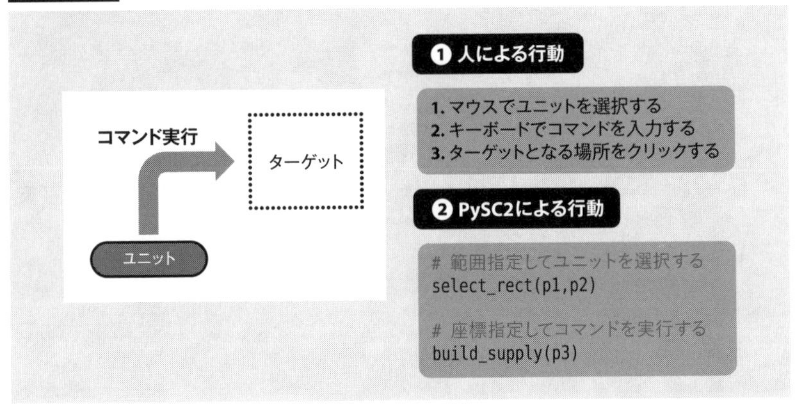

人がゲームをプレイするときには、最初にマウスでユニットを選択し、続けてキーボードでコマンドを入力します 図5.5❶ 。一方、PySC2では同じことをプログラムから実行できるようになっており、select_rect()やbuild_supply()などといった命令によりユニットに指示を出します 図5.5❷ 。

また、PySC2はAIが行動を選ぶ前に「次に実行可能な行動のリスト」を渡してくれます。たとえば、建物を作る命令は、そのような能力を持つユニットを所有しているときにしか実行できません。AIは「実行可能な行動」の中から一つの行動を選ぶことしかできないようになっています。

ミニゲーム

PySC2には、実際のゲームよりも大幅に単純化されたミニゲームがいくつか用意

されています 表5.1 。これらのミニゲームは研究のためというよりは、PySC2を使ったAIの動作確認のために使われます。

表5.1 PySC2のミニゲーム一覧

名前	説明
MoveToBeacon	マップ上の指定の場所に移動すると報酬を受け取る
CollectMineralShards	2体のユニットを同時に動かしてミネラルを集める
FindAndDefeatZerglings	カメラを移動させながら3体のユニットで敵を撃破する
DefeatRoaches	9体のユニットで4体の敵を倒す。倒すたびに敵と味方のユニットが追加される
DefeatZerglingsAndBanelings	DefeatRoachesと同じだが敵の能力が異なるので違った戦略が要求される
CollectMineralsAndGas	実際のゲームと同じように、序盤のリソースを収集する
BuildMarines	実際のゲームと同じように、最初の戦闘ユニットを作成する

実際にミニゲームをプレイしてみることで、SC2がこれまでのゲーム環境と比べてどれほど難しいのかがわかります(次節で後述)。

5.2 SC2LE

「SC2LE」は2017年に発表された強化学習環境であり、StarCraft IIを使ってAIの研究をするためのソフトウェアを提供します。

Note

StarCraft II:強化学習の新しい挑戦

本節は、次の論文について解説します。

- O. Vinyals et al.「StarCraft II: A New Challenge for Reinforcement Learning」(arXiv, 2017) URL https://arxiv.org/abs/1708.04782

StarCraft IIの難しさ

「SC2LE」(*StarCraft II Learning Environment*)は、DeepMindとBlizzard Entertainmentが共同で2017年8月に発表した強化学習環境です。APIやPySC2、リプレイパックなどの研究リソースに加えて、実験的なAIを開発した結果が論文としても発表されています。

SC2の難しさは、次の4点にまとめられます。

❶マルチエージェント
複数プレイヤーが相互に影響し合いながら行動する。各プレイヤーは数百ものユニットを操作し、それらのユニットが協力することによって共通のゴールを達成する

❷不完全情報ゲーム
ゲームについての完全な情報を得ることができない。カメラを通して一部の情報しか見ることができず、頻繁にカメラを移動しなければならない。加えて、偵察しなければ相手の情報がまったく得られない

❸広い行動空間
行動空間が非常に大きい。行動の種類と引数の組み合わせによって、可能な行動の数が爆発的に増加する。建物やユニットの増加に合わせて、新たに実行できるようになる行動がツリー状に増加していく

❹長期ホライズン
ゲームは何千もの行動の後に決着する。序盤に何をするかという小さな決断が、後々になってから大きく影響を及ぼす

これから開発するAIは、これらの難しさに対応できるものでなければなりません。もはやQ学習は使えないので、新たな技術が必要です。SC2LE論文では、ベースラインとして「A3C」を用いたAIを評価しています。

A3C　Actor-Criticによる強化学習

「A3C」(*Asynchronous Advantage Actor-Critic*、非同期アドバンテージActor-Critic)は、2016年2月にDeepMindが発表したゲームAIです 図5.6 。強化学習のアルゴリズムとして「Actor-Critic」(2章)を利用しており、非同期的にネットワークを更新することで「DQN」(4.2節)よりも高い性能を実現しました。

図5.6 A3Cのシステム構成

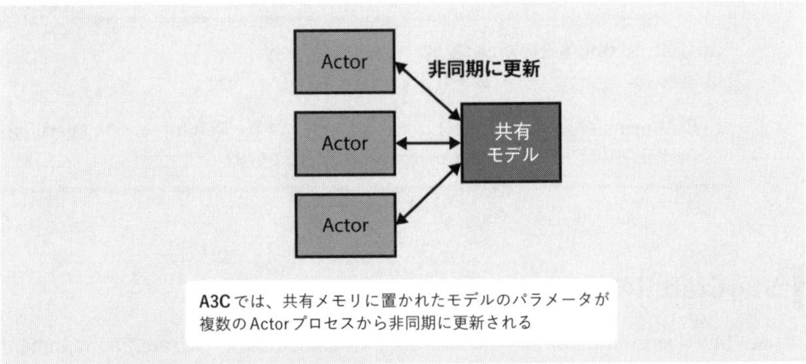

A3Cが発表されたのは「Rainbow」(4.3節)よりも一年以上早く、その後のAtari-57のAI研究にも影響を与えています。A3Cには数多くの工夫が盛り込まれていますが、

以下ではその一部を説明します。

■――非同期学習　複数のActorが多様性を生み出す

A3Cの最初の「A」は、「非同期」(*asynchronous*)の意味です。複数のActorが同時並列でゲームをプレイすることにより多様性が生み出され、安定した学習が実現されます。これは、その後の「Ape-X」(4.4節)などにも引き継がれる考え方です。

■――アドバンテージ関数

A3Cの二つめの「A」は、「アドバンテージ」(*advantage*)です。これは前章で取り上げた「デュエリングネットワーク」(4.3節)でも使われていた「アドバンテージ関数」そのものです。つまり、次の関数です。

$$\underbrace{A(s_t, a_t)}_{\text{アドバンテージ関数}} = \underbrace{Q(s_t, a_t)}_{\text{行動価値関数}} - \underbrace{V(s_t)}_{\text{状態価値関数}}$$

A3Cは、方策ベースの強化学習の一つである「REINFORCE」(2章)を出発点とします。REINFORCEでは「仮の価値関数」を組み立てて方策勾配法を用いることで、方策を改善しました。この「仮の価値関数」としてアドバンテージ関数を用いるのが、A3Cです。

■――アドバンテージ関数の計算方法

アドバンテージ関数にはQ関数が含まれるので、これを取り除きます。前章の「マルチステップ学習」(4.3節)で見たように、Q関数は次のように展開されます。

$$Q(s_t, a_t) = \underbrace{r_t + \gamma^1 r_{t+1} + \ldots}_{\text{nステップ先までの報酬}} + \underbrace{\gamma^n Q(s_{t+n}, a_{t+n})}_{\text{時間}t+n\text{の行動価値}}$$

ここで仮定として、時間$t+n$の「行動価値」と「状態価値」はだいたい等しいと考えます。すると、次のように書き換えられます。

$$Q(s_t, a_t) = r_t + \gamma^1 r_{t+1} + \ldots + \gamma^n \underbrace{V(s_{t+n})}_{\text{時間}t+n\text{の状態価値}}$$

これを最初の式に代入すると、次のようになります。

$$\underbrace{A(s_t, a_t)}_{\text{アドバンテージ関数}} = \overbrace{r_t + \gamma^1 r_{t+1} + \ldots + \gamma^n V(s_{t+n})}^{Q(s_t,\, a_t)} - V(s_t)$$

これでQ関数は消えてなくなり、状態価値関数$V(s_t)$だけが残りました。したがって、$V(s_t)$さえわかればアドバンテージ関数を近似でき、それを用いて方策勾配法で強化学習できることになります。

■―――状態価値を予測することで行動を改善できる

A3Cではニューラルネットワークにより、次に実行すべき行動(方策)を直接的に計算しつつも、同時に状態価値$V(s_t)$を予測します。

ネットワークが出力する方策をActor、状態価値をCriticと考えるなら、これはActor-Criticのモデルとなります。A3CにはQ関数が登場しないので、どれほど行動空間が広がろうとも対応できます。

方策の表現　確率分布ベクトル

ニューラルネットワークの出力を、SC2の多様な行動へと結びつける**表現**(*representation*)を考えます。前節で取り上げたとおり、PySC2で実行される行動は図5.7のような形式をしています。

図5.7　PySC2における方策の表現(例)

例 画面を範囲選択する

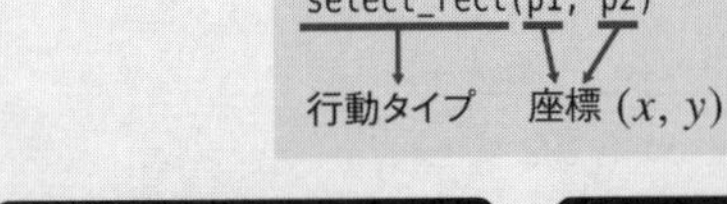

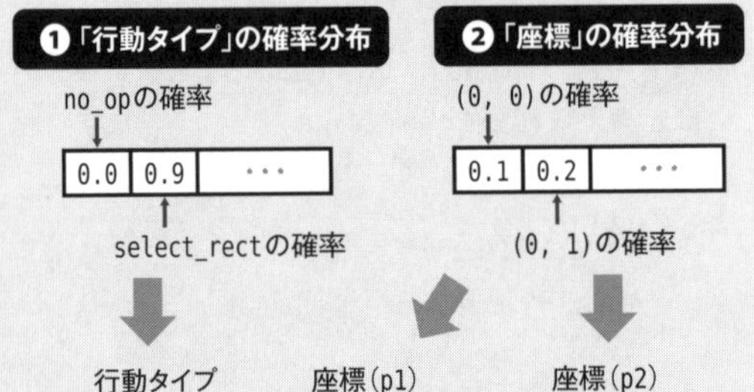

行動の種類(以下「行動タイプ」と呼ぶ)はせいぜい数百しかないので、AlphaGoで「次の手の確率分布」を出力したのと同じように、ネットワークの出力を「行動タイプの確率分布」**図5.7❶**として表現します。

選んだ行動タイプによっては、追加の引数が必要です。これらの引数も同様に確率分布として与えるものとします。たとえば、画面上の座標を引数とする行動であれば、それを「座標の確率分布」**図5.7❷**として表現します。

確率分布を一つのベクトルとして結合する

論文では前述したような確率分布をすべてつなぎ合わせて、一つの大きなベクトルを作り上げています。仮に行動が300種類あり、座標が64 × 64の広さだとすると、**図5.7**下のようなベクトルによって方策が表現されます。

図中の行動select_rect(p1,p2)は引数として2つの座標を受け取るので、このベクトルだけで十分に行動を表現できます。行動によっては座標以外の引数もあるので実際の方策はもう少し複雑になりますが、理屈の上ではこの延長であらゆる行動を表現可能です。

以上で方策は定義できたので、後はこれに加えて状態価値を出力するようなネットワークを用意すれば、A3Cで強化学習することができます。

アーキテクチャ

論文では、全部で3種類のネットワークを評価しています。それぞれ「Atariネット」「完全畳み込み」「完全畳み込み+LSTM」と呼びます**図5.8**。

いずれも入力層はまったく同じで、特徴量レイヤーとしてスクリーンとミニマップの画像データを受け取ります。さらに保有しているリソースの量など、画像以外の特徴量も追加で受け取ります。このうちスクリーンとミニマップの2つの画像データは3層のCNNで処理されます。

いずれのネットワークも、状態価値と方策を出力します。三つのネットワークの違いは中間層だけです。

Atariネット

「Atariネット」は、DQNとよく似たネットワークです。CNNの出力はまず全結合ネットワークへと送られ、そこから出力層へと接続されます。このとき、画像以外の特徴量も全結合ネットワークへと結合されます。

全結合ネットワークから後の出力層は、「AlphaGo Zero」(3.3節)のマルチヘッドと同様に、「状態価値」と「方策」の出力へと分岐します。このうち、方策には「画面上の座標」が含まれるので、x座標とy座標を追加の全結合ネットワークを通して個別

図5.8 SC2LEのアーキテクチャ

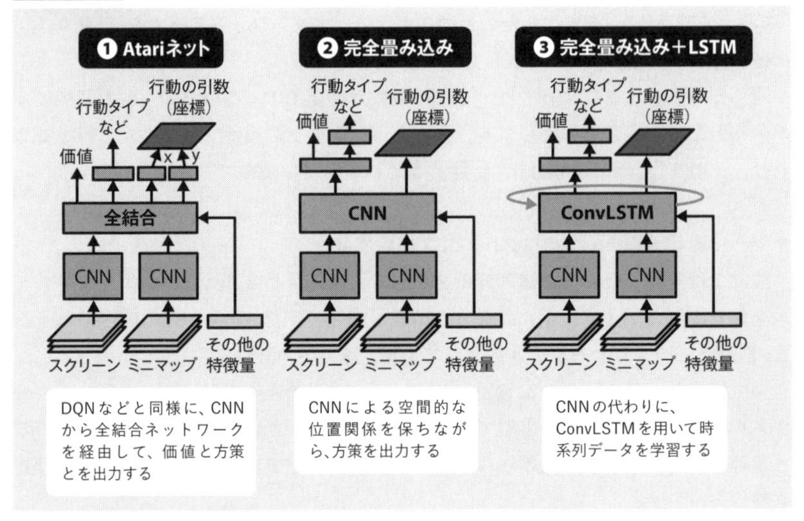

p.175のNoteの論文を参考に筆者作成。

に予測します。

完全畳み込み

「完全畳み込み」は、中間層として全結合ネットワークの代わりにCNNで置き換えたネットワークです。

SC2の行動の多くは、座標を引数として受け取ります([例]ある座標に移動する、指定した位置に建物を建てる)。入力データにはもともと空間データが含まれているので、その空間的な位置関係を維持したまま出力層につなぐことで、より自然な形で座標の計算ができると期待されます。

完全畳み込み+LSTM

完全畳み込みと似ていますが、中間層としてCNNではなく「ConvLSTM」を導入します。これはちょうど、「R2D2」(4.5節)で見たのと同じような「短期記憶」を持つネットワークとなります。

Note

ConvLSTM

CNNにLSTMを組み合わせて、時系列データを学習できるようにしたネットワーク。「畳み込みLSTM」(*convolutional LSTM*)ともいいます。

強化学習 ランダムな行動から学ぶのは困難

論文では、最初にリプレイパックは使わずに、Atari-57でそうしたのと同じように、ランダムな行動だけから強化学習することを試みています。

APMは180に制限され(毎秒3回行動)、これはおおむねアマチュアレベルのプレイヤーに相当します。ゲームのプレイ時間は最大30分間で、トータルで6億回の行動を学習するまで何度もゲームを繰り返します。

ミニゲーム

各ネットワークでミニゲームを学習させたところ、単純なミニゲームであればランダムな行動だけからでもうまくゲームを学習することができました **表5.2** 。たとえば、「MoveToBeacon」のようなミニゲームでは、AIは上級者を上回るスコアを達成しています。

表5.2 ミニゲームのスコア

エージェント	指標	❶	❷	❸	❹	❺	❻	❼
上級者	平均	28	177	61	215	727	7566	133
	最大	28	179	61	363	848	7566	133
Atariネット	平均	25	96	49	101	81	3356	<1
	最大	33	131	59	351	352	3505	20
完全畳み込み	平均	26	103	45	100	62	3978	3
	最大	45	134	56	355	251	4130	42
完全畳み込み＋LSTM	平均	26	104	44	98	96	3351	6
	最大	35	137	57	373	444	3995	62

❶MoveToBeacon
❷CollectMineralShards
❸FindAndDefeatZerglings
❹DefeatRoaches
❺DefeatZerglingsAndBanelings
❻CollectMineralsAndGas
❼BuildMarines
出典 論文(p.175のNoteを参照)。日本語訳は筆者。

一方、ミニゲームが難しくなるにつれて、AIのスコアは人には到底及ばなくなります。たとえば、ミニゲームの中でも難しい「BuildMarines」(戦闘ユニットを作成する)は、人であれば初心者でもすぐに100以上のスコアを出せる内容です(コラム「BuildMarinesのゲーム内容」を参照)。しかし、「Atariネット」や「完全畳み込み」ではほとんどスコアを得ることはできず、最もうまくいった「完全畳み込み+LSTM」でも平均して6程度のスコアしか得られませんでした。

ランダムな行動からStarCraft IIを学ぶのは難しすぎる

「完全畳み込み＋LSTM」は、前章で見たR2D2と同じようなアーキテクチャです。

ネットワークの学習能力は高いはずで、実際にいくつかのミニゲームはうまく学習できていますが、それでもスコアが伸びないのはSC2を学ぶことの難しさを示しています。

SC2は行動空間の広さもさることながら、多くの行動をとった後にしか報酬が得られない「長期ホライズン」のゲームなので、ランダムな行動から報酬にたどり着くのは一筋縄ではありません。

BuildMarinesで試されるような「戦闘ユニットを作成する」という手順はゲームの初歩中の初歩であり、まだ対戦が始まってもいない準備段階でしかありません。このようなところで手間取っていたのでは、とても前に進むことはできません。

SC2では、これまでに見たAIのように「ゼロから学習を始める」のではなく、「人のプレイを見て学ぶ」ことを前提とするのが現実的な対応です。

TIP

人もまた他者から学ぶ

SC2は人間にとっても難しいゲームであり、人もまた他者のプレイ動画を見るなどして学習します。

教師あり学習　人の行動を真似る

論文の後半では、リプレイパックを使った単純な「教師あり学習」の結果が報告されています。80万回の対戦データを使って人の行動の傾向を調べ、AIがそれを学習可能なのかを確認しています。

ネットワークの構造は、前述したものとほぼ同じです。そこにリプレイパックの画面を入力し、そのときの出力(状態価値と方策)がリプレイと一致するように学習します。

状態価値の学習　勝率を知ることでより良い行動がわかる

状態価値は「期待される報酬」、つまり勝率を意味します。囲碁などと同じく、SC2では勝負の決着が付くまで報酬が得られないため、状態価値を正しく予測することが重要です。現時点での勝率がわかるなら、たとえ報酬がなかったとしても勝率の高まる方向へと学習を進められます。

論文では、単純に観測データから勝率を予測するように教師あり学習をしています。SC2では自軍のユニットの周辺しか見えないため、正確な予測をするのは難しく、正解率は64%程度にとどまったようです。

勝つか負けるかはランダムに選んでも50%は正解することを考えると、64%という正解率は決して高くはありません。それでも、あてもなく行動することに比べたら、有益な数字であるとはいえます。

■――― 行動の分布 ロングテール型

リプレイパックに含まれる行動は、全部で300種類ほどあります。「カメラを動かす」「ユニットを範囲選択する」のような頻繁に使われる行動もあれば、ごく限られた状況でしか使われない行動も多数あります。

行動タイプの分布を調べると、典型的なロングテール型であることがわかりました。最も頻度の高い行動は「カメラを動かす」ことで、これだけで全体の43%を占めます。一方、数は少ないながらも、他の多くの行動も一定の頻度で使われています。

たとえば、高性能な建物を作る行動は、エピソード中に一回あるかないかですが、頻度が少ないからといって不要ということにはなりません。適切なタイミングが来たときには、確実に実行できる必要があります。

■――― 方策の学習 多くのユニットを作成することができた

このような多様な行動を、観測データから一対一で予測するのは難しく、教師あり学習した後のネットワークが正しく行動を再現できたのは38%に止まりました。

これはかなり低い正解率ですが、それでもランダムに選んだ行動が人の行動と一致する確率は4%ほどであり、それと比べたら遥かに「人間らしい」振る舞いをするネットワークにはなったようです。

実際、学習後のネットワークを使ってゲームに組み込みのAI(*bot*)と対戦したところ、まだまだ勝負に勝てるほどではなかったけれども、それでもランダムに強化学習しただけのネットワークと比べたら、多様なユニットを作成することには成功しました。

結果として、SC2では純粋に強化学習だけでAIを育てるのではなく、人のリプレイを見て学ぶ技術、いわゆる「模倣学習」(後述)を用いるのが有望だろうと論文では結論づけています。

…………………………………………

ここまでの結論を読めば、勘の良い人ならSC2を攻略する手順を思いつくかもしれません。初代のAlphaGoと同じように、「最初は人の対戦データから学び」つつ、それを「強化学習によって改善」していけば良いのです。

Column

BuildMarinesのゲーム内容

「BuildMarines」は、制限時間内(900秒)にできるだけ多くの「Marine」(海兵隊員、SC2における歩兵)を作成するミニゲームです 図C5.A 。

Marineの作成には、二つの前提条件があります。一つは、「Barrack」(兵舎)の建築です。Barrackが完成したら一定のリソースを投入し、しばらく待つとMarineが誕生します。

もう一つは、「Supply Depot」(補給部隊)の建築です。Supply Depotが足りないと、Marineが外に出られません。したがって、Marineが完成する前に十分な数のSupply Depotを用意しておく必要があります。

BuildMarinesをうまくプレイするには、図中のフローチャートに従って行動します。各作業はリソースと時間を消費するので、無駄なく実行します。Barrackは一つか二つあれば良く、作りすぎてはいけません。一方、Supply Depotは、Marineの増加に合わせて増やす必要があります。

人であれば、こうして説明を受ければすぐに適切な行動を学習できますが、何の予備知識もないところからランダムに行動するだけで上記のような暗黙のルールを見つけ出すことは、今のAIにはまだ難しそうです。

図C5.A BuildMarinesのフローチャート

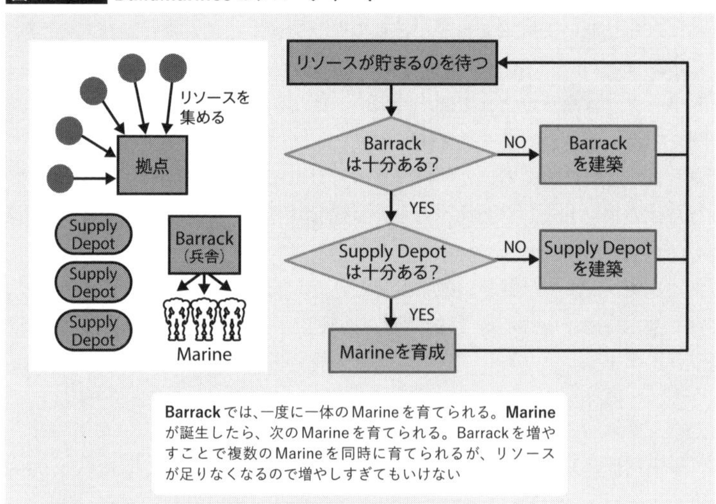

以下の動画でAIがミニゲームをする様子を確認できる。
• 「StarCraft II 'mini games' for AI research」 URL https://youtu.be/6L448yg0Sm0

5.3 AlphaStarの基礎知識

「AlphaStar」は、2019年に発表されたゲームAIであり、StarCraft IIのオンラインリーグで最高ランクの「グランドマスター」に到達しました。

Note

マルチエージェント強化学習によるStarCraft IIグランドマスター

本節以降では、次の論文について解説します。

- O. Vinyals, I. Babuschkin, W.M. Czarnecki, et al.「Grandmaster level in StarCraft II using multi-agent reinforcement learning」(Nature 575, 2019)
URL https://doi.org/10.1038/s41586-019-1724-z

グランドマスターへの道

SC2LEが公開されてからおよそ1年後の2018年12月、DeepMindの最新AIである「AlphaStar」はプロプレイヤーであるTLO氏やMaNa氏とのエキシビジョンを開催し、10対0で全勝します。この結果について、MaNa氏は次のようにコメントしています。

> AlphaStarがほとんど毎回違った戦略を取り、高度な動きをやってのけるのには感銘を覚えた。これほど人間らしいプレイスタイルであるとは思いもしなかった。私のプレイが如何に相手のミスを誘ってそこにつけ込むものであったかに気づかされ、このゲームにまったく新しい見方を与えられた。今後の展開がとても楽しみだ。
>
> ――「AlphaStar: Mastering the real-time strategy game StarCraft II」より。日本語訳は筆者。
> URL https://deepmind.com/blog/article/alphastar-mastering-real-time-strategy-game-starcraft-ii

TIP

AlphaStarの対戦

このときの対戦の様子は解説付きの動画として公開されているので、一度見ておくとAlphaStarがどのようなAIなのかがよくわかるでしょう。

- 「DeepMind StarCraft II Demonstration」 URL https://youtu.be/cUTMhmVh1qs

このとき用いられたAlphaStarはまだ完成版ではなく、詳細な技術情報は公開されていません。ただ、先にも触れたとおりAlphaStarはAPI経由の特徴量レイヤーを見てゲームをプレイしており、その中にはゲーム画面に表示されない情報も一部含まれていたことが問題視されました。

その後、AlphaStarはより人に近い条件でゲームをプレイするように調整されます(コラム「AlphaStarは人と同じ画面を見てはいない」)。結果としてAlphaStarは弱くはなったものの、「人と対等な条件である」とのお墨付きを得ます。

■――オンライン対戦リーグへの参戦

これを受けて、AlphaStarはオンラインの対戦リーグへと参戦し、人とまったく同じ条件で世界中のプレイヤーとの対戦を繰り返します。その結果、AlphaStarのMMR(*Match making rating*、オンラインの対戦スコア)は全プレイヤーの上位0.2%にまで到達し「グランドマスター」(*grand master*、チェスなどのゲームの最高位、名人)の称号を得ます。

2019年10月、このグランドマスターに到達したAlphaStarの詳細が『Nature』に掲載されます。AlphaStarが論文として発表されたのは、これがはじめてです。多数の論文が発表されているAtari-57とは異なり、AlphaStarは一つの論文に多くの情報が含まれているため、本節からいくつかの節に分けて順に説明していきます。

模倣学習とマルチエージェント学習

AlphaStarの学習プロセスは初代のAlphaGoとよく似ており、その全体像は **図5.9** のようになります。最初に教師あり学習 **図5.9❶** でエージェントを作り、多数のエージェントが参加する架空の対戦リーグ **図5.9❷** で対戦データを集めます。その後は、強化学習 **図5.9❸** によって強くなります。

Column

AlphaStarは人と同じ画面を見てはいない

AlphaStarは人と同じようにカメラを動かしますが、人と同じ画面を見ているわけではありません。たとえば、自軍や敵軍のユニット情報はAPIを通して配列としてデータを得ています。画像認識をして戦況を把握しているわけではありません。

マウスやキーボードを使うわけでもなく、APIで直接命令を発行します。何かユニットに指示を出すときには、人間ならマウスでユニットを選択しますが、AlphaStarはいつでも任意のユニットを選択できるようです。

AlphaStarが人間と同レベルの汎用的な能力を持つかというと、そんなことはありません。ただ、AlphaStarのゴールは「長期的な戦略で人に勝る」ことだったので、大局的には目的は達成されたのでしょう。

図5.9 AlphaStarの学習プロセス

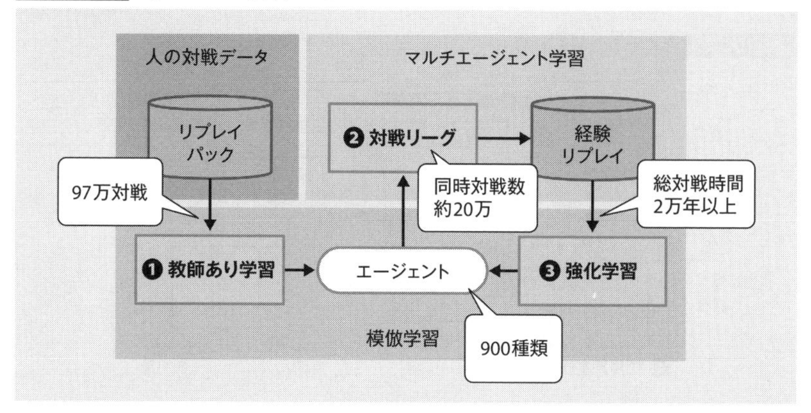

AlphaStarに特徴的なのは、単に勝率の高い行動を学習するのではなく、なるべく「人に近い行動」を学習するところにあります。教師あり学習は文字どおり行動を真似るものですが、AlphaStarは強化学習の過程でも人を真似るようにネットワークを更新します。これを**模倣学習**(*imitation learning*)と呼びます。

■──── 人の戦略を真似ることで学ぶ

AlphaStarは一見するとAlphaGoとよく似ていますが、SC2は囲碁より遥かに複雑なゲームなので同じやり方は通用しません。

まず行動空間が広すぎるので、ランダムな行動は役に立ちません。加えて、リアルタイムに進行するので、ゆっくりと考える時間はありません。先読みに頼ることなく瞬時に次の行動を決めなければなりません。

観測空間も広くて不確かなので、いくら自己対戦を繰り返したところで、あらゆる場面を経験することはできません。ボードゲームではMCTSでのシミュレーションが使えたので、未知の場面でも先読みして勝率を高められました。SC2ではその手も使えません。

そこで、AlphaStarが選択したのは、自力で何かを考えるのではなく、多数のリプレイを見ることで人の戦略をすべて把握し、徹底的に「真似る」ことです。そして、対戦リーグの中でも可能な限りそれを再現することで、最も効果的な戦略を探し当てることを試みます。

■──── ビルドオーダーが戦略を決める

AlphaStarが強くなるための手順は、図5.10 のようになります。最初に、人がどのような「戦略」でSC2をプレイしているのかを調べます。5.1節でも触れたとおり、SC2における長期的な戦略は「ビルドオーダー」(建物を作る順番)によって大きく左右されます。

図5.10 強くなるための手順

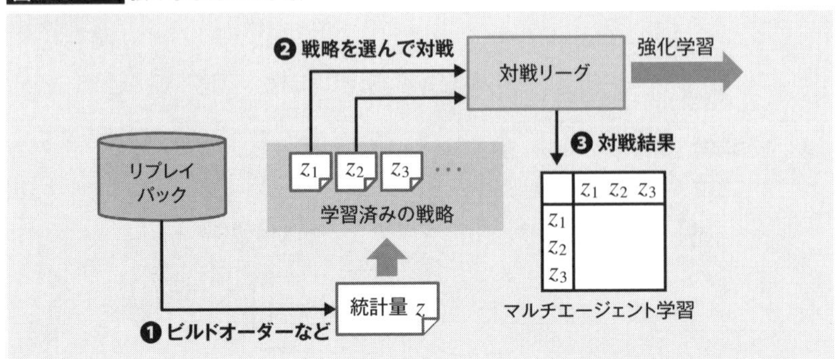

建物を作るのには長い時間がかかるので、ゲーム開始の直後から計画的に準備を始めなければなりません。地上部隊や航空部隊など、作成するユニットによって必要な建物は異なります。どの建物を作るかで、その後の戦闘が大きく左右されます。ビルドオーダーを決めた瞬間に、勝負の大筋は決まってしまいます。

ビルドオーダーは将棋の定石のようなもので、長年の経験から「勝ちやすい」と考えられている手順です。SC2には無数のビルドオーダーがあるので、リプレイパックを見ることで学習します 図5.10❶ 。

対戦相手も当然ながらビルドオーダーを使うので、どちらが勝利するのかは戦ってみるまでわかりません。AlphaStarは対戦リーグを通して、どのビルドオーダーが勝ちやすいのかを学習します 図5.10❷❸ 。

統計量z 戦略をベクトル化する

AlphaStarは、リプレイを読み込むたびに、最初に「統計量z」(*statistic* z)と呼ばれるベクトルを計算します。これは、一回のゲーム中に使われた戦略を配列データへとエンコードしたもので、図5.11 のような要素を並べて作ります。

図5.11 統計量zの構成要素

最初に作った20個の建物の順番(図5.12のb_1, b_2, ...)
最初に作った20体のユニットの順番(図5.12のu_1, u_2, ...)
ゲーム中に使われたすべての建物の種類
ゲーム中に使われたすべてのユニットの種類
ゲーム中に強化された建物やユニットの種類

AlphaStarのエージェントは、強化学習の過程でこの統計量zを再現するように行動します 図5.12 。強化学習とは「より多くの報酬が得られるようにネットワークを更新する」ものなので、うまくzを再現できたときに報酬を与えるようにします。

図5.12 AlphaStarの模倣学習

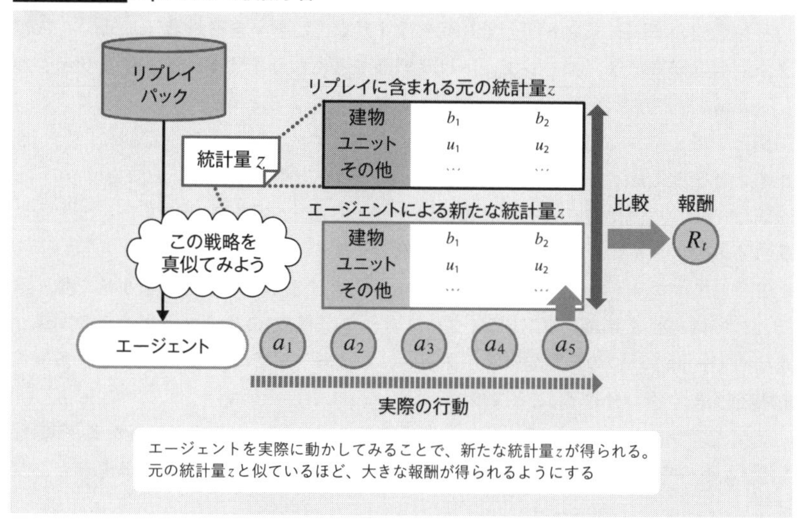

AlphaStarは、ランダムな確率で統計量zを部分的に0にします。その場合、エージェントはzに左右されずに、自由にゲームをプレイします。ランダムに行動を変えるのではなく、「人の真似をするかどうか」の選択をランダム化することで、多様な行動を生み出します。

Column

人は模倣する生き物

人は、真似をすることで成長する生き物です。小さな子供は、よく大人の真似をします。生まれたばかりの赤ん坊でさえ、「新生児模倣」と呼ばれる行動をすることが知られています。人間には、「模倣することで報酬を得る」という本能が生まれながらにして備わっているのだと考えられます。

近年の研究では、人類がここまで繁栄してこれたのは「他者を模倣する力」に秀でていたからだ、とする考え方が広まっています*a。実際、我々は常に自らの知性を発揮しているわけではなく、「他の人もそうしているから」というだけの理由で行動することが多々あります。

AIも、人の真似をするのは正しい発展の方向なのでしょう。ただ、問題は、AlphaStarの「統計量z」は人手で作られており、AI自身がそれを発見したわけではありません。「何を真似るか」を判断するのにも知能が必要であり、AIが自分でそれを見つけるにはさらなる技術が必要になりそうです。

*a 「Being copycats might be key to being human」 URL https://theconversation.com/being-copycats-might-be-key-to-being-human-121932

■――自己対戦だけを繰り返しても強くはなれない

現在最強のエージェント同士で対戦を繰り返すことを、**自己対戦**(*self-play*)と呼びます。自己対戦では、エージェントは短期間で強くなりますが、**チェイスサイクル**(*chase cycle*、追跡サイクル)という問題を起こしやすいことが知られています。

例として、「グー、チョキ、パー」を考えます。エージェントは、最初に「グー」を出すことを覚えたとします。そうすると、「パー」を出すエージェントに負けるので、次第に「チョキ」を出すことを覚えます。そうすると、「グー」を出すエージェントに負けるので、次第に「パー」を出すことを覚えます。

こうして、エージェントが学習を続けても、同じことを繰り返すばかりで強くなるわけではありません。SC2には「グー、チョキ、パー」のような三すくみの関係があるので、何か一つの最強の戦略があるわけではありません。重要なのは、「多様な戦略をうまく使い分ける」ことです。

チェイスサイクルを避けるには自己対戦するのではなく、自分とは異なる「多様な相手」と戦って、その中で「より多くの相手に勝利できる戦略」を模索する必要があります。

■――マルチエージェント学習

AlphaStarでは性質の異なる多数のエージェントを作成し、架空のリーグ対戦を繰り返すことで、より強いエージェントを生み出します。複数のエージェントが関わるので、**マルチエージェント学習**(*multi-agent learning*)と呼ばれます。

Note

マルチエージェント

マルチエージェントシステムには、大きく二つの種類があります。エージェント同士で共有のゴールを目指す「協力的マルチエージェント」と、逆に自分の利益のために争う「敵対的マルチエージェント」です。AlphaStarに登場するのは、敵対的マルチエージェントのみです。

複数の対戦相手を用意することは、初代のAlphaGoでも「対戦相手プール」として実装されていました。AlphaStarのマルチエージェント学習は、それを遥かに高度化したものです 図5.13 。

図5.13 AlphaStarに登場するエージェント

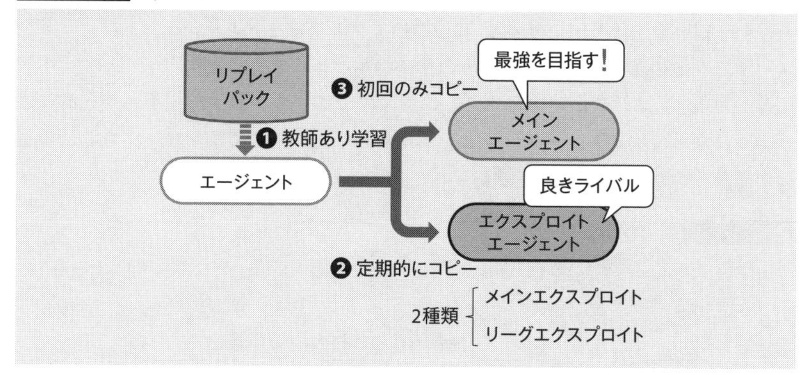

SC2の対戦リーグでは、なるべく「人と同じような相手」と戦って強くなることが重要です。AI同士の対戦ばかりだと、「AIには勝てるけど人には勝てない」ようなエージェントが作られてしまう可能性があります。

そのため、AlphaStarは、「最強に育てたいエージェント」とその「ライバルとなるエージェント」とを分けて育てます。前者を**メインエージェント**(*main agent*)、後者を**エクスプロイトエージェント**(*exploit agent*)と呼び、後者は可能な限り人と同じように行動するようにします。

Note

エクスプロイトエージェント

「exploit」は、「探索と活用のトレードオフ」(4.6節)で登場した「活用」(*exploitation*)の語源ですが、「相手の弱みにつけ込む」のような意味もあります。コンピュータセキュリティの分野では「システムの弱点を突く」といった意味で使われます。

AlphaStarに登場するエージェントの中で、最も人に近いのは「教師あり学習」を終えた直後のエージェントです **図5.13❶** 。エクスプロイトエージェントは **図5.13❶** のエージェントを出発点として、定期的にコピーを繰り返すことで初期状態へと戻り、人間らしさを取り戻します **図5.13❷** 。

一方、メインエージェントは強化学習を続けるにつれて、次第に元の姿からは離れていきます **図5.13❸** 。しかし、エクスプロイトエージェントとの対戦を続けることで、人との対戦には勝利できる性質を保ち続けることが期待できます。

■──── 対戦リーグ より強いライバルと戦うことで成長する

メインエージェントが強くなると、次第にエクスプロイトエージェントでは歯が立たなくなっていきます。弱い相手と戦い続けても強くはなれないので、より強いライバルを育てる必要があります。

エクスプロイトエージェントには、実際には二つの種類があり、それぞれが異なる役割を担います(5.6節で後述)。二種類のエクスプロイトエージェントは、メインエージェントの苦手を克服するためのライバルとして成長します。

AlphaStarでは対戦相手をランダムに選ぶのではなく、苦手な相手と優先的に戦うようになっています。各エージェントはその強さに応じてランキングされ、架空の対戦リーグが作られます 図5.14 。

図5.14　架空の対戦リーグ

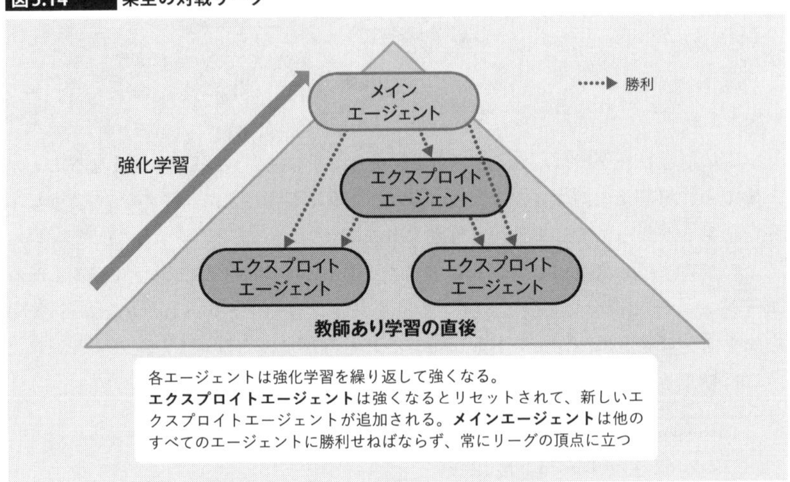

メインエージェントは、常にこのリーグの上位に立つことが求められます。勝つことのできないエージェントは停滞し、より強いエージェントが選択的に生き残ってリーグの頂点を目指します。

対人戦　リーグ上位のエージェントが使われる

こうして、リーグ対戦を繰り返したのちに、上位にいるエージェントが選ばれて人との対戦に用いられます。2018年12月のプロプレイヤーとの対戦では、上位5つの異なるエージェントが用いられたようです。エージェントによって戦い方も異なるので、対戦相手からすると一戦ごとにまったく異なる戦略を見ることになったわけです。

グランドマスターに到達したAlphaStarでは、架空の対戦リーグで44日間の学習を済ませたものが使われています。対戦リーグには多数のコンピュータが使われ、44日間でおよそ2万年分のゲーム時間を学習したことになります。

5.4 AlphaStarのアーキテクチャ

本節ではAlphaStarのアーキテクチャと、学習に用いられるいくつかのアルゴリズムについて説明します。

環境とのインタラクション

AlphaStarのアーキテクチャについて説明する前に、ゲーム環境とどのようなデータがやり取りされるかという全体的なプロセスを見ておきます。SC2はリアルタイムな対戦ゲームなので、「時間」の扱いがこれまでに登場したどのAIとも異なります。

AlphaStarは、人間のように時間を時間として捉えるわけではなく、飛び飛びの時間にデータを読み込みます。1分間の行動回数（APM）に上限があるので、それを超えない範囲で行動を起こします。1秒間に数回行動することもあれば、数秒に1回しか行動しないときもあります。

■──── モニタリング層　APMを制限する

図5.15 は、AlphaStarの時間ステップを図示したものです。図5.15❶ のモニタリング層は、APMを制限するためにエージェントに組み込まれます。AlphaStarは、5秒間で22回までしか行動できないように制限されています。

図5.15　AlphaStarの時間ステップ

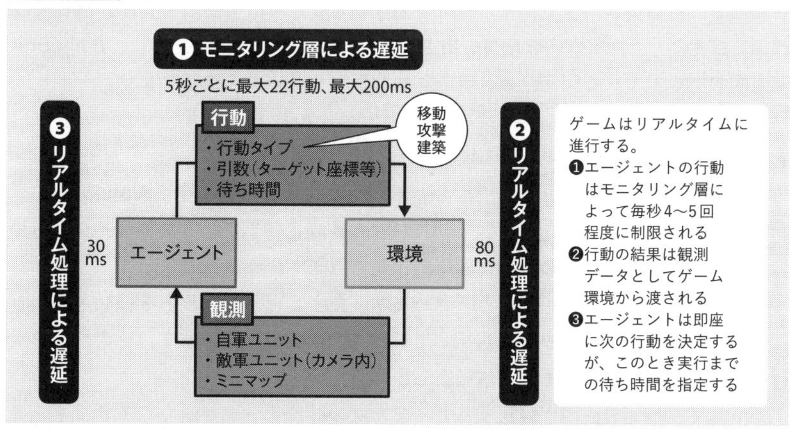

p.185のNoteの論文を参考に筆者作成。

エージェントの行動はAPI経由でゲームサーバーへと送られ、その結果を観測データとして受け取ります 図5.15❷ 。エージェントはそれを入力として、次の行動を決定します 図5.15❸ 。このとき、エージェントは行動を起こすまでの待ち時間(200ms以内)を指定します。モニタリング層は、指定した時間だけ待ってから次の行動を送信します。

■―――観測データ ミニマップとユニット情報

エージェントが受け取る観測データの中でも重要なのが、「ミニマップ」と「ユニット情報」です。AlphaStarは人と同じゲーム画面は見ておらず、観測データから独自に入力データを組み立てます。

ミニマップは128×128の大きさを持つデータですが、実際には色のついた画像ではなく、7種類の特徴量を重ね合わせた行列となっています 表5.3❶ 。人は同じ情報を画像として認識しますが、AlphaStarは生のデータをそのまま読み込みます。

表5.3 観測データに含まれる特徴量(一部)

❶ミニマップ(128×128)	❷ユニット情報(リスト)
地面の高さ	種類
その場所がカメラ内にある	状態(残りエネルギーなど)
その場所で攻撃を受けている	現在位置(座標)
その場所に建物を建築できる	実行中の命令など

ユニット情報は、自軍と敵軍のデータがそれぞれリストとして渡されます 表5.3❷ 。ユニット情報には各ユニットの現在位置が含まれており、AlphaStarはミニマップと重ね合わせることでそれらの位置を把握します。カメラを通したスクリーンの情報は使われません。

ただし、敵軍のユニット情報はカメラを移動しなければ得られません。建物を建設するときにも、カメラ内の座標を指定する必要があります。結果的に、AlphaStarは人間のプレイヤーと同様、カメラを動かしながらゲームを進行します。

■―――行動データ 行動の種類と引数

ネットワークが出力したデータから、次の行動を組み立てます。AlphaStarの行動は、一つの「行動タイプ」と複数の「引数」から構成されます。ネットワークは行動の確率分布を出力し、次の行動は確率的に選ばれます。

引数も、同様にして確率的に選択されます。たとえば、ユニットを移動するときには、移動させたいユニットを選択して移動先の座標を指定します。その行動を実行するまでの「待ち時間」も同時に指定します。

そうして、一定の時間が経過すると、また次の観測データが送られてきます。この時間ステップを延々と繰り返すことで、ゲームが進行します。

アーキテクチャ 多数のネットワークの集合体

AlphaStarのネットワークは、**図5.16** のようになります。多数のネットワークをつなぎ合わせることで複雑性が増しているので、役割ごとに分解しましょう。以下では、「入力層」「短期記憶」「方策」、そして「状態価値」の4つに分けて、それぞれの特徴を見ていきます。

図5.16 AlphaStarのアーキテクチャ

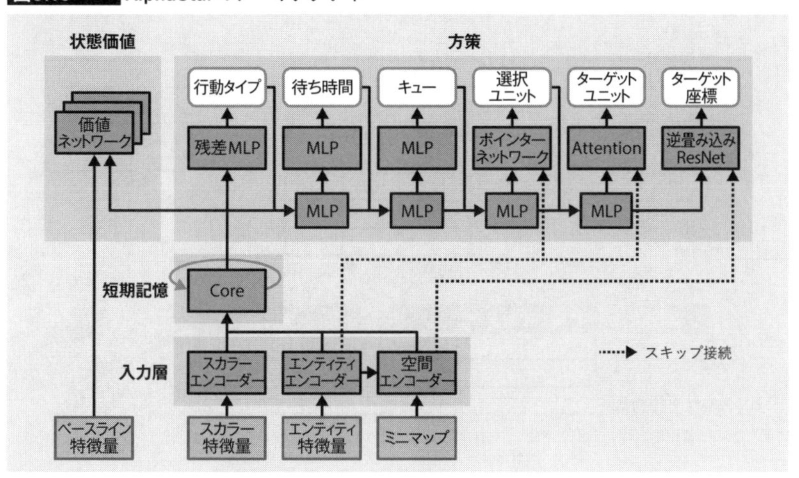

p.185のNoteの論文を参考に筆者作成。MLPについては後述。

入力層 Transformer、ResNet

入力層は生の観測データを加工して、より抽象度の高い情報へとエンコードします。入力層の役割は、データの意味を失わないように情報量を保ちつつも、なるべく機械学習で扱いやすいデータ形式へと変換することです。そうして変換されたデータのことを、**埋め込み表現**(*embedded representation*)と呼びます。

AlphaStarの入力層は、**エンコーダー**(*encoder*)とも呼ばれます。エンコーダーは、データの種類に応じて「スカラーエンコーダー」「エンティティエンコーダー」「空間エンコーダー」の3つに分けられます。

①スカラーエンコーダー 特徴量エンジニアリング

スカラーエンコーダー(*scalar encoder*)はゲームに関する雑多な情報(「スカラー特徴量」と呼ぶ)を埋め込み表現へとエンコードします。これは機械学習では一般的な**特徴量エンジニアリング**(*feature engineering*)と呼ばれるプロセスです。

スカラー特徴量にはさまざまな種類があるので、それぞれのデータ形式に合わせてエンコーダーが用意されます 図5.17 。たとえば、SC2のプレイヤーは最初に三つの種族(Protoss、Terrans、Zerg)から一つを選択します。この場合、入力データはまず「One-Hot表現」と呼ばれる0と1から成るベクトルへと置き換えられ、さらに全結合の中間層を経て長さ32の埋め込み表現へと変換されます。

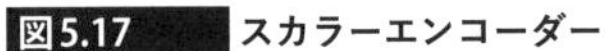
図5.17 スカラーエンコーダー

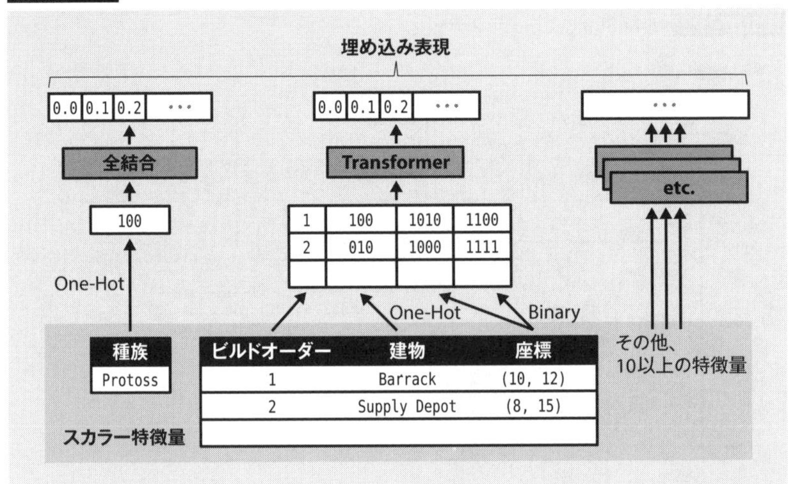

Note

One-Hot表現

「1」のある場所で値を区別します。たとえば、「曜日」をOne-Hot表現にすると「月曜日」は「0100000」、「火曜日」は「0010000」となります。

スカラーエンコーダーでは、単純なものから複雑なものまで、全部で10以上の特徴量をエンコードし、それらは最終的に結合されて一つの大きなベクトルデータが出力されます。

■―――ビルドオーダーのエンコード

複雑なデータの例として、統計量zに含まれる「ビルドオーダー」があります。SC2ではビルドオーダーによって戦い方が変わるので、今回の対戦で用いるビルドオーダーがスカラー特徴量として与えられます。

4.6節の「NGU」では、達成したいゴールgに合わせて行動を変える「UVFA」の概念を説明しました。SC2では、ビルドオーダーを実現することがゴールです。スカラーエンコーダーを通してビルドオーダーを埋め込み、それを達成するための行動を学習します。

ビルドオーダーは長さ20のデータ構造なので、「Transformer」(2章)が使われます。Transformerはおもに自然言語処理で使われるネットワークですが、任意の長さのデータの並びをエンコードするのに適しています。

②エンティティエンコーダー　ユニット情報

エンティティエンコーダー(*entity encoder*)は、自軍や敵軍のユニット情報(「エンティティ」と呼ぶ)をエンコードします。SC2には多数のユニットが登場するので、ここでもTransformerが使われます 図5.18 。

図5.18　エンティティエンコーダー

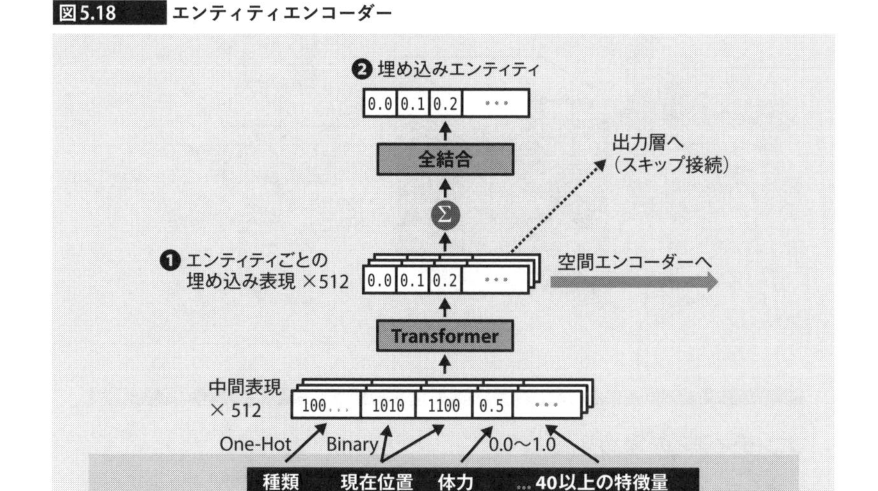

エンティティエンコーダーは、最大で512のユニットをエンコードします。変換は二段階で行われます。最初に、エンティティごとに長さ256の埋め込み表現を作ります 図5.18❶ 。この埋め込み表現は、各ユニットを識別する固有IDのような役割を持ちます。

次に、生成した埋め込み表現を組み合わせて全結合ネットワークへと入力し、最終的に得られた出力を「埋め込みエンティティ」(*embedded entity*)と呼びます 図5.18❷ 。これは、ゲーム内に現存する全ユニットの集合を一つの値として表現したものとなります。

③空間エンコーダー　ミニマップ

空間エンコーダー(*spatial encoder*)は、空間的な情報をエンコードします。ここでは、観測データのうちミニマップに関する特徴量レイヤー(地面の高さなど)を読み込みます。

空間エンコーダーへの入力は、ミニマップ以外にも「現在のカメラの領域」や「エンティティの現在位置」を表した層が積み重ねられます 図5.19 。このうち後者については、「散布接続」という手法が用いられています(p.200のコラムを参照)。

図5.19 空間エンコーダー

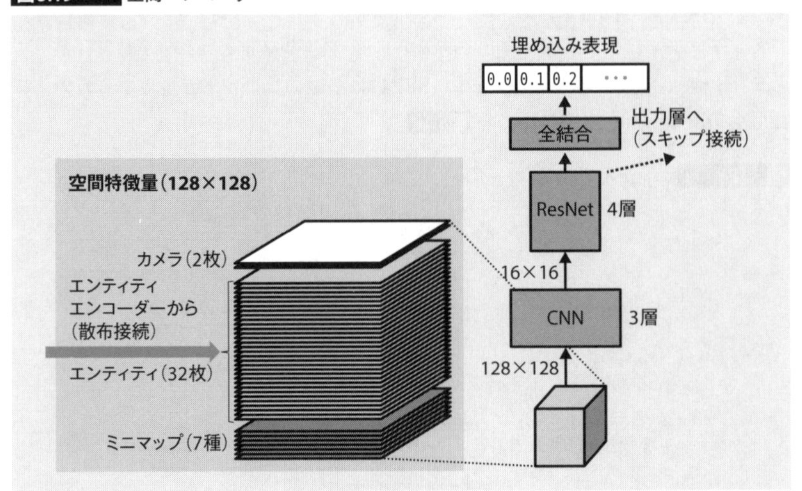

Column

エンティティの埋め込み表現

エンティティの埋め込み表現を作るのに、なぜTransformerが使われるのでしょうか。これは論文には書かれていないため、以下は、筆者の推測です。

前出の 図5.18 を見るとわかるとおり、一つの「エンティティ」には多数の特徴量が含まれます。次に実行すべき行動は、その特徴量に応じて決まります。たとえば、「体力」が減っているから退却しよう、などといった意思決定を人間はしているはずです。

意思決定に必要な観測データは、「エンティティの数×特徴量の数」の大きさとなり、それを行動へと結びつけるモデルを作成しなければなりません。しかし、その組み合わせは膨大なので、単純なモデルではうまく行動と結びつかないかもしれません。

エンティティをベクトル化した「中間表現」をある種の「単語」であると考えると、その単語の並びは一種の「文章」です。Transformerには、「文章」の意味を捉えてエンコードする能力があります。そうして、「エンティティの集合が持つ意味」を使ってモデルを作れば、個々の特徴量から直接モデルを学習するよりもうまく行動と結びつくかもしれません。

これも、一種の「汎化」の能力であるといえます。画像をCNNで汎化できるのと同じように、任意の「ベクトルの集合」をTransformerで汎化することにより、現在のエンティティが持つ「戦略的な意味」を学習したものが「エンティティの埋め込み表現」なのではないでしょうか。

これらの入力データは、まず3層のCNNを通して16 × 16のサイズに縮小された後、4層のResNetを通して出力されます。これは、AlphaZeroがボードゲームの盤面をResNetでエンコードしていたのとよく似ています。

ResNetの出力は、二つに分岐します。一つはスキップ接続を通して出力層に送られ、ターゲット座標を出力するのに用いられます。そして、もう一つは全結合ネットワークを通して長さ256の埋め込み表現として出力されます。

短期記憶　Deep LSTM

以上で、入力データは一とおり揃いました。3つのエンコーダー、つまり「スカラーエンコーダー」「エンティティエンコーダー」「空間エンコーダー」によって出力された埋め込み表現は、結合されて「Coreネットワーク」へと読み込まれます 図5.20 。

図5.20　Coreネットワーク

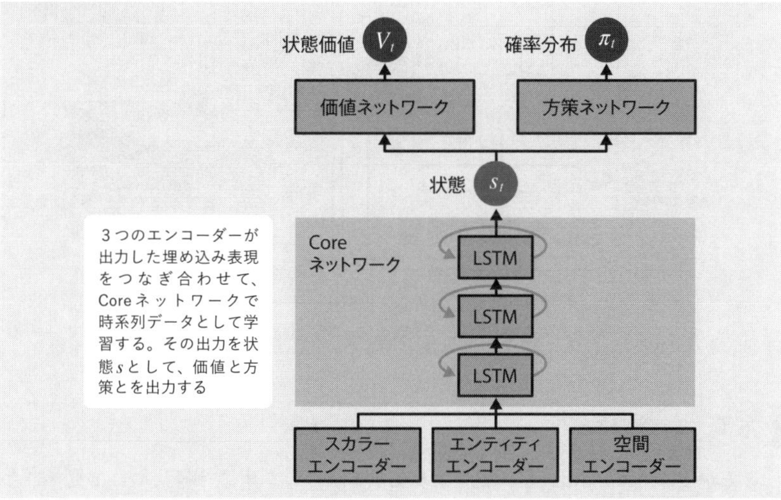

Coreネットワークの実体は、3層の「Deep LSTM」(2章)、つまり多層化されたLSTMです。Coreネットワークは、ゲームが開始してからのすべての入力データを時系列データとして学習します。これがAlphaStarの短期記憶となります。

Coreネットワークの出力は、「ゲームの開始以降のすべての観測データ」を単一の埋め込み表現へとエンコードしたものであると解釈できます。これが、ゲームの今の「状態s_t」を表します。

状態s_tは「価値ネットワーク」(*Critic*)と「方策ネットワーク」(*Actor*)へと送られて、それぞれ「状態価値V_t」と「行動の確率分布π_t」とを出力します。

Column

散布接続

「エンティティの現在位置」を埋め込むために使われている**散布接続**(*scatter connection*)については詳しい記述が見当たらず、以下の説明は筆者の予測を含みます。

空間エンコーダーの入力データにはミニマップと同じサイズ(128 × 128)の32枚の画像があり、ここにカメラの範囲内にいるエンティティを埋め込みます。

前述した「エンティティエンコーダー」では、各エンティティに固有の埋め込み表現を長さ256のベクトルとして生成していました。これを「1D CNN」(ベクトルデータの畳み込み)で、長さ32に圧縮します 図C5.B 。そうして得られた32個の数値をばらして、32枚の画像の「エンティティの現在位置」に順次入れていきます。

同じことを、カメラ内にいるすべてのエンティティに対して繰り返します。そうすると、あたかも「散布図」(*scatter plot*)のように、ユニットのいる場所にだけ数値が埋め込まれた32枚の画像が完成します。

図C5.B 散布接続

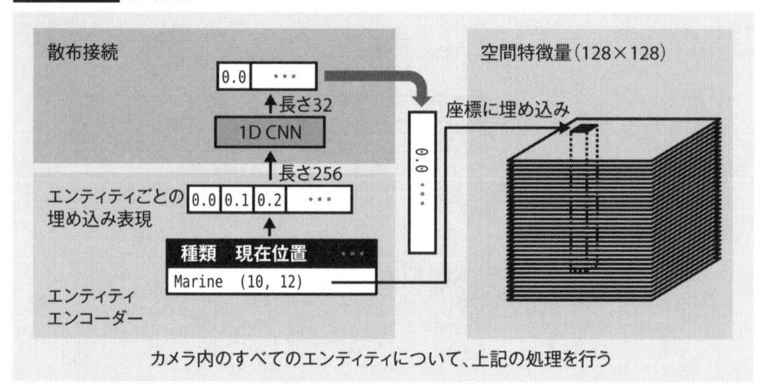

方策 自己回帰モデル

ここからは、AlphaStarが行動を生み出す手順、つまり「方策」について見ていきます。AlphaStarでは、エージェントの行動を作り出すために「自己回帰モデル」の考え方を取り入れています 図5.21 。

自己回帰モデル(*autoregressive model*)とは、RNNのような回帰型接続(時間に沿った横方向の矢印)を持つモデルを意味する一般的な用語です。RNNも自己回帰モデルの一種であり、図5.21 は一見するとRNNを展開した図のように見えますが、AlphaStarではこれを物理的に接続された大きなネットワークとして作成します。

一つめのモデルに入力x_1を渡すと、y_1が出力されます。次のモデルには、y_1と隠れ状態が読み込まれます。そうして、次々と計算を繰り返すことで連続する出力が得られます。

図5.21 自己回帰モデル

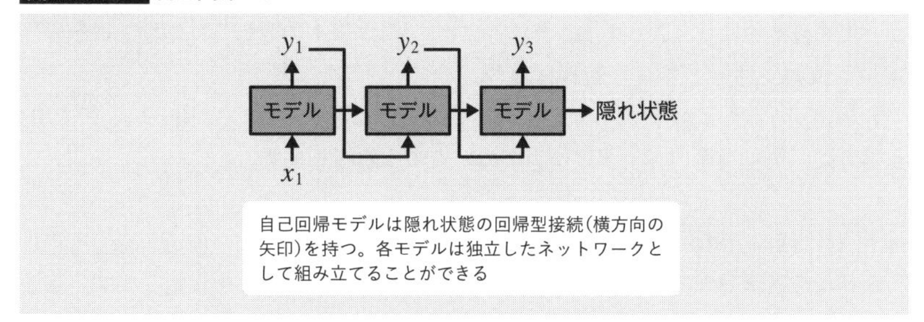

AlphaStarでは、APIの定義に従って正確に引数を生成しなければなりません。引数の意味は行動によっても異なるので、「行動が決まらなければ引数も決まらない」という依存関係があります。そこで、AlphaStarでは最初に行動タイプを決めてから、残りの引数を順番に決めていきます。これは、RNNで見たような時系列データの生成過程と酷似しています。

ただし、APIに与える引数は、一つ一つがまったく異なる意味を持ちます。ある引数は命令を実行するユニットを指し、別の引数は地図上の位置を示します。そのような引数を一つのネットワークで作るのは難しいので、AlphaStarは引数ごとに異なるモデルを用意します。

■ 方策ネットワーク

AlphaStarの実際の方策ネットワークは、図5.22のようになります。複雑そうに見えますが、自己回帰モデルを展開した形であると考えれば理解しやすいでしょう。

図5.22 方策ネットワーク

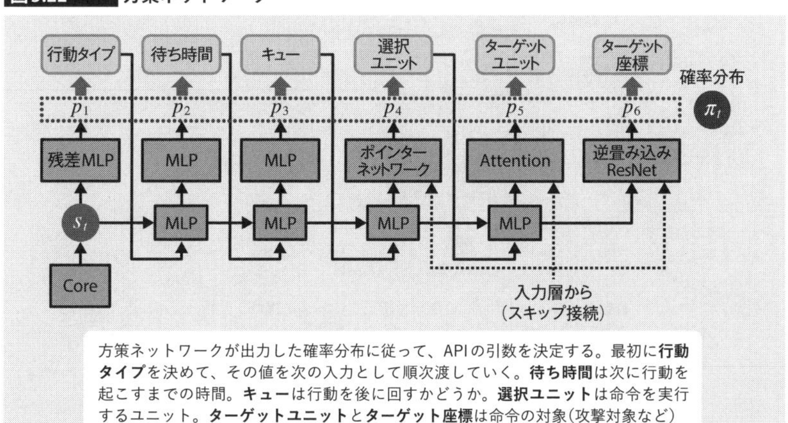

AlphaStarに特徴的な点として「スキップ接続」があり、入力層で生成された情報の一部を直接的に受け取ります。具体的には、「ユニットの選択」や「地図上の座標指定」のためにスキップ接続が使われます。

方策ネットワークは複数の値を出力するので、これも一種のマルチヘッドです。以下では、いくつかのヘッドについての要点のみ説明します。

■—— 行動タイプ　確率分布に従って行動を決める

最初に数百種類ある「行動タイプ」のうち、どれを実行するかを決定します。ここでは「残差MLP」(*residual multilayer perceptron*)が使われます。残差MLPは、ResNetと同じように、スキップ接続が取り入れられた多層の全結合ネットワークです。

> Note
>
> **MLP**
>
> **MLP**は、「多層パーセプトロン」(*multilayer perceptron*)の略称で、全結合ネットワークを複数重ね合わせた古典的なニューラルネットワークです。

ネットワークの出力は確率分布の形となっており、その確率に従って行動タイプを一つ選択します **図5.23** 。実際には、実行できない行動が選ばれることのないように、PySC2ライブラリから受け取った「実行可能な行動のリスト」を用いて行動が絞り込まれます。

図5.23 行動タイプの決定

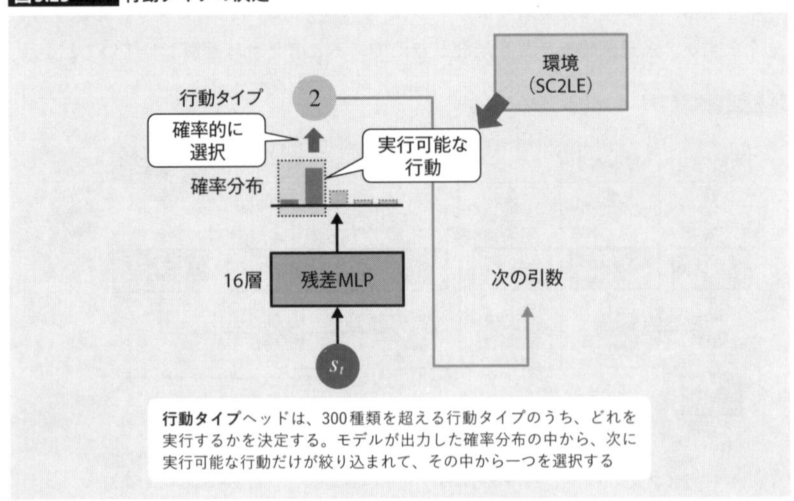

行動タイプヘッドは、300種類を超える行動タイプのうち、どれを実行するかを決定する。モデルが出力した確率分布の中から、次に実行可能な行動だけが絞り込まれて、その中から一つを選択する

■——— **選択ユニット** ポインターネットワーク

ユニットを指定するタイプの行動には、**選択ユニット**ヘッドの出力が用いられます 図5.24❶ 。ここでは「ポインターネットワーク」(2.3節)の考え方を取り入れて、「エンティティごとの埋め込み表現」に対するポインターが出力されます。

図5.24 引数の決定

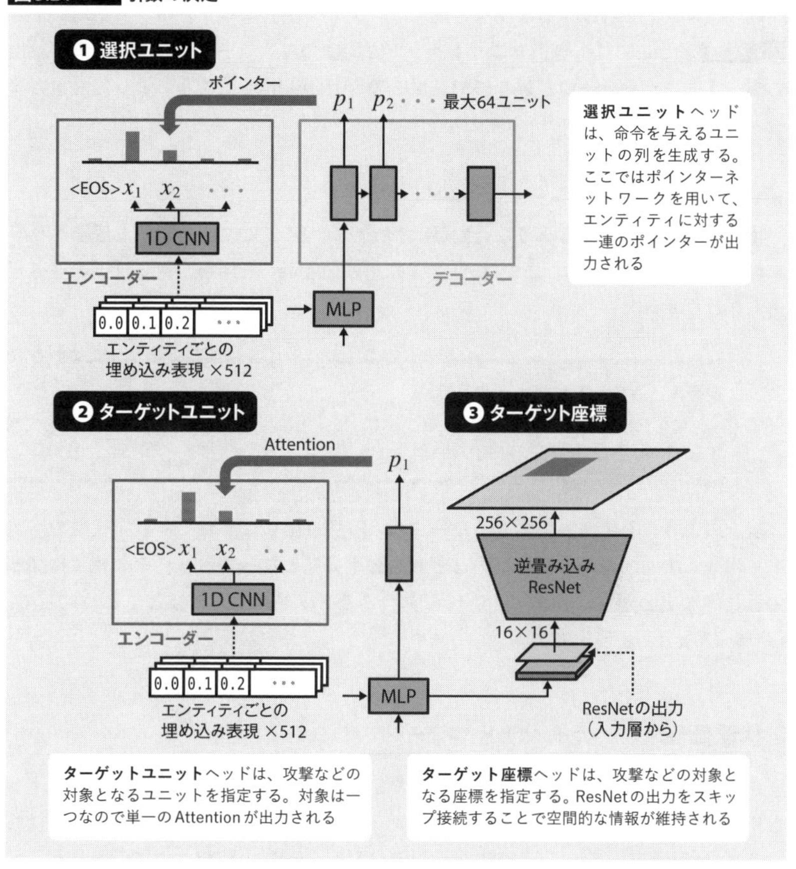

ポインターネットワークは、「エンコーダー」と「デコーダー」とに分けられます。このうち、エンコーダー部分では「1D CNN」を用いて「エンティティごとの埋め込み表現」を長さ128から32へと圧縮します。

一方、デコーダー部分では、「LSTM」を用いて選択すべきユニットの列を生成します。LSTMへの最初の入力として、自己回帰モデルの状態が読み込まれます。

ポインターネットワークは、自然言語処理などで使われる技術です。「エンティティごとの埋め込み表現」を一種の「単語」であると考えると、デコーダーはその単語を並べ替えて「文章」を組み立てる存在です。どのような「文章」を作るべきかは今のゲームの状態によって決まるので、それを経験から学習するのが**選択ユニット**ヘッドの役割です。

■———ターゲットユニット　Attention

敵のユニットを攻撃するような行動では、**ターゲットユニット**ヘッドを用います 図5.24❷ 。ここでは、**選択ユニット**ヘッドと同様のエンコーダーを用意します。出力すべきユニットは一つだけなので、単一の「Attention」(2.3節)によって対象とするユニットを決定します。

■———ターゲット座標　逆畳み込みResNet

特定の座標を指定するような行動(建物を作るなど)では、**ターゲット座標**ヘッドを用います 図5.24❸ 。ここでは、「逆畳み込みResNet」を用いてマップ上の座標が出力されます。

Note

逆畳み込みResNet

通常のResNetとは逆の処理をすることで、抽象化されたデータから詳細な画像を生成するときなどに使われるネットワーク。

以上のようにして、方策ネットワークはAPI呼び出しに必要な引数を複数のヘッドで生成します。各ヘッドの出力はどれも確率分布となっており、その確率に従って最終的な出力が選ばれます。これらすべてのヘッドの出力をひとまとめにして、「確率分布π_t」と表現します。

状態価値　ベースラインとアドバンテージ

さて、いよいよ最後の構成要素である「価値ネットワーク」の登場です。価値ネットワークはCoreから「状態s_t」を受け取り、その「価値V_t」を予測します。これはちょうど、「AlphaGo Zero」(3.3節)における「価値ヘッド」の役割と似ていますが、もう少し複雑です。

ここで改めて、状態の「価値」とは何かを考えます。AlphaGoでは「価値」とは「勝率」であり、単純に勝ちやすい方向に学習を進めました。一方、AlphaStarでは勝つこと以外にも報酬があるので、勝率だけでは測れません。

これまで価値ベースの強化学習では、「Q値」を用いてネットワークを更新してきました。

$$\underbrace{Q(s_t, a_t)}_{\text{Q値}} = \underbrace{r_t}_{\text{報酬}} + \gamma \underbrace{Q(s_{t+1}, a_{t+1})}_{\text{将来の行動から得られるQ値}}$$

しかしながら、方策ベースの強化学習では、Q値を用いると報酬のばらつきが大きすぎて学習が安定しないことが知られています。そのため、**ベースライン**(*baseline*)と呼ばれる値を導入して、それを報酬から差し引くことを考えます **図5.25** 。

報酬をR_t、ベースラインをb_tで表すならば、「$R_t - b_t$」を計算します。この値を、**アドバンテージ**(*advantage*)と呼びます。ベースラインとして移動平均をイメージすると、わかりやすいでしょう。アドバンテージは、報酬そのものよりもばらつきが小さくなります。

図5.25 価値ネットワークはベースラインを予測する

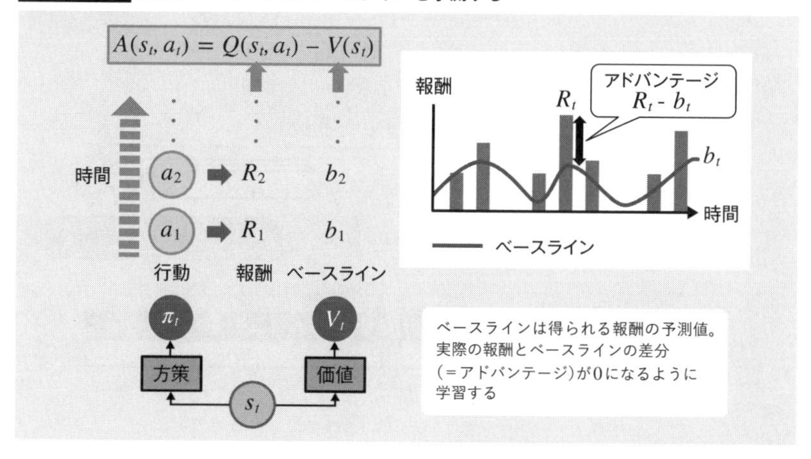

■——— ベースラインを学習する

ベースラインが正確になればなるほど、アドバンテージは小さくなり、学習の効率が上がります。そこで、ベースラインそのものをニューラルネットワークで学習しようとしたものが、5.2節で取り上げた「A3C」です。

将来的に得られる「報酬R_t」を予測するものが$Q(s_t, a_t)$であるとするなら、そこから差し引くべき「ベースラインb_t」を予測するものが価値ネットワーク$V(s_t)$であると定義します。そうすると、アドバンテージとは「予測の誤差」であり、それを小さくする方向に学習すれば良いことになります。

■——— 対戦相手の観測データで予測の精度を高める

AlphaStarは対戦が終わった後、自分だけではなく、対戦相手の観測データも使って価値ネットワークの精度を高めます。相手のデータは対戦中に見ることはできませんが、後からリプレイを見返すことはできます。これはちょうど人がリプレイを見て、対戦結果を振り返るのと似ています。

上級者はよく対戦後にゲームを振り返って、何が良かったのか、あるいは悪かったのかを反省します。このとき、対戦相手の動きも見て、自分の判断の良し悪しを確認します。AlphaStarは、それと同じことをして価値ネットワークに記憶します。

価値ネットワークの構造は、図5.26 のようになります。価値ネットワークには自軍の観測データo_tに加えて、対戦相手の観測データo'_tが渡されます。これらを合わせて、**ベースライン特徴量**(*baseline features*)と呼びます。

図5.26 価値ネットワーク

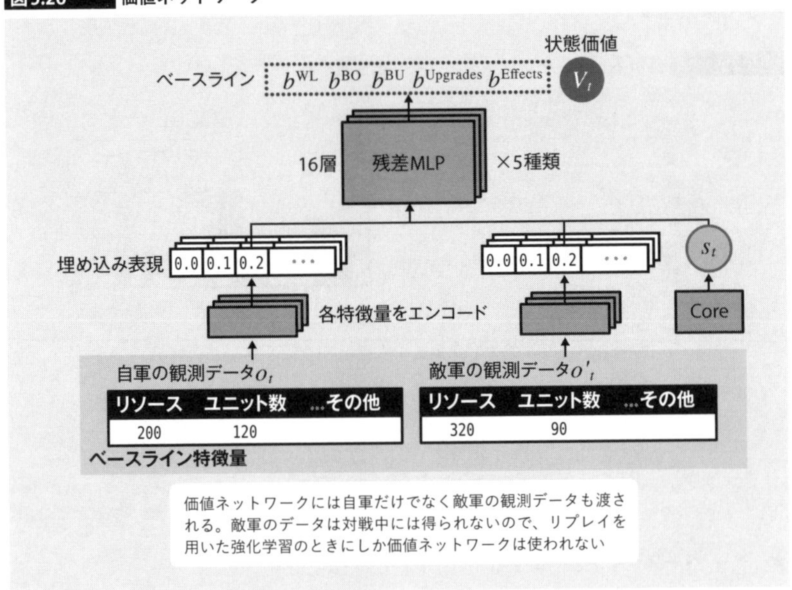

ベースライン特徴量には保有するリソースの量やユニット数などが含まれており、これらの追加情報を用いることで、高い精度でベースラインを予測できるようにします。

■——5つのベースライン

価値ネットワークは複数のネットワークの集合体であり、AlphaStarは実際には5つのベースラインを予測します 表5.4 。「勝率」(*Win-Loss rate*)はそのうちの一つであり、その他にも「ビルドオーダーの類似性」などの4つの指標が用いられます。

表5.4 AlphaStarのベースライン

ベースライン	説明
勝率	勝ち＝1 負け＝－1 引き分け＝0
ビルドオーダー	最初に建設した20の建物の統計量zとの類似性
ビルドユニット	最初に作成した20のユニットの統計量zとの類似性
アップグレード	アップグレードした建物の統計量zとの類似性
エフェクト	実行したエフェクトの統計量zとの類似性

ベースライン特徴量は、最初にスカラーエンコーダーと同じ方法で埋め込み表現へと変換されます。そして、Coreの出力である状態s_tと結合され、16層の残差MLPへと送られます。

残差MLPは5つのベースラインのそれぞれについて用意され、各々が単一の値を出力します。これらすべてのベースラインをひとまとめにして、「状態価値V_t」と表現します。

TIP

AlphaStarの半分以上は価値ネットワークでできている

AlphaStarのニューラルネットワークは、全部で1.39億個のパラメータから構成されますが、そのうち60%は価値ネットワークのために使われています。強くなるには、価値ネットワークの精度を上げることが重要であることがうかがえます。

以上で、すべてのネットワークが用意できました。しかし、当然ながら、ネットワークを用意しただけでは動くようにはなりません。次は、ネットワークを学習することで、望ましい行動が出力されるようにしていきます。

Column

汎用AIと脳はどこまで似ている?

AlphaStarのアーキテクチャは、前章までに見たAIと比べると格段に複雑化しています。一見すると非常に入り組んだ構造のように見えますが、行動を決定するための方策ネットワーク(*Actor*)と、ベースラインを予測するための価値ネットワーク(*Critic*)とに分けて整理していくと、実に整然とした構造であることに気づきます。筆者は、これが汎用AIの一つの基本形なのではないかと感じました。

AlphaStarと脳における情報の流れを単純化し、無理矢理に比較すると **図C5.C** のようになります。どちらも観測から行動へと至る情報の流れがあり、その過程で強化学習をしているという点でよく似ています。

AlphaStarの情報処理

AlphaStarでは、情報は「入力層➡Core➡方策」と基本的に一方向に流れます 図C5.C❶ 。そして、その結果を「状態価値」として評価するしくみがあり、誤差逆伝播法によってネットワーク全体を更新します。

入力層や方策ネットワークは、SC2というゲームに完全に特化しており、汎用性はありません。しかし、そのネットワークを置き換えれば他のゲームにも対応できるので、アーキテクチャそのものには汎用性があります。

脳の情報処理

一方、脳では、情報は「大脳」や「視床」などの器官を複雑に経由して流れます 図C5.C❷ 。**視床**(*thalamus*)は大脳へと至る情報の通り道で、大脳と視床との組み合わせにより「意識」が生まれると考えられています*a。

脳の汎用性は非常に高く、視覚からの入力によって現状を認識し、筋肉を動かすことでゲームをプレイします。しかし、その過程では意識の介在があるので、その情報処理は遅くて不正確なものになりがちです。

図C5.C 観測から行動までの流れ

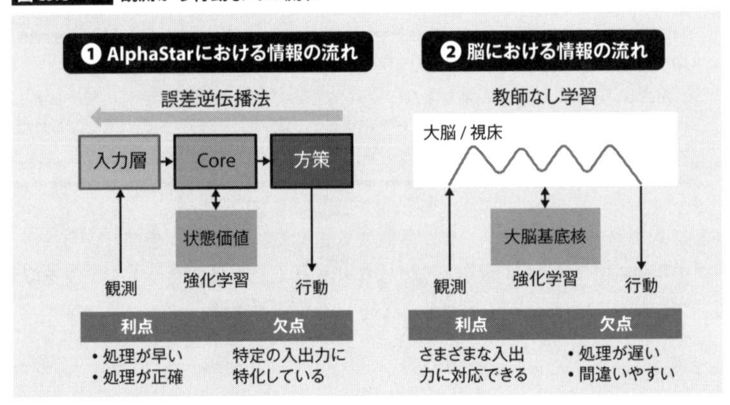

汎用AIと特化AI

「汎用性の高すぎる脳の機能」を削ぎ落として、「ゲームをプレイすることに特化したモジュール」で置き換えたものがAlphaStarの設計であると考えると、そのアーキテクチャはむしろシンプルすぎるくらいに思えてきます。

汎用性を取り除いて、特定のタスクに最適化したものが「特化AI」であるならば、それとは逆に、個々のモジュールを汎用化することで多様な問題に対処していく試みが「汎用AI」の研究であるといえるかもしれません。

*a 『意識はいつ生まれるのか ——脳の謎に挑む統合情報理論』(Giulio Tononi、Marcello Massimini著、花本 知子訳、亜紀書房、2015)

5.5 AlphaStarの模倣学習

本節ではゲームのリプレイを見てそれを真似る、いわゆる「模倣学習」と呼ばれる学習の手順について説明します。

教師あり学習 統計的に人を真似る

AlphaStarの模倣学習は、二段階のステップで進みます。最初のステップでは、人間同士の対戦データを用いた「教師あり学習」により、ネットワークを初期化します。そして、次のステップとしてリーグ対戦による「強化学習」で改善します。この両方のステップを通して、行動が模倣されます。

AlphaStarは、リプレイパックの中から上位22%、数にして約97万個のリプレイを教師データとして使います。リプレイを読み込むたびに、統計量zを計算します。

■―― 統計的に人と同じような行動を選ぶ

AlphaStarの教師あり学習では、一つ一つの行動を順に学ぶのではなく、「統計的に人と同じ頻度」で行動が選ばれるようにします。たとえば、いつどれくらいのユニットを作るのか、あるいはカメラをどのくらい動かすのか、などといったプレイスタイルは、人であれば感覚的に妥当な範囲に収まっているはずです。

AIがまだ何も学習していないときには、ネットワークの出力は人の行動とはかけ離れたランダムに近いものになっています。まずは、それを少しでも人の行動範囲に近づけることを考えます。

■―― 最尤推定 統計的な誤差を最小化する

AlphaStarは、統計学の**最尤推定**(さいゆう)(*maximum likelihood estimation*、MLE)を応用し、ネットワークの出力を統計的に人に近づけます。具体的な手順は、次のようになります。

リプレイに含まれる観測データo_tと統計量zとをネットワークに入力すると、出力として行動の確率分布π_tが得られます **図5.27** 。ネットワークにはLSTMが含まれるので、隠れ状態を渡しながらリプレイの終了まで時間に沿って展開します。

図5.27 リプレイを展開して確率分布を計算する

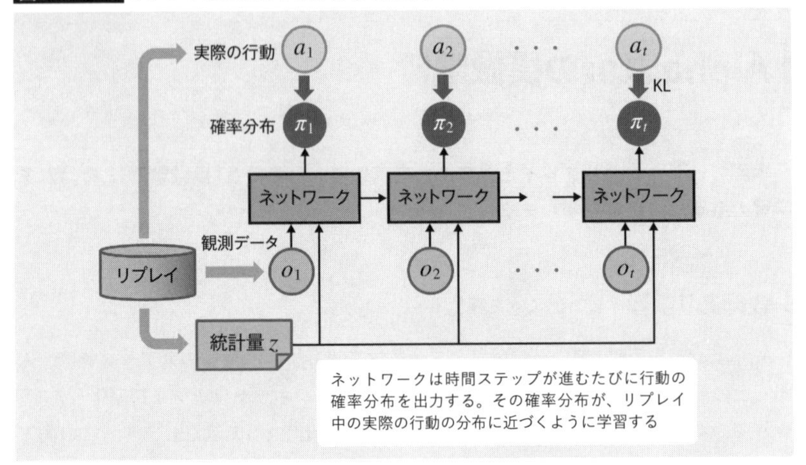

一方、リプレイの中には、実際の行動a_tも記録されています。もしネットワークが正しく行動を予測できていれば、行動a_tは「確率分布π_tに従っている」はずです。

予測された確率分布π_tがどのくらい妥当なのかを知るために、「KLダンバージェンス」(図中のKL、コラムを参照)を計算します。これは大まかにいって、「二つの確率分布がどのくらい似ているか」を数値化したものです。

もしπ_tがa_tを正しく予測できていれば、KLの値は0に近づきます。そこで、KLを「モデルのロス」であると考えて教師あり学習すると、ネットワークは次第に正しい確率分布を予測できるようになります。結果として、ネットワークにより生成される行動は人に近づきます。

TIP

行動タイプと引数を分けて学習する

前節で示したとおり、方策ネットワークの出力には「行動タイプ」に加えて、複数の「引数」があります。教師あり学習では、それらの引数についてもすべて同様のロスを計算して学習します。

■ ファインチューニング

論文では一とおりのデータを教師あり学習した後、さらにリプレイパックからトップクラスの16,000ゲーム(勝利したプレイヤーのみ)を追加で学習することで「ファインチューニング」(*fine-tuning*) *1 しています。この段階で、AlphaStarの強さはすでに上級者レベル(インターネットで上位16%)に達したようです。

*1 既存のモデルを微調整して性能を高めること。

■——— **結果** エリートボットに96%の確率で勝利

AIの強さを測る指標として、論文ではSC2に組み込みの「エリートボット」(*elite bot*)と呼ばれるスクリプトAIと対戦しています。エリートボットは初心者では太刀打ちできないゲーム内で最強のAIですが、ファインチューニングされたAlphaStarは、それに96%の確率で勝利できるところまで強くなりました。

教師あり学習を終えたAlphaStarは、多数のリプレイを学習したことにより多彩な戦略を身につけることに成功し、SC2に登場するすべてのユニットを作成する手順を学習しました。

TIP

価値ネットワークは教師あり学習しない

ここまでの教師あり学習には、状態価値が登場しません。状態価値を学習するのは強化学習が始まってからです。

Column

KLダンバージェンス

情報理論では「ある事象xが確率$P(x)$で発生する」とき、次の計算式で表される値のことを**情報量**(entropy、**エントロピー**)と呼びます。

$$-\log P(x)$$

発生する確率が低いほど、情報量は高まります。たとえば、100%起こる事象の情報量は「$-\log 1.0 = 0$」ですが、25%の確率なら「$-\log 0.25 = 0.602$」、5%なら「$-\log 0.05 = 1.301$」と増えていきます。

いま、ある事象xが確率$Q(x) = 0.05$で起きるとします。このとき、何か「新しい情報」を知ったことで、xが起きるという確信が$P(x) = 0.25$にまで高まったとします。この「新しい情報」が持つ情報量は、「二つの情報量の差」として計算できます。

$$\underbrace{(-\log Q(x)) - (-\log P(x))}_{\text{二つの情報量の差}} = \log \frac{P(x)}{Q(x)} = \log \frac{0.25}{0.05} = 0.699$$

同じようにして、さまざまな事象xについての「平均的な情報量の差」を次のようにして求めます。この値を、**KLダンバージェンス**(*Kullback–Leibler divergence*、カルバックライブラー情報量)と呼びます。

$$\underbrace{\sum_x P(x)}_{\text{平均的な}} \underbrace{\log \frac{P(x)}{Q(x)}}_{\text{情報量の差}}$$

強化学習 Actor-Critic

リーグ対戦の段階に入ると、AlphaStarはActor-Critic型の強化学習を開始します。ここからの目的は「Critic」、すなわち価値ネットワークが正しい状態価値を予測できるようにすることです。そして、その予測値を用いて「Actor」、すなわち方策ネットワークを更新します。

AlphaStarのエージェントは、ゲームを開始する前に「教師」となるエージェントを一つ選んで、その統計量zを取り出します。教師は、前述した「教師あり学習」を終えたエージェントの中から選択します。zにはビルドオーダーなどの戦略が含まれるので、エージェントはその戦略に従ってゲームをプレイします。

TIP

価値ネットワークは対戦中には使われない

価値ネットワークは、ゲームをプレイする間には使われません。リプレイを参照して強化学習する間にだけ、用いられます。

■── ゲームが終わってから強化学習する

そうして、ゲームが終わると新しいリプレイが作成されます。エージェントはゲームのプレイ中には何も学習せず、ゲームが終わった後でリプレイを振り返ることで改善すべき点を見つけます。

対戦リーグでは二つのエージェントが争いますが、リプレイには自軍の観測データo_tと敵軍の観測データo'_tの両方が保存されます。AlphaStarはこれら二つの観測データと、対戦で用いた統計量zとを使って、強化学習を実行します **図5.28** 。

図5.28 AlphaStarの強化学習

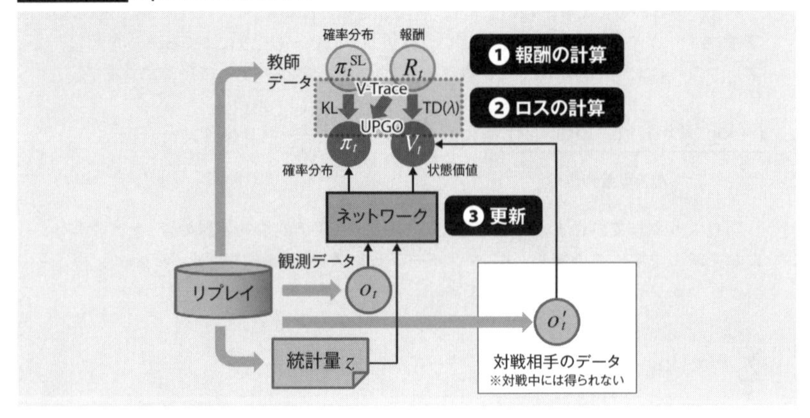

p.185のNoteの論文を参考に筆者作成。

以下では、強化学習を次の三つの手順に分けて説明します。まず、強化学習には欠かせない「報酬」の計算です 図5.28❶。次に、ネットワークの更新に使われる「ロス」の計算です 図5.28❷。そして、最後にネットワークを「更新」します 図5.28❸。

うまく模倣するほど高い報酬を与える

強化学習では、「報酬」を用いてネットワークを更新します。SC2における唯一の報酬は、ゲームの勝敗（勝ち＝1、負け＝−1、引き分け＝0）ですが、それだけではどの行動を強化して良いのかわからないので、統計量zをうまく模倣できたときに高い報酬を与えます。

エージェントは、対戦を始める前に教師を選んで、その統計量zを入手しています。そして、対戦時の実際の行動からも統計量を求めて、zと比較します 図5.29。

図5.29 報酬の計算

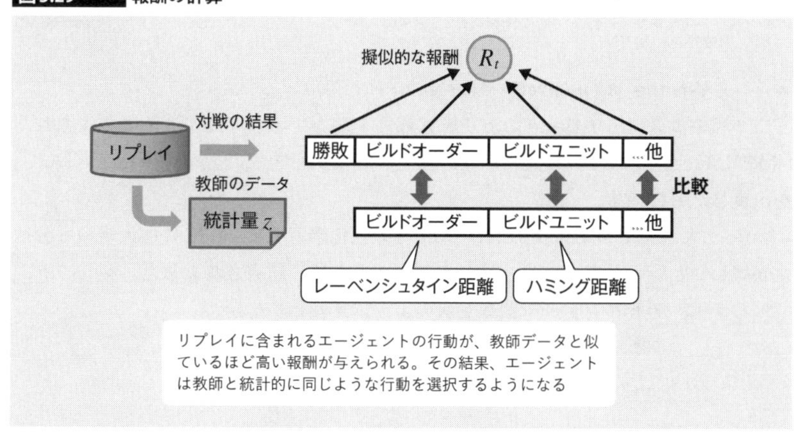

具体的な比較の方法は、項目によって異なります。たとえば、ビルドオーダーの比較には「レーベンシュタイン距離」、ユニットの比較には「ハミング距離」が計算されます。これらの距離が短いほど、報酬は大きくなります。

Note

レーベンシュタイン距離とハミング距離

どちらも「二つの文字列がどの程度異なっているか」を示す距離の一種。「ハミング距離」（*Hamming distance*）は単純に異なる文字の個数を数えるのに対して、「レーベンシュタイン距離」（*Levenshtein distance*）は文字の挿入や削除まで考慮します。

前節で取り上げた「5つのベースライン」と同様に、全部で「5つの報酬」が計算されます。これらをひとまとめにして**疑似的な報酬**（*pseudo-reward*）と呼び、R_tで表します。

■——— 方策ネットワークのロス　三つのロス

疑似的な報酬が決まれば、それを用いてネットワークの「ロス」を計算します。AlphaStarでは、「Actor」(=方策π_t)と「Critic」(=状態価値V_t)とで、ロスの計算方法が異なります。

まずはActor、すなわち方策ネットワークの方から見ていきます。方策のロスには、「KL」「V-trace」「UPGO」の三つの種類があります。

■——— KL　人の行動を模倣する

一つめは、**KLダンバージェンス**を用いる方法です。これは、本節のはじめに「教師あり学習」で計算したのと同じものです。

エージェントは教師を真似て行動することが期待されるので、リプレイの行動が教師の確率分布に従っていることを確認します。この結果、方策ネットワークには、常に人の行動を模倣するような圧力が働きます。

■——— V-trace　Actor-Critic型の強化学習

二つめのロスは、**V-trace**により計算します。「V-trace」は2018年に発表された「IMPALA」というAIで取り入れられた強化学習の手法で、5.2節で取り上げた「A3C」を改良したものです。

V-traceもA3Cと同じく、Actor-Critic型の強化学習です。A3Cには大規模な分散化が難しいという弱点があり、それを克服するために開発されました。

A3Cでは、アドバンテージ関数を次のように定義しました。

$$\underbrace{A(s_t, a_t)}_{\text{アドバンテージ関数}} = \underbrace{r_t + \gamma r_{t+1} + \dots}_{n\text{ステップの報酬}} + \underbrace{\gamma^n V(s_{t+n})}_{\text{時間}t+n\text{の状態価値}} - \underbrace{V(s_t)}_{\text{時間}t\text{の状態価値}}$$

アドバンテージ関数は時間tの関数なので、時間ステップが進むたびに上記の計算が発生します。A3Cでも複数のエージェントに処理を分散することはできたものの、時間ステップの進行に合わせてネットワークを更新する必要があり、GPUの利用効率が上がりませんでした。

一方、AlphaStarは、リプレイに含まれる何千もの時間ステップを読み込んで、1回のミニバッチで一気にロスを計算します。LSTMを使っているので「通時的誤差逆伝搬法」(BPTT)で時間に沿ってネットワークを更新します。

A3Cを改良して、BPTTで強化学習できるように工夫したものがV-traceです。強化学習に必要な報酬はR_tとして計算済みなので、後は価値ネットワーク$V(s_t)$の出力さえわかれば、ロスを計算できます。

V-traceを取り入れることで、方策ネットワークは報酬や状態価値に従って更新され、より多くの報酬が得られる方向へと変化します。

■——— UPGO 自己模倣学習

三つめのロスは、**UPGO**（*upgoing policy update*）と呼ばれます。UPGOは「自己模倣学習」（*self-imitation learning*、SIL）と呼ばれるアイデアを取り入れて、エージェント自身の過去の経験から方策を改善するテクニックです。

学習を重ねるにつれて、価値ネットワークはより正しい状態価値を予測できるようになっていきます。つまり、過去に経験した価値の高い行動がネットワークに記憶されている、ともいえます。

リプレイを振り返ってみて、もしも直近の報酬から計算した価値「$R_t + \ldots + V_{t+n}$」がネットワークの出力である「V_t」を上回っていたならば、それは「過去の経験よりも好ましい行動」を発見した可能性があります 図5.30 。

図5.30 UPGO

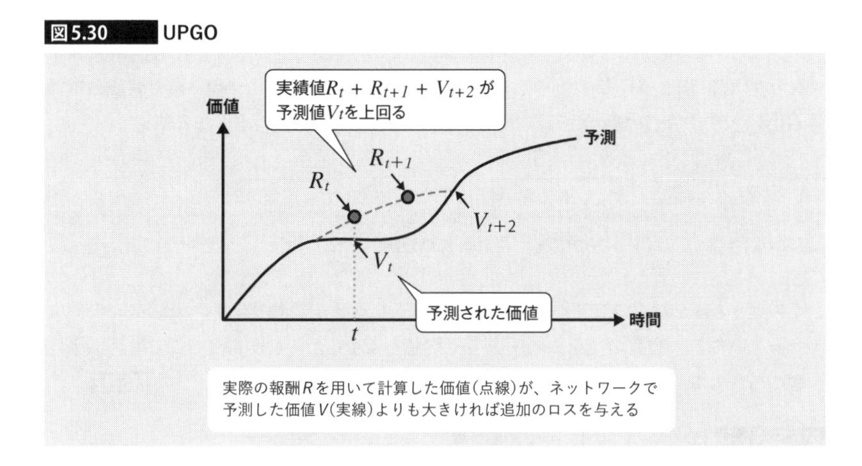

UPGOは、このような報酬を見つけて追加のロスを与えます。これによって、今までよりも好ましい行動が強化される可能性が高まります。

■——— 価値ネットワークのロス ベースラインを実際の報酬に近づける

次にCritic、つまり状態価値のロスを見ていきます。前節では、「状態価値V_t」がベースラインを予測するものであることを説明しました。一方、リプレイからは「疑似的な報酬R_t」が求められます。

両者を時間に沿って展開すると、図5.31 のようになります。学習の目的は、ベースラインを擬似的な報酬R_tに近づけることです。

図5.31 価値と報酬を時間に沿って展開する

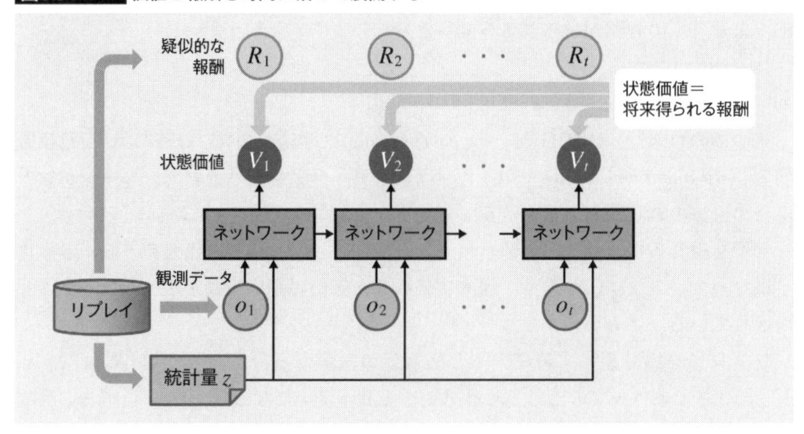

TD(λ) 平均的な報酬の期待値を計算する

AlphaStarは、ここで「TD(λ)」(*TD-Lambda*)という手法を利用します。TD(λ)は「マルチステップ学習」(4.3節)と同じように、時間tからnステップ先までに得られる報酬の期待値G_t^nを次のように定めます。以下では、簡単にするために割引率γは省略しています。

$$G_t^n = R_t + R_{t+1} + \ldots + V_{t+n}$$

報酬の期待値　nステップの報酬　それ以降の報酬

このとき、nをいくつにするかによって計算される値が変わります。最適なnの値はわからないので、複数の値を入れてみて平均値を使うことにします。ここで単純に平均を取るのではなく、「少しずつ減衰する値で重み付けする」のがTD(λ)です 図5.32 。

図5.32 TD(λ)、λ=0.8、n=8まで計算

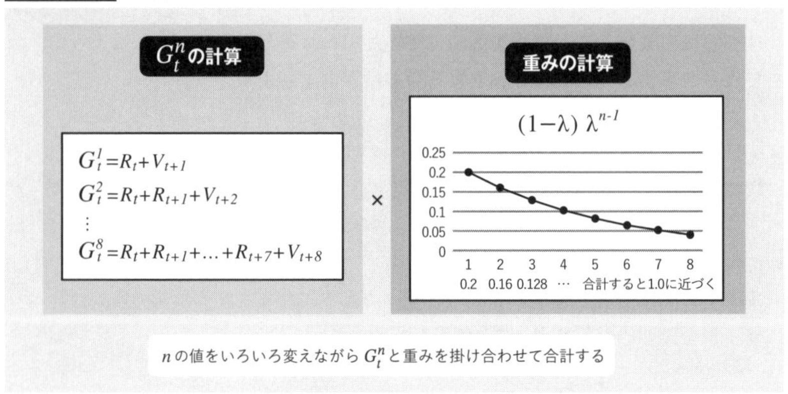

大まかにいうと、「近い未来に得られる報酬ほど重視する」形で報酬の期待値を計算し、その値を現在の予測値 V_t と比較してロスを求めます。

■—— ロスを適用してネットワークを更新する

以上で、ロスの計算はほぼ終わりました*2。改めて、図5.33 にこれまでの流れを整理します。

図5.33 ネットワークごとにロスを適用する

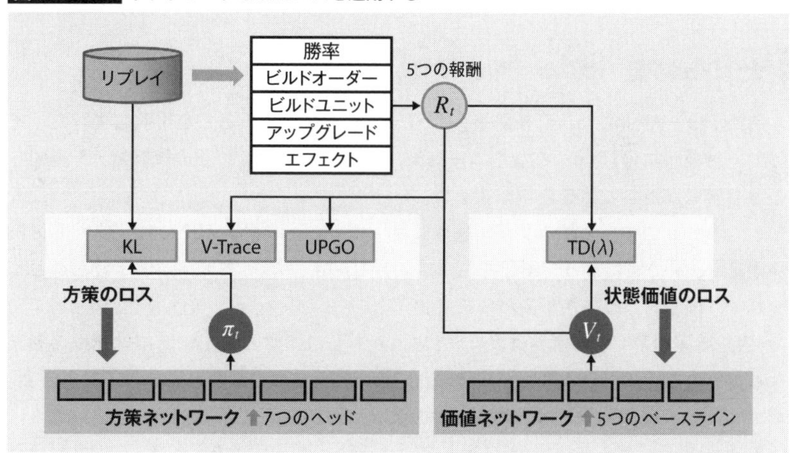

方策ネットワークには「7つのヘッド」があり、それが次の行動の「確率分布 π_t」を生成します。一方、価値ネットワークでは「5つのベースライン」が計算され、それが「将来の報酬 V_t」を予測します。

リプレイからは自軍と敵軍の観測データが読み込まれ、そこから「5つの報酬 R_t」が計算されます。この R_t と V_t とを用いることで、「V-Trace」と「UPGO」の2つのロスを計算します。

また、リプレイに含まれる教師データを π_t と比較することで、「KL」のロスを計算します。合わせて「3つの方策のロス」が、7つのヘッドに順次適用されて方策ネットワークが更新されます。

次に、TD(λ) による状態価値のロスを計算します。5つの報酬と5つのベースラインがあるので、それぞれについて「5つのロス」を計算し、それらを順に価値ネットワークに適用して更新します。

以上を一回のイテレーションとして、実際にはこれらを並列化することで膨大な量の計算が同時並列で実行されます（次節で後述）。

*2 実際には、これ以外にも「エントロピーロス」というものが加わりますが、説明を省略します。

5.6 AlphaStarのマルチエージェント学習

本節では、対戦リーグを通じてAlphaStarを強くしていく過程、およびそれを実現するためのシステム構成について説明します。

ナッシュ均衡　負けない戦略を見つける

前節では、AlphaStarが「統計量z」に従って戦略を決めることを説明しました。そして、対戦時には「教師」となるエージェントを一つ選択し、その統計量zを真似ることで学習が進むことを説明しました。

ところで、このzはどのように選べば良いのでしょうか。SC2には三すくみの関係があり、zの値によって得意な相手、苦手な相手があります。強化学習が進むにつれて、同じzでも強さが変わります。

「最も勝率の高いzを選べば良い」と思うかもしれませんが、SC2には無敵の戦略などないので、こちらの戦略が知られた時点で相手に裏をかかれて負けるでしょう。だとしたら、強い戦略とは一体何なのでしょうか。

AlphaStarは「ゲーム理論」を応用して、どのような相手であろうと負けない(正確には、負ける確率を最小化する)戦い方を見つけます。以下では、その理論的な枠組みを説明します。

■──── ナッシュ均衡と混合戦略

ゲーム理論では、各プレイヤーは何らかの**戦略**(*strategy*)に従って行動を決めるものと考えます。プレイヤーは、戦略を変えることで有利になったり不利になったりします。

参加するすべてのプレイヤーが「どう戦略を変えてもこれ以上有利にはならない」という状態に至ることを、**ナッシュ均衡**(*Nash equilibrium*)と呼びます。

「グー、チョキ、パー」であれば、「ランダムに手を選ぶ」のがナッシュ均衡です。これは正確には、「グーを出す戦略」「チョキを出す戦略」「パーを出す戦略」の三つの戦略を等確率で混ぜ合わせる戦略なので、**混合戦略**(*mixed strategy*)と呼ばれます。

混合戦略でない方法、たとえば「グーを出す戦略」で戦うと、こちらの戦略を知られた時点で確実に負けるので、それはナッシュ均衡ではありません。結果として、混合戦略以上に良い戦略はないので、それがナッシュ均衡となります。

AIが勝つにはナッシュ均衡を目指せば良い

これはSC2でも同じで、こちらの戦略の弱みを知られてしまうと、そこを狙われて負ける可能性が高まります。「特定の弱みを持たない混合戦略」をうまく組み立てることで、ナッシュ均衡を目指す必要があります。

もしも二人のプレイヤーの両方がナッシュ均衡である戦い方を続ければ、勝負は拮抗して、長期的には引き分けになるでしょう。しかし、人間のプレイヤーはミスをするものなので、ミスをしないAIは勝利します。

Fictitious play 架空の対戦

ナッシュ均衡な戦略を見つけるための古典的な手法に、「Fictitious play」(架空の対戦)と呼ばれるものがあります。たとえば、AlphaStarの戦略は「統計量z」によって決まりますが、どの戦略を選ぶと勝ちやすいのかは実際に対戦を繰り返すことで統計的にわかります。

図5.34 では、二人のプレイヤーAとBとが、それぞれ戦略z_1とz_2を使って何度か戦った結果だとします。この対戦表を分析すると、両者ともどちらか一方の戦略を選ぶことでナッシュ均衡に至るとわかります。

図5.34 戦略の組み合わせによる対戦結果

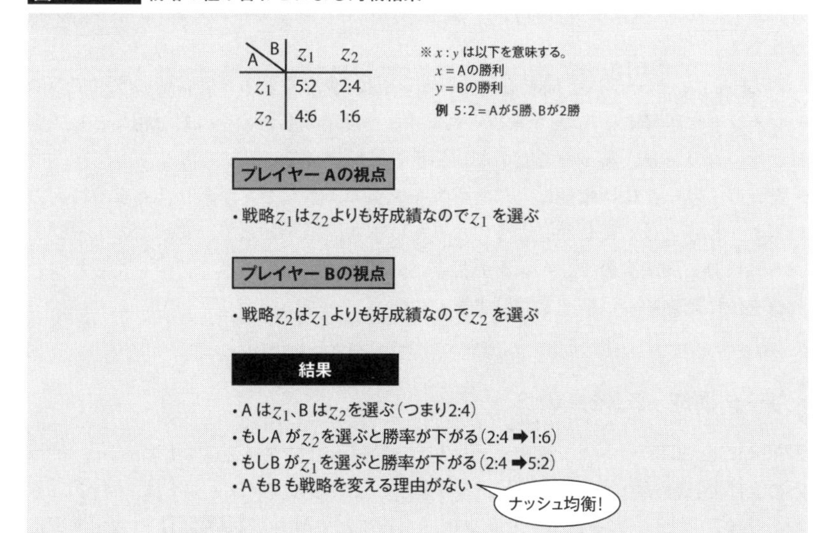

ただし、このような結論に至るまでには何度もゲームをプレイしなければなりません。そこで、ナッシュ均衡を見つけるまでに、どのような手順で対戦すれば良いかを定めたものがFictitious playです。

FSP 強化学習で混合戦略を見つける

現実には万能な戦略などないので、いくつかの戦略を使い分ける混合戦略が最も高い成果を上げると期待されます。そこで、考えなければならないのは、どの戦略をどれだけ用いるかという確率分布を求めることです。

この確率分布を求めるために強化学習を取り入れるアイデアが、「FSP」(*Fictitious self-play*、架空の自己対戦)として2016年にDeepMindから発表されました。FSPを用いると、「負けにくい戦略ほど頻繁に選ばれる」ようにモデルが学習されます。

十分な数の自己対戦を事前に繰り返して学習すると、その後はモデルが出力する確率分布に従って戦略を選ぶことでナッシュ均衡に至ります。

PFSP 苦手な相手と優先して対戦する

5.3節でも取り上げたように、自己対戦にはチェイスサイクルを生み出しやすいという問題点があります。FSPでは、学習時に対戦リーグ内のすべての相手と戦うことで、チェイスサイクルを回避します。

しかし、SC2のような時間のかかるゲームでは、すべての相手と戦うのは無駄が大きすぎます。そこで、戦力差の大きく開いた相手と戦うのはやめて、「苦手な相手を優先的に選んで対戦する」ように効率化したものが、AlphaStarで取り入れられた「PFSP」(*Prioritized fictitious self-play*、優先付けされた架空の自己対戦)というテクニックです。

PFSPでは、リーグに参加するエージェントは「少なくとも一度は他のすべてのエージェントに勝利する」ことが求められます。一度勝利した相手は対戦相手として選ばれなくなり、まだ勝ったことのない相手と戦い続けることになります。

ただし、リーグには戦績に応じたランキングのようなものがあり、あまりに実力の離れた相手とは対戦しないようになっています。結果として、すべてのエージェントは自分と同程度のランキングの相手と対戦しつつ、その中で苦手を克服しなければ上位には進めない構造となります。

リーグ構成 弱点を克服する

AlphaStarには、「メインエージェント」と二種類の「エクスプロイトエージェント」との全部で三種類のエージェントがあります。これらのエージェントは、すべて「教師あり学習」されたエージェントをコピーすることで誕生し **図5.35❶** 、強化学習によって成長します **図5.35❷** 。

各エージェントは定期的にコピーされ、それ以上成長することのない「過去のエージェント」として対戦リーグに追加されます。二種類のエクスプロイトエージェントは、定期的にリセットされ、「教師あり学習」直後のエージェントに戻って学習をや

り直します 図5.35❸。

これら三種類のエージェントの大きな違いは、対戦相手の選び方です。

図5.35 AlphaStarの対戦リーグ

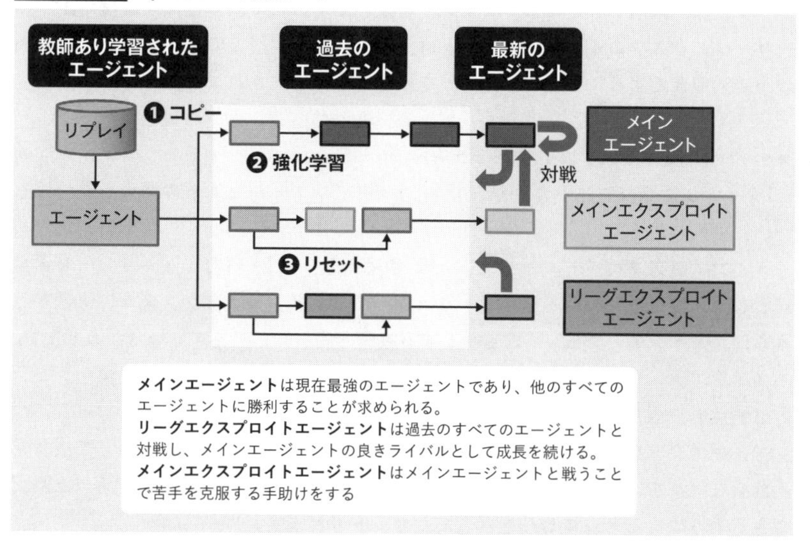

p.185のNoteの論文を参考に筆者作成。

メインエージェント

「メインエージェント」の目的は、最強になることです。メインエージェントはリーグ内のすべてのエージェント(過去のエージェントを含む)に勝利することが求められます。

メインエージェントの対戦相手はPFSPに従って、苦手な相手ほど優先的に選択されます。一定確率でメインエージェント同士の自己対戦も実行されます。自己対戦すると早く学習が進むことがわかっており、自己対戦をまったくしないでおくよりも短時間で強くなります。

メインエージェントは35%の確率で自己対戦し、50%の確率でPFSPで対戦相手を選びます。残りの15%は過去の苦手な相手の中から選ばれます。メインエージェントはリセットされることはないものの、ときおりコピーされて過去のエージェントとしてリーグに追加されます。

リーグエクスプロイトエージェント

「リーグエクスプロイトエージェント」は、メインエージェントの良きライバルとして強くなり続けるエージェントです。リーグエクスプロイトエージェントもPFSP

で対戦相手を選択し、弱点を克服して強くなります。

リーグエクスプロイトエージェントがいなければ、強くなったメインエージェントの対戦相手がいなくなってしまいます。リーグエクスプロイトエージェントは、リーグ全体に幅広い強さのエージェントを生み出すことで、多様性を確保します。

リーグエクスプロイトエージェントは、リーグ内のすべてのエージェントに70%以上勝利できるようになると、コピーを残してリセットされます。

■――― メインエクスプロイトエージェント

「メインエクスプロイトエージェント」は、メインエージェントの弱点を見つけるために投入されます。

メインエクスプロイトエージェントは「教師あり学習」されたエージェントを出発点とし、人間に近い戦略を選ぶエージェントです。統計量zをランダムに選択するうちに、メインエージェントが苦手とする戦略を偶然にも発見する場合があります。

メインエクスプロイトエージェントを何度もぶつけることで、メインエージェントは弱点を克服し、多様な戦略に対応できる能力を維持します。

メインエクスプロイトエージェントは負けが続くと、弱い相手と対戦して成長する機会を得ます。逆に、うまくメインエージェントの弱点を見つけて70%以上勝利できるようになると、コピーを残してリセットされます。

システム構成　大規模な並列分散処理

AlphaStarのシステム構成は、**図5.36** のようになります。中央に全体の制御を担当する「コーディネータ」(*coordinator*)があり、これが全エージェントの対戦相手を決定します。

対戦情報は、「Evaluators」にも送られます。Evaluatorsはエージェント情報を受け取り、ナッシュ均衡を求めるためにFSPを実行します。その結果はコーディネータへと送られて、各エージェントが統計量zを決定するのに役立てられます。

■――― エージェントごとの12クラスター

実際の対戦は、エージェントごとに独立したクラスターによって実行されます。メインエージェントが1つ、メインエクスプロイトエージェントが1つ、リーグエクスプロイトエージェントが2つの合計4つ、それぞれが3つの種族ごとに分かれて、全部で12のクラスターが用意されます。

各クラスターは、「Learner」「Actors」「Environments」の3つのコンポーネントで構成されます。Environmentsは、SC2のゲームを実行するためのコンピュータです。「プリエンプティブル」な28コアのCPUで、およそ150台が使われます。

図5.36 AlphaStarのシステム構成

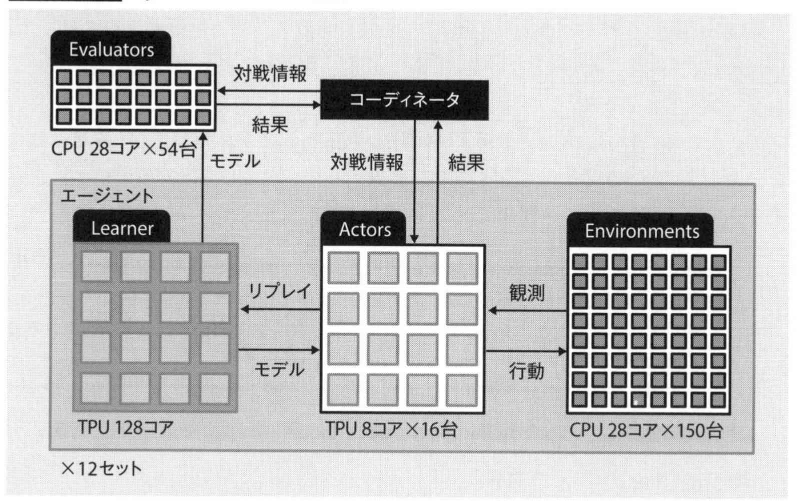

p.185のNoteの論文を参考に筆者作成。

Note

プリエンプティブル

プリエンプティブル(*preemptible*)は、割り込み可能なマシンのこと。別のユーザーの要求があれば、強制停止されることがあります。そのぶん、安価に利用できます。

Environments上では、同時並列で16,000対戦が実行されます。Environmentsは API経由で指示を受けて、ゲームの時間ステップを進めるだけの役割となります。

TIP

コア数よりも多くのゲームを同時実行する

28 × 150=4200コアで16,000対戦とは驚きですが、AlphaStarではAPMを低く抑えるための待ち時間があるので、そのぶん多数のゲームを同時に実行しているのでしょう。

■── AI本体を集約して並列化する

AIの本体であるニューラルネットワークで意思決定する場所が、Actorsです。ここでは、16台のマシンが使われます。各マシンでは、8コアの第3世代TPUが使われます。

Actorsからは、Environmentsに対して同時並列で指示を出します。多数の対戦が実行されているので、それらの計算をまとめて一回のバッチ処理としてTPUに任せることで性能向上を実現しています(次ページのコラムを参照)。

■―― 対戦ごとにまとめて強化学習する

対戦の結果はすべて一台の「Learner」へと集められて、強化学習が実行されます。Learnerは送られてきた観測データ、行動の履歴、勝敗などをメモリ上に蓄えて、それらを順次学習します。

データ処理には、128コアの第3世代TPUが使われます。各コアが、4対戦分のデータをミニバッチとして学習します。結果として、一度に512対戦分のデータが読み込まれ、毎秒5万の時間ステップを学習します。

TIP

Learnerの性能限界に合わせてデータを生成する

APMが平均180だとすると、16,000対戦により毎秒48,000回の行動が実行されるので、Learnerの能力はEnvironmentsとほぼ釣り合っています。

Column

AlphaStarの学習コスト

AlphaStarのシステム構成がわかったので、実際にこれを動かすのにいくらかかるのか計算してみましょう 表C5.A 。

Learnerは128コアのTPU Podだと思われますが、本書原稿執筆時点で価格表には32コアまでしか書かれていないのでそれを4倍します。Actorsには8コアのTPUが16個、EnvironmentsにはCPU性能の高いC2インスタンス(30コア)をプリエンプティブルで利用するものとします。Evaluatorsにも、Environmentsと同じインスタンスを使います。

すべて合わせると、およそ400万ドル(約4.4億円)で済む計算となります。これは3章で取り上げたAlphaGoなどと比べると、大幅な削減です。

MCTSによる先読みがないからかもしれませんが、ニューラルネットワークの計算に用いるActorsを別マシンに切り離して並列度を高めたことにより、非常に効率良く計算リソースを使えるようになった効果もありそうです。

表C5.A AlphaStarの学習コスト(リーグ対戦のみ)

	インスタンスタイプ	単価(1時間)	台数	合計(44日)
エージェント				
Learner	TPU Pod v3-32	32.000	4	135,168
Actors	TPU v3-8	8.000	16	135,168
Environments	c2-standard-30	0.379	150	60,033
			×12セット	3,964,428
その他				
Evaluators	c2-standard-30	0.379	56	22,413
			合計	3,986,841

価格は米ドル($)。本書執筆時点でのGoogle Cloud Platform(GCP)の正規料金(割引なし)。

結果　44日間の継続的な強化

以上のシステムを44日間稼働させて完成したものが、AlphaStarです。「教師あり学習」の直後のエージェントの相対的な強さ（Eloスコア）は200程度ですが、PFSPによって強い戦略が選別され、すぐに800程度にまでスコアが上昇します。

リーグ対戦を開始した直後は、三種類のエージェントのいずれも同じような強さですが、メインエージェントは44日間の学習を通して強くなり続けて、最終的に1400程度にまでスコアを上昇させます。

一方、メインエクスプロイトエージェントは強くなるとリセットされるので、44日間を通してほとんど強くはなりません。ただし、それぞれが得意とする戦略でメインエージェントを苦しめ続けます。

そして、リーグエクスプロイトエージェントは、メインエージェントの良きライバルとして、比較的弱いものからトップクラスの強さを持つものまで、幅広い性質を維持しながら数を増やし続けます。

こうして、各エージェントが成長とコピーを繰り返した結果、最終的にはリーグ内のエージェントの数は900程度にまで増えました。そして、その中でも最強となるメインエージェントがオンラインの対戦リーグへと参戦したことになります。

5.7 まとめ

本章では、**Actor-Critic**型のAIである「AlphaStar」の説明をしました。

StarCraft IIは**広大な観測空間と行動空間**からなるゲームであり、ランダムな行動をいくら繰り返しても有益な行動が見つかりません。AlphaStarが選んだのは、**模倣学習**、つまり**人の行動を真似る**ことで強くなる道です。

AlphaStarのアーキテクチャは、大きく分けて4つのコンポーネントで構成されます。観測データを内部表現へとエンコードする**入力層**、ゲームの開始から現在までの経過を示した**短期記憶**、そして次の行動を生成する**方策**（Actor）と、将来的に得られる報酬を予測する**状態価値**（Critic）の4つです。

このうち「状態価値」は強化学習の段階まで使われません。AlphaStarの「入力層」と「短期記憶」は、ゲームの開始以降に受け取ったすべての観測データを単一の状態sへとエンコードします。

模倣学習　上手く真似たときに報酬を与える

「入力層」から「方策」へと至るネットワークは、最初に**上級者のリプレイから教師あり学習**されます。この時点でAlphaStarはすでに上級者並みの強さとなり、人間のプレイスタイルをうまく真似ることに成功しています。

リーグ対戦の段階に入ると、AlphaStarは**統計量**zを一つ選択し、**ビルドオーダーなどの戦略を決定**します。そうして対戦が終われば、**リプレイを見返すことで強化学習**が始まります。

強化学習のステージでも、AlphaStarは人間の真似を続けます。対戦時に選択した元の統計量zと、リプレイから計算した新しい統計量zとを比較し、うまく模倣できているときに**擬似的な報酬**Rを与えます。

対戦相手の観測データも使って、うまく報酬Rを予測できるように「状態価値」を更新します。そうして計算した価値Vを使って、「方策」を更新します。これによって、AlphaStarはより多くの報酬が得られるように変化します。

マルチエージェント学習

統計量zを変えながら何度も対戦を繰り返すうちに、どのzを使うと勝ちやすいかがわかってきます。AlphaStarは**PFSP**という手法を用いて、**最も負けにくい**zの組み合わせを計算します。

対戦リーグには、ライバルとなる多数のエージェントを追加します。AlphaStarのメインエージェントは、すべてのライバルに勝利できるようになるまでリーグ対戦を繰り返します。こうしてリーグ対戦を繰り返したAlphaStarは、勝率の高い統計量zを使い分けながら、人間らしい戦い方をするAIへと成長します。

Column

知能とは何か　報酬があれば十分

AlphaStarは本書の中でも最も複雑であり、多数の技術を組み合わせた集大成のようなゲームAIでした。その一方で、「汎用AIの実現」というテーマには、どこまで近づくことができたのでしょうか。

2021年5月、DeepMindにより発表された論文「Reward is enough」では、「知能とは何か」を次のように定める大胆な仮説が提示されました。

- 仮説「Reward-is-enough」（報酬があれば十分）
  知能とそれに関連する能力は、環境の中でエージェントが行動することで「報酬を最大化するのに役立つもの」として理解することができる。
  - D. Silver, S. Singh, D. Precup, and R. S. Sutton「Reward is enough」（Artificial Intelligence, vol. 299, 2021）

「報酬の最大化」のために行動する

一般に知能が必要とされるような活動、たとえば「知覚」「言語」「計画」「記憶」「運動制御」「他者とのコミュニケーション」などといった能力はどれも「報酬の最大化」を実現するものとして説明できます。

論文では、次のような例が取り上げられています。たとえば、「リスが地中に食べ物を埋める」という行為は、冬場に飢えるリスクを最小化することで「長期的に生き残る」ための行動として捉えられます。

リスに備わる「木の実を識別する」「木の実を埋める」「埋めた場所を覚える」などといった能力は、どれも現代のAI技術をもってしても難しい高度な知能を必要とする行動ですが、それらはいずれもリスが「生き残る」という報酬を得るために獲得した能力だと解釈できます。

目の前の食べ物を埋めるのは、短期的には報酬を得られる行為ではありませんが、一年という長い期間で見ると、長期的な報酬を最大化します。これはまさに、本章でも見てきた「長期ホライズン」の行動です。

知能に関連するあらゆる能力は、「報酬の最大化」を実現するための機能として理解できます。それゆえ、「強化学習」の研究を突き詰めることで、いずれは「知能」と呼ばれるあらゆる能力が実現されるだろう、というのが論文の主張です。

ランダムな行動もまた「知能」である

Reward-is-enough仮説によると、AlphaZeroのように「ランダムな行動」から学習するエージェントは、「汎用的な知能」を実現しているといえそうです。AlphaZeroは、囲碁や将棋のようなボードゲームの世界であれば、どれも同じ方法で「勝利につながる手順」を見つけ出します。もしも無限の計算能力があり、「あらゆる行動を試す」だけで「報酬の最大化」を実現できるなら、それもまた一つの「知能」の形です。

しかし、現実には有限のリソースしかなく、この世界はボードゲームよりも遥かに複雑です。ランダムな行動だけでは何も見つからないので、もっと効率の良いやり方で「報酬の最大化」を実現しなければなりません。

「知識の獲得」や「他者の模倣」、あるいは「自然言語」などのような知的能力は、いずれもこの現実の世界で「報酬の最大化」を達成するために作り出されてきました。同じように、ゲームの世界で「報酬の最大化」のために組み上げられた機能であれば、何であれそれは「知能」の一部と呼んで差し支えないでしょう。

強化学習を極めれば「汎用AI」に辿り着く

DeepMindが考える「知能」とは上記のようなものであり、それは「人間の知能」とは必ずしも一致するとは限りません。人は「人間の知能」しか知らないので、AIのやり方を見ると「これは知能なのか？」と戸惑ってしまいますが、「報酬の最大化」こそが達成すべきゴールであると定義するのはわかりやすい考え方です。

本章で取り上げたAlphaStarはSC2というゲームに最適化されており、汎用AIと呼べるものではありません。しかし、もしも現実世界と変わらないくらいに複雑で一般化されたゲーム空間があり、その中で「報酬の最大化」を実現したなら、そのようなエージェントはより「汎用的な知能」を身につけたといえるでしょう。それこそが、DeepMindの目指す汎用AIの研究であるといえそうです。

6章

Minecraftを学ぶAI
Malmo、MineRL、今後の展望

本章では、Minecraftを学習するいくつかのAIを紹介します。Minecraftはこれまでに取り上げてきたゲームと比較しても難しく、これからの発展の可能性を持つ分野です。本章ではAI開発コンペティションの話題を中心として、いま最先端で取り組まれている難しい課題をピックアップします。

6.1節では、Microsoftが開発したゲーム学習環境である「Malmo」と、その派生プロジェクトである「MineRL」について説明します。MalmoやMineRLを用いることで、研究者は新しいAIの研究課題にチャレンジしています。

6.2節では、2021年の「MineRL Diamondコンペティション」について説明します。優勝した「JueWu-MC」は、階層強化学習と模倣学習とを組み合わせることで、多くのアイテムを手に入れることに成功しました。

6.3節では、2021年の「MineRL BASALTコンペティション」について説明します。優勝した「Team KAIROS」は人が与えたフィードバックから現状を判断し、模倣学習とスクリプトのハイブリッドAIにより課題を解決します。

6.4節では、本書の締め括りとして、汎用AIの今後の展望を考察します。

図6.A MineRLプロジェクト

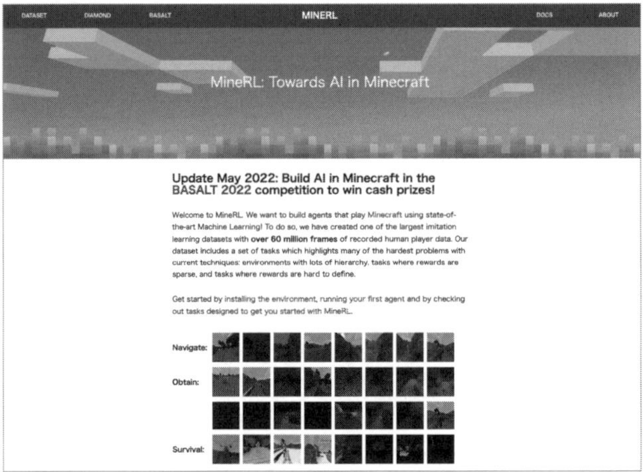

「MineRL：Towards AI in Minecraft」 URL https://minerl.io

6.1
「Minecraftを学ぶ」とはどういうことか

本節では、Minecraftの学習環境である「Malmo」と「MineRL」について説明し、それらを用いたAIコンペティションの概要を紹介します。

世界を構造的に学習する

本書では、これまでおもに「大量の計算リソースを用いた強化学習」について見てきました。しかし、誰もがDeepMindのように潤沢な計算リソースを使えるわけではありません。本章ではStarCraft IIと同じくらい広大な「観測空間」と「行動空間」を持つゲームである「Minecraft」を使って、異なるアプローチからAI研究に取り組む例を紹介します。

ポイントは、「いかに少ないリソースで学習するか」です。個人でも手に入れられるような一台のマシンで動かせるAIを考えます。

■――― 学習にはデータが必要　それをどうやって作り出す？

現代のAIは、どれも「大量のデータ」を学習することで賢くなります。これまでに取り上げてきたAIは、自己対戦などを通して「何万時間もゲームをプレイ」することで大量のデータを生み出しました。

3.3節の「AlphaGo Zero」、4.4節の「Ape-X」、5.6節の「AlphaStarのマルチエージェント学習」などでは、いずれも強化学習そのものよりも「学習データを作り出す」ために膨大な計算リソースが使われていました。

その一方で、3.2節の「AlphaGo」や5.5節の「AlphaStarの模倣学習」では、人間同士の対戦データから教師あり学習する様子を見てきました。AlphaStarの模倣学習では、教師あり学習を終えた時点でAIの強さは上級者レベル（インターネットで上位16%）に達していました。

何も人を越えずとも「人並み」の力で良ければ、教師あり学習だけでも十分だったということです。ただし、そのためには学習に用いる「十分な量のデータセット」が用意されていることが前提です。

■――― 人の行動を真似ることをゴールにする

そこで、着目されたのがMinecraftです。Minecraftは世界的にプレイヤー人口が多く、比較的データを集めやすいという特徴があります。

Minecraftは広大な観測空間と行動空間を持つゲームであり、現実世界のように「複雑な環境で動くAI」の研究をするのに適しています。その一方で、Minecraftには勝敗のような明確な報酬がなく、「AIの善し悪しを決めるのが難しい」という問題があります。

2019年7月、Carnegie Mellon University（カーネギーメロン大学）の研究者によって「MineRL」というプロジェクトが発表されました。MineRLは「ALE」（4章）や「SC2LE」（5章）などと同じように、Minecraftを用いて強化学習をするための環境であり、表6.1 のような人によるプレイ動画が多数用意されています。

表6.1 MineRLプロジェクトが提供するデモンストレーション

名前	内容
Navigation（ナビゲーション）	指定された目的地まで移動する
Treechop（木を切る）	木を切り倒して木材を集める
Obtain Item（アイテムを得る）	指定されたアイテムを得る （ベッド、ダイアモンド、肉、鉄のツルハシ）
Survival（サバイバル）	自由にゲームをプレイする
FindCave（洞窟を探す）	洞窟を探して中に入る
MakeWaterfall（滝を作る）	高台にバケツの水を流して美しい滝を作る
VillageAnimalPen（動物の囲い）	囲いを作って中に動物を連れてくる
BuildVillageHouse（村の家を建てる）	村に周囲と同じような家を建てる

参考 「MineRL Dataset」 URL https://minerl.io/dataset/
MineRLプロジェクトでは人がゲームをプレイする様子(＝デモンストレーション)を多数の動画として提供している。AIはこれらの動画を学習し、人と同じように行動できるようになることが期待される。

こうした学習用の動画を、**デモンストレーション**（*demonstration*）と呼びます。このデモンストレーションを用いて「人の真似をする」、つまり模倣学習を中心としたAI研究を進めようというのがMineRLのアプローチです。これは単純なようで、奥の深い問題です。

■ 環境が毎回ランダムに変化する

Minecraftが他のゲームと比べて大きく異なる特徴として、「地形が毎回ランダムに変化する」点があります。

Atari-57やStarCraft IIなどでは、何度エピソードを繰り返しても同じ観測データが得られるので、それを直接的に行動に結びつけることができました。しかしながら、Minecraftでは学習時とまったく同じ画面を見ることはほとんどなく、入力と出力とは単純には結びつきません。

ランダムに変化するゲーム空間の中で同じように行動するには、ゲーム画面を高度に抽象化した形で認識できなければなりません。Minecraftの世界では木の見え方は無数にありますが、「木材を手に入れる」ためには、どのような木でも木として判断できる能力が必要です。

■――― 行動には階層関係がある

さらに難しい問題として、Minecraftでは行動に何段階もの階層的な関係があります 図6.1 。何か一つのアイテムを手に入れるのにも数多くの行動が必要であり、そして多数のアイテムを集めなければ新しい道具を作ることもできません。

図6.1 行動の階層関係

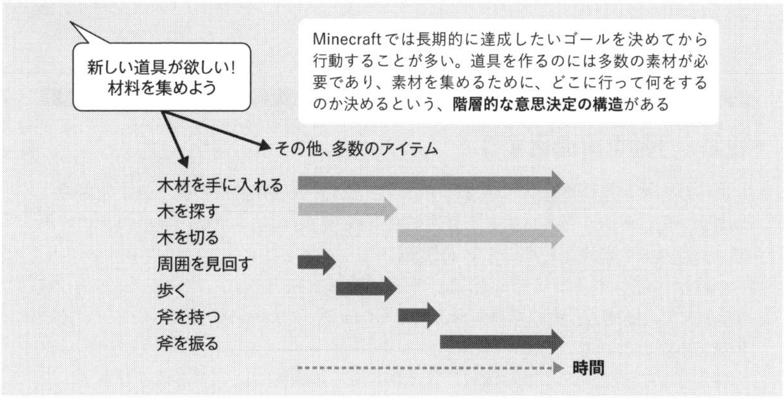

Minecraftでは、あらゆる行動が本質的に階層的な動機によって生み出されており、これまでに見てきたAIのように「今の画面を見て次の行動が決まる」ような単純なものではありません。

しかしながら、こうした階層関係は人にとっては自然なものです。人間は最初に達成したいゴールを頭に思い浮かべ、それを実現するために段階的に行動する能力があります。

デモンストレーションを見ることで、そこに含まれる階層関係を学習し、それを真似ることで目的を達成できるようなAIが求められます。ゲーム画面だけを見て、反射的に行動するのでは不十分です。木を見るたびに切り倒していたのでは、Minecraftをうまくプレイすることはできません。

■――― 世界を構造化できれば、すべてを覚える必要はない

木を木として認識することも、行動を階層的に生み出すことも、一種の「汎化」の能力として捉えることができます。複雑なデータをひとまとめにして、同じものを同じものとしてベクトル化する。あるいはベクトル化されたデータから一連の行動を生み出す。それができれば、必要なデータ量は大きく削減されます。

ゲーム内で見えるすべての景色に対して適切な行動を学習していたのでは、あまりにも非効率です。そのような学習をしているうちは、大量の計算リソースでゲームをプレイするやり方から抜け出せません。

もしデモンストレーションを通して世界の構造を知り、入力データと出力データの両方を抽象化してうまく結びつけることができれば、あらゆる組み合わせを学習する必要はなくなります。

Column

観測と行動を構造化する

あらゆる情報を構造化して階層的に扱うことは、大脳が持つの基本的な能力の一つです。脳は外界から入ってきた観測データ(知覚)と同じように、自分自身の行動データ(運動)も構造化しています 図C6.A 。

脳には、低レベルな情報を加工して上位層へと伝える「フィードフォワード」(*feedforward*)接続と、その逆方向へと情報を伝える「フィードバック」(*feedback*)接続とがあるといわれています。

フィードフォワードにより情報は構造化され、抽象的な概念が形成されます。そして、それがフィードバックにより知覚や運動に影響を与えます。

我々が行動するとき、脳は「行動の結果を予測」しているといわれます。たとえば、コップを手に取るとき、脳は最初に「コップを手にした状態」を予測しており、その予測を達成すべく筋肉が動くことで行動が発生します。

筋肉が動くことで何が起きるのかは、過去の経験から構造化された状態で記憶されており、そのお陰で予測と行動が一致します。このような脳のしくみを考えると、人の真似をしようとするAIにも「構造的な行動発生のメカニズム」が必要になるのも自然なことでしょう。

図C6.A 大脳は観測と行動を同じように処理している

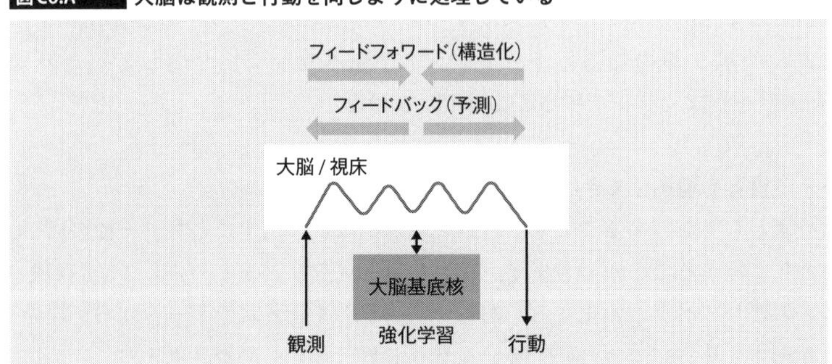

Malmo　MinecraftによるAI研究のプラットフォーム

少し時間を遡って、MinecraftがAI開発に使われるようになった背景を改めて見ておきます。2016年7月、Microsoftの研究チームから「Malmo」プロジェクトが発表されました*1。

TIP

MinecraftとMalmo

Minecraftは、2014年にMicrosoftによって買収されています。Malmoは、親会社であるMicrosoftが発表したプロジェクトです。

当時は、まだ研究に使えるゲーム環境が「ALE」くらいしかなく、より汎用的なプラットフォームが模索されていました。MalmoプロジェクトのテーマはALEと同じく、「汎用AI」の開発です。ALEでは「複数のゲームをプレイする」ことで汎用性を高めようとしたのに対して、Malmoでは「高度な認知能力」「問題解決能力」「他者との対話能力」などの野心的な目標が掲げられました。

ミッション定義ファイル

Malmoの特徴として、AIが解決すべき課題（ミッション）を研究者がXMLファイルとして定義できる点があります リスト6.1 。

リスト6.1　Malmoのためのミッション定義ファイル

```
<?xml version="1.0" encoding="UTF-8" standalone="no" ?>
<Mission xmlns="http://ProjectMalmo.microsoft.com" ...>
  // マップを生成
  <FlatWorldGenerator generatorString="3;22,4,13;1;village"/>
  // 指定位置にオブジェクトを設置
  <DrawingDecorator>
    <DrawBlock  type="gold_block" x="1" y="3" z="4"/>
    ...
  </DrawingDecorator>
  // 報酬を得られる条件をセット
  <RewardForTouchingBlockType>
    <Block reward="-1.0" type="lava" behaviour="onceOnly"/>
    <Block reward="-1.0" type="obsidian" behaviour="onceOnly"/>
    <Block reward="1.0" type="gold_block" behaviour="oncePerBlock"/>
  </RewardForTouchingBlockType>
  ...
```

参考　URL https://github.com/microsoft/malmo/blob/master/sample_missions/roommaze.xml

*1　M. Johnson, K. Hofmann, T. Hutton, and D. Bignell「The Malmo Platform for Artificial Intelligence Experimentation」(2016)　URL https://www.microsoft.com/en-us/research/publication/malmo-platform-artificial-intelligence-experimentation/

AIが素のMinecraftをプレイしても報酬は得られないので、そのままでは何を学習して良いのかわかりません。したがって、報酬だけは事前に定義できるようになっています。このミッション定義ファイルを使って、いくつかのミニゲームも開発されています★2。

もっとも、いくら報酬があっても、ランダムな行動だけでMinecraftの世界を探索するのは困難です。AlphaStarの発表が2019年だったことを考えても、Malmoが掲げた目標は2016年当時としてはあまりにも高いものでした。

MineRL　Minecraftのデモンストレーションの大規模データセット

2019年のAlphaStarの成功を受けて、「模倣学習」が改めて注目されました。これと同じような研究をするには、人がゲームをプレイする様子を記録した大量のデモンストレーションが必要です。

そうして発足したのが、「MineRL」です。MineRLは内部でMalmoを利用しつつ、模倣学習のためにデモンストレーションを集めたプロジェクトです。

MineRLでは独自にミッション定義ファイルを作成し、それを手軽にプレイできるサーバーがインターネットで公開されました。大勢のプレイヤーが与えられた課題を達成し、その過程がデモンストレーションとして記録されました。

MineRL-v0　6種類の課題

MineRLのデモンストレーションのデータセットには、人が見たのと同じ「ゲーム画面」に加えて、実行された「行動」や得られた「報酬」などが記録されています。この三つ(画面、行動、報酬)の組み合わせを以下では**サンプル**(*sample*)と呼びます。

論文の発表時点で集められたデモンストレーションの総時間は、500時間以上に及びます。これはサンプル数にして6000万、データ量にして130GBになります。データ量を削減するために、画面の大きさは64×64ピクセルに縮小され、MP4形式の動画に変換されています。

こうして用意されたデータセットは「MineRL-v0」と呼ばれます。このデータを使って模倣学習することで、人と同じようにMinecraftをプレイできるAIを開発しようというわけです。

上級者の行動から学ぶ

MineRLの論文には、MineRL-v0に含まれる行動の分析結果がいくつか載せられています。たとえば **図6.2** は、上級者がダイヤモンドを手に入れる過程で入手した

★2 URL https://github.com/crowdAI/marLo

アイテムを示しています。最も典型的なパターンでは、矢印に示されるような13のステップでダイヤモンドに辿り着いています。

図6.2 ダイヤモンドを入手するまでの手順

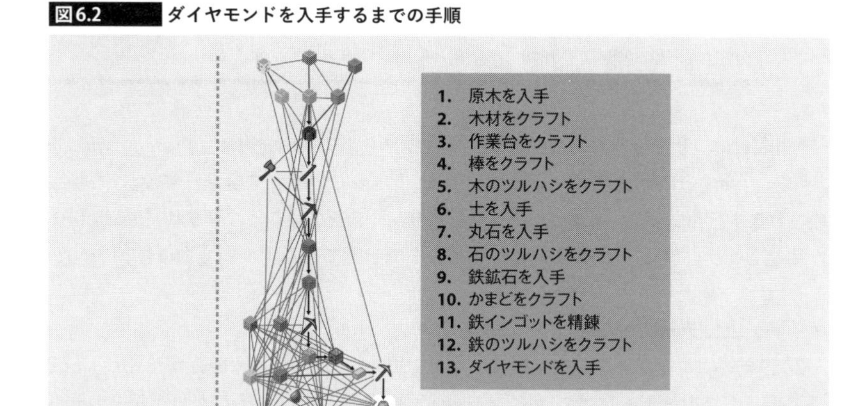

参考　W. H. Guss et al.「MineRL: A Large-Scale Dataset of Minecraft Demonstrations」(arXiv, 2019)
URL https://arxiv.org/abs/1907.13440

Minecraftには、「鉄のツルハシ」よりも固い道具でないとダイヤモンドを入手できない、というルールがあります。そうしたゲーム固有の知識がなくとも、この遷移図を見れば実行すべき行動の手順は明白です。

前章のAlphaStarでは、ビルドオーダーを真似ることでAIは強くなりました。ダイヤモンドを手に入れる13のステップは、まさにビルドオーダーのような位置付けであり、AIはこのような手順の再現を目指します。

MineRLコンペティション　サンプル効率の良い強化学習

MineRLプロジェクトはデータセットを公開するだけでなく、毎年コンペティションを開催することで新たな挑戦者を募集しています。

2019年と2020年はどちらも、「ダイヤモンドを手に入れる」ことが課題となりました。コンペティションの結果が、以下の論文にまとめられているので少し読んでみましょう。

- **2019年コンペティションの振り返り**
  S. Milani et al.「Retrospective Analysis of the 2019 MineRL Competition on Sample Efficient Reinforcement Learning」(arXiv, 2020)
  URL https://arxiv.org/abs/2003.05012
- **2020年コンペティションの振り返り**
  W. H. Guss et al.「Towards robust and domain agnostic reinforcement learning competitions」(arXiv, 2021)　URL https://arxiv.org/abs/2106.03748

TIP

MineRLのパートナー組織

MineRLを立ち上げたのはカーネギーメロン大学の研究者ですが、OpenAIやDeepMind、Microsoft Researchなどの組織もパートナーとして名を連ねています。日本からは、Preferred Networksがコンペティションの開催に協力しています。

MineRLコンペティションの主題は、「サンプル効率の良い強化学習」(*sample efficient reinforcement learning*)とされています。つまり、「少ないデータ量から学ぶ」ことが重視されます。AlphaStarのように膨大な計算リソースを使うことは許されず、MineRLが用意したデータセットだけを使ってどこまで学習できるかが試されます。

上位チームの結果

2019年のコンペティションには合わせて1000人以上の個人や組織が参加し、662件の応募がありました。オンラインで第1回戦が開催され、そこから上位9チームが本戦に進んで競いました。

残念ながら、ダイヤモンドの獲得に成功したチームはありませんでしたが、すべてのチームが「木のツルハシ」を作ることには成功し、トップチームは「鉄のツルハシ」を作るところまで進みました。

鉄のツルハシを手に入れれば、後は地下を掘り進んでダイヤモンドを見つけるだけなので、あと一歩というところまでは来ています。

階層強化学習

2019年の9チーム中6チームは、**階層強化学習**(*hierarchical reinforcement learning*)を利用していました。人には情報を階層化する能力があることが知られており、神経科学の分野でも階層的な強化学習の存在が示唆されています[★3]。

AI研究においても、階層強化学習の考え方は古くから取り入れられており、2016年には深層学習と組み合わせるアイデアが提案されています。ここでは、一例として「h-DQN」のアーキテクチャを見ておきましょう 図6.3。

h-DQNでは行動が二段階のステップで決定されます。最初に**メタコントローラー**(*meta-controller*)が達成すべき**ゴール**(*goal*)を決定します。

ゴールは**コントローラー**(*controller*)へと渡されて、そこで具体的な行動が決定されます。これはちょうど、「UVFA」(4.6節)がゴールgと状態sとを受け取って行動を決めていたのと同じことです。

★3 J. F. Ribas-Fernandes et al.「A Neural Signature of Hierarchical Reinforcement Learning」(Neuron, vol. 71, no. 2, pp. 370–379, Jul. 2011) URL https://doi.org/10.1016/j.neuron.2011.05.042

図6.3 h-DQNのアーキテクチャ

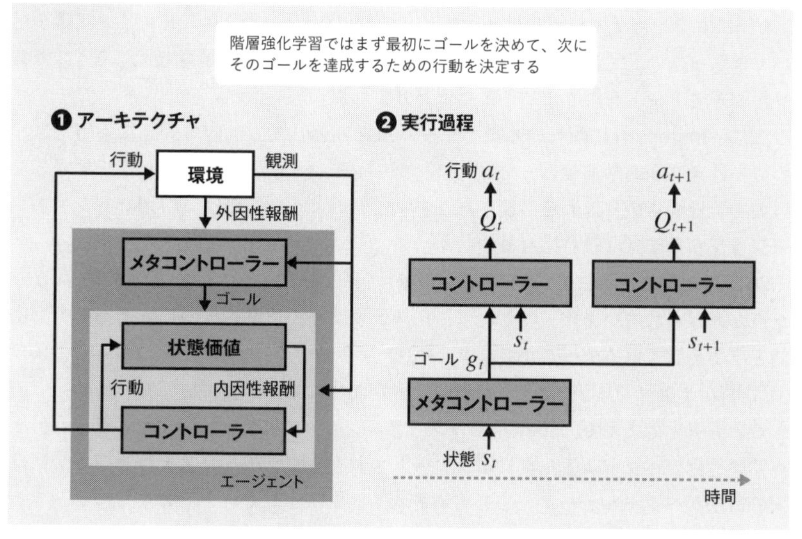

T. D. Kulkarni, K. R. Narasimhan, A. Saeedi, and J. B. Tenenbaum「Hierarchical Deep Reinforcement Learning: Integrating Temporal Abstraction and Intrinsic Motivation」(arXiv, 2016)
URL https://arxiv.org/abs/1604.06057
上記の論文を参考に筆者作成。

もしゴールが緩やかにしか変化しないならば、このエージェントは「ゴールを決めてから一連の行動を決める」という「二階層の意思決定」のしくみを持っているといえます。

■——— 二階層の意思決定　ゴールとサブゴール

前述のとおり、Minecraftには行動の階層関係があり、長期的に達成すべき「ゴール」だけでなく、短期的に達成すべき**サブゴール**(*sub-goal*)を念頭に置きつつ、次の行動を決定します。そして、一連のサブゴールを達成することで、最終的なゴールに辿り着くという構造です。

AlphaStarは統計量zを「ゴール」として定めていたので、その意味では「二階層の意思決定」のメカニズムがあったといえます。しかしながら、そのゴールはゲーム開始時に固定されており、途中で変わったりはしないものでした。

Minecraftでは「ダイヤモンドを入手する」というゴールに対して、「原木を入手する」といったサブゴールが次々と発生します。したがって、単に次の行動を選択するだけでなく、「いつサブゴールが変わるのか」「次のサブゴールは何なのか」を決めるために階層強化学習が必要となります。

行動空間の難読化 ドメイン知識をなくす

MineRLコンペティションはルールとして、「Minecraft固有のドメイン知識を用いてはならない」と定めています。真に達成したいのは「汎用的な技術の開発」であり、ダイヤモンドを掘り出すことではありません。

仮に、Minecraftに固有の知識を使ってAIを開発しても、他の問題に応用できないのでは意味がありません。たとえば、ダイヤモンドは地下深くでしか採掘できないので、地面を掘り進める必要があります。そのような知識は、AIがデモンストレーションから学ばなければなりません。

2019年の反省点として、「ドメイン知識」にどこまで含まれるのかが明確でなかった点が挙げられています。たとえば、何ステップかの行動を一つにまとめて行動空間を小さくしているチームがありました(例 下を向いて穴を掘る、など)。そのような工夫は「ドメイン知識」に含まれるのか、定かではありません。

この反省を踏まえて、2020年のコンペティションでは行動空間が難読化され、すべての行動がベクトルデータにエンコードされました。デモンストレーションには人の行動がベクトルデータとして格納されていますが、それをそのままコピーする方法でしか、AIは行動できなくなってしまいました。

結果としてAI開発の難易度が上がり、2020年に達成されたスコアは大きく低下しています 表6.2 。

ここまでが、2020年までのコンペティションの概要です。次節からは、2021年の優勝チームが具体的にどのようなAIを開発したのかを見ていきます。

表6.2 MineRLコンペティションのスコア(上位6チーム、2021年まで)

2019コンペティション		2020コンペティション		2021コンペティション	
チーム名	スコア	チーム名	スコア	チーム名	スコア
CDS (ForgeER)	61.61	HelloWorld (SEIHAI)	39.55	X3 (JueWu-MC)	76.97
mc_rl	42.41	michal_opanowicz	13.29	WinOrGoHome	22.97
I4DS	40.8	NoActionWasted	12.79	MCAgent	18.98
CraftRL	23.81	Rabbits	5.16	sneakysquids	14.35
UEFDRL	17.9	MajiManji	2.49	JBR_HSE	10.33
TD240	15.19	BeepBoop	1.97	zhongguodui	8.84

出典 Z. Lin, J. Li, J. Shi, D. Ye, Q. Fu, and W. Yang「JueWu-MC: Playing Minecraft with Sample-efficient Hierarchical Reinforcement Learning」(arXiv, 2021) URL https://arxiv.org/abs/2112.04907
エピソードを100回実行したときの平均スコア。指定されたアイテムを集めると、報酬が得られる。原木は1ポイント、木材は2ポイントのように倍々でスコアが上昇し、ダイヤモンドまで進むと1024ポイントが手に入る。

Column

「グランツーリスモ」を学ぶAI

2022年2月、レーシングゲームである「グランツーリスモ」をプレイするAIとして、「Gran Turismo Sophy」(グランツーリスモ・ソフィー、GT Sophy)がSony AIから発表されました。GT Sophyも深層強化学習を用いて開発されており、AIの新たな可能性に興味を覚えた人も多いのではないでしょうか。

本書でこれまでに取り上げてきたゲームとは違って、「グランツーリスモ」シリーズは現実の「自動車の運転」を忠実にシミュレートしており、より現実に近い環境であっても深層強化学習によりAIを作成できることが示されました。

GT Sophyは単に研究成果として発表されただけでなく、「ゲームの中のAI」として『グランツーリスモ7』にも組み込まれるようです。深層強化学習がついにゲームに取り込まれる時代になったかと思うと、感慨深いものがあります。

GT SophyはActor-Critic型のリアルタイムなアーキテクチャであり、本書の中では5章のAlphaStarと少し似ています。学習には「リアルな自動車の運転」をシミュレートするために「1000台以上のプレイステーション4」(PS4)から成る大規模なインフラが構築されています[*a]。

深層強化学習には高性能なシミュレータが必要

現代的な「深層強化学習の技術」を用いてAIを開発するには、その実行を支えるための大規模なインフラが欠かせません。AIを動かす環境がリアルな世界に近づけば近づくほど、その世界をシミュレーションするために膨大な計算が必要となります。

たとえば、深層強化学習の応用の一つとして、DeepMindは2022年2月にトカマク型核融合炉を制御するAIを発表しています[*b]。その開発には核融合炉の動作を忠実に再現するシミュレータが使われました。

もしシミュレータを使わずに、現実の世界でAIを動かすとどうなるでしょうか。実験的な核融合炉をいくつか並べてみて、これまでに本書で取り上げてきたような手法でランダムに炉心を制御し、最もうまくいくやり方を学習することは理論上は可能です。しかし、その過程では何度も制御に失敗することは避けられないでしょう。誰も現実の世界でそのような実験をしたいとは思わないはずです。

深層強化学習がもっぱらゲームの世界で研究されているのは、これが理由です。人間のように「失敗しないように考える」ことができないので、ゲームのように何度も失敗や成功を繰り返せる環境が必要なのです。

それではあまりにも制約が大きいので、もっと少ないデータから効率良く学習できるようにと、「サンプル効率の良い強化学習」が研究されています。この研究が進めば、AIも現実の世界で行動して「一度経験したことは忘れない」ような性質を身につけられるかもしれません。

*a 「TECHNOLOGY | Gran Turismo Sophy」
https://www.gran-turismo.com/jp/gran-turismo-sophy/technology/

*b J. Degrave, F. Felici, J. Buchli, et al.「Magnetic control of tokamak plasmas through deep reinforcement learning」(Nature 602, 2022)
URL https://doi.org/10.1038/s41586-021-04301-9

6.2 MineRL Diamondコンペティション2021

本節では、2021年のMineRL Diamondコンペティションで優勝した「JueWu-MC」の概要を説明します。

[課題]ダイヤモンドを手に入れる

2021年のMineRLコンペティションは、「Diamondコンペティション」と「BASALTコンペティション」の二つに分けられました。前者は従来のコンペティションと同じく、「ダイヤモンドを手に入れる」ことが課題となります。後者は新しく始まったコンペティションで、次節で詳しく説明します。

Diamondコンペティションはさらに、難易度の異なる二つのトラックに分けられました。一つは「入門トラック」(*Intro track*)で、制限なく自由にAIを開発することができます。データの難読化もされていないので、スクリプトAIを開発することもできます。

もう一つは「研究トラック」(*Research track*)で、2020年と同じ条件での開発が求められます。本戦に進めるのは、研究トラックだけです。

■―――― ルール　ドメイン知識、計算リソース

研究トラックには、前述した「Minecraftに固有のドメイン知識を用いてはならない」というルールの他にも、いくつかの決め事があります。

まず、MineRL-v0以外の外部データを用いることはできません。用意されたデータ(6000万サンプル)だけを用いて、学習する必要があります。

実際にゲームをプレイすることで追加のデータを集めることはできますが、その場合は最大で800万サンプルまでに限られます。学習に使えるのは1台のGPUマシンで4日間までです。

MineRLコンペティションのテーマは、「サンプル効率の良い強化学習」なので、なるべくデモンストレーションから多くを学ぶことによって、実際にゲームをプレイする時間を減らすことが期待されます。

■―――― 報酬　新しいアイテムを手に入れる

ゲーム内で **表6.3** のアイテムを最初に手に入れたときに、報酬が与えられます。この報酬は強化学習に用いても良いし、用いなくてもかまいません。

表6.3 Diamondコンペティションのゲーム内で得られる報酬

アイテム	報酬	アイテム	報酬
原木	1	かまど	32
木材	2	石のツルハシ	32
棒	4	鉄鉱石	64
作業台	4	鉄インゴット	128
木のツルハシ	8	鉄のツルハシ	256
丸石	16	ダイヤモンド	1024

得られた報酬の合計が、そのエピソードのスコアとなります。エピソードを100回繰り返し、スコアの平均値がそのAIの成績となります。

■――― 入門トラックの入出力

入門トラックで環境から受け取る観測データ、および送信する行動データには **表6.4❶** のようなものがあります。すべてのデータは、Pythonの辞書形式です。「OpenAI Gym」（1章）と同じような手順で観測データを受け取り、行動データを返却することでゲームが進行します。

表6.4 Diamondコンペティションの入出力

❶入門トラックの入出力

入力（観測データ）	出力（行動データ）
装備しているアイテム（斧など）	カメラの方向（上下左右360°）
インベントリの中身（木材など）	攻撃、移動、ジャンプなど
ゲーム画面（64 × 64、RGB）	指定したアイテムをクラフト

❷研究トラックの入出力

入力（観測データ）	出力（行動データ）
ベクトルデータ（長さ64）	ベクトルデータ（長さ64）
ゲーム画面（64 × 64、RGB）	―

■――― 研究トラックの入出力

一方、研究トラックの入出力は **表6.4❷** のようになります。ゲーム画面以外の情報は、長さ64のベクトルデータにエンコードされてしまうため、それが何を意味するのかは人が見てもわかりません。

MineRL-v0のデモンストレーションには、同じ方法でエンコードされた多数のサンプルが含まれているので、AIはそれを学習することで同様のベクトルデータを生成する必要があります。

■――― **エンコードされた行動** k平均法

エンコードされたベクトルデータをどうやったら学習できるのかを理解するために、図6.4 のように2次元に単純化されたベクトルを考えます。図中の各点は、「長さ2のベクトル」を縦横の2次元の座標にプロットしたものであるとします。

図6.4 エンコードされた行動を知る

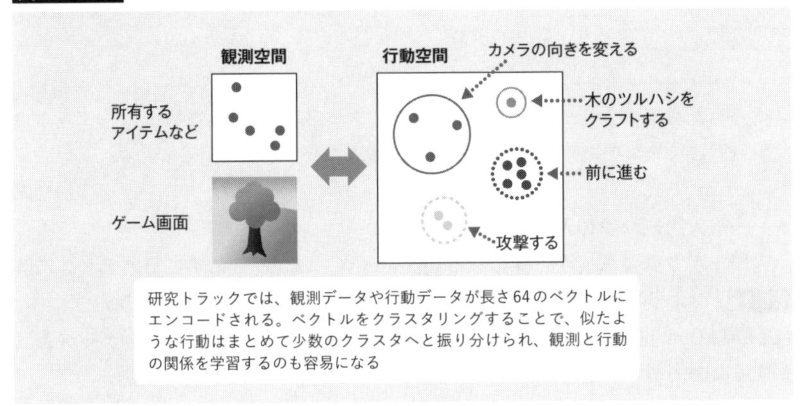

ゲーム中の「同じ行動は同じベクトル」へと変換されます。そのベクトルをクラスタリングすれば、行動の種類がいくつくらいあるのかがわかります。たとえば、「k平均法」(*k-means*)*4 を使ってクラスタごとの平均値を見つけることで、行動空間を小さくすることをMineRLは提案しています。

とはいえ、何種類の行動がデモンストレーションに含まれるのかはわからず、カメラの向きを変えるような連続値の行動もあるので、うまくデータを分析しなければ適切な行動を生成することができません。

デモンストレーションに含まれる観測データと行動データから、十分に汎化された特徴量を取り出し、それらをうまく結びつけることで「状況に応じた行動」を学習することがAIには求められます。

JueWu-MC

ここからは、コンペティションの本戦で優勝した「JueWu-MC」について説明します。JueWu-MCはダイヤモンドを入手するまでの過程を8つのステージに分けることで、ステージごとに方策を切り替えてゲームをプレイします 図6.5 。

*4 多数の要素をk個のクラスタに分類するためのアルゴリズム。

図6.5 JueWu-MCのアーキテクチャ

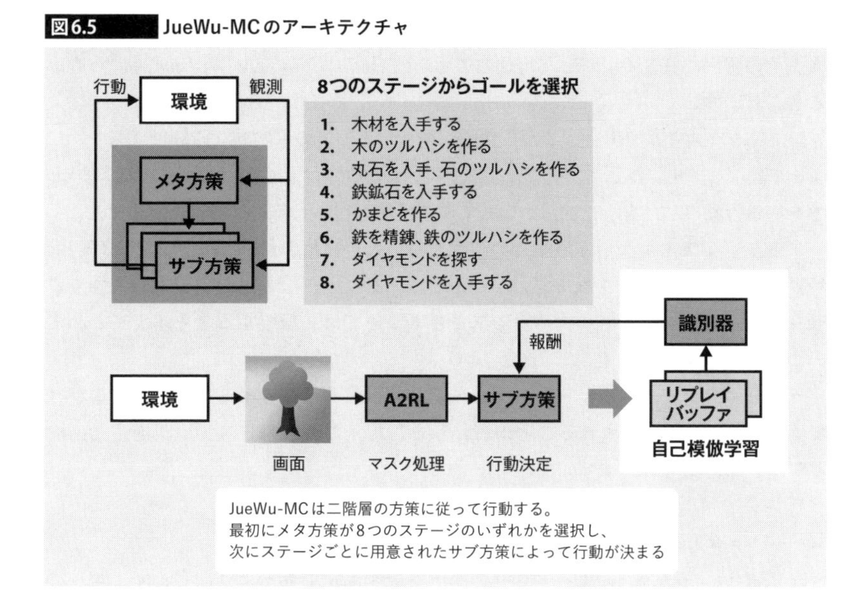

Note

JueWu-MC：サンプル効率の良い階層強化学習でMinecraftをプレイする

本節では、次の論文について解説します。

- Z. Lin, J. Li, J. Shi, D. Ye, Q. Fu, and W. Yang「JueWu-MC: Playing Minecraft with Sample-efficient Hierarchical Reinforcement Learning」(arXiv, 2021)
  URL https://arxiv.org/abs/2112.04907

JueWu-MCは観測データから現在のステージを判定する手順を**メタ方策**(*meta-policy*)、ステージごとに行動を決定する手順を**サブ方策**(*sub-policy*)と呼んでいます。前述した「階層強化学習」におけるメタコントローラーやコントローラーとは、以下の点で異なります。

メタ方策の出力は8つのステージのうちのいずれかであり、それ以外の値を出力することはありません。また、サブ方策はステージごとに独立したネットワークとして作られており、単一のネットワークでゴールを切り替えるわけではありません。

JueWu-MCは階層強化学習のアーキテクチャを踏襲しつつも、Diamondコンペティションに最適化することで学習効率を上げています。

ステージの分割

JueWu-MCは8つのステージをハードコードしているものの、ステージの分割は以下の規則に従って決定されています。

Diamondコンペティションでは、特定のアイテムを入手すると報酬が与えられます。その報酬に直接つながった行動のことを「アトミックスキル」(*atomic skill*)と呼ぶことにします。

アトミックスキルを実行してから報酬が得られるまでの平均的な時間は、スキルによって異なります。たとえば、クラフトを実行した後にはすぐに報酬が得られますが、木を切る行動(攻撃)をしたからといって必ず報酬が得られるわけではありません。

アトミックスキルから報酬までの時間が長いときには、「長時間の探索が必要」な行動であることが示唆されます。したがって、それは一つのステージとして独立させます。逆にすぐに報酬の得られるスキルについては、隣接するスキルをまとめて一つのステージにします。

そうして、デモンストレーションを分析したところ、ダイヤモンドの入手過程は8つのステージに分解されることがわかりました。これらの各ステージをうまくクリアできる方策を考えます。

■——— メタ方策　教師あり学習

まずは、「メタ方策」によって現在のステージを判定できるようにします。現在のステージは、インベントリに何が入っているのかで判断します。デモンストレーションを参照して、観測データとステージの関係を学習します。

メタ方策には、単純な三層のMLP(全結合ネットワーク)が使われます。入力としてベクトルデータを与えると、出力として現在のステージが得られるように教師あり学習します。

■——— サブ方策　価値ベース、まはた方策ベースの模倣学習

ステージが決まれば、それに対応した「サブ方策」を選択します。サブ方策は、画面を読み込んで行動を決定します。ステージによって行動の性質が大きく異なるので、サブ方策はそれぞれ異なるやり方で学習します。

あるステージでは、価値ベースの模倣学習である「DQfD」や「SQIL」が用いられます。別のステージでは、方策ベースの強化学習である「PPO」と模倣学習とを組み合わせます。

❶ DQfD (*Deep Q-learning from demonstrations*)
2017年に発表された模倣学習の一種。DQNに模倣学習を加えたもの

❷ SQIL (*Soft Q Imitation learning*)
2019年に発表された模倣学習の一種。模倣するだけでなく、強化学習で行動を改善する

❸ PPO (*Proximal policy optimization*)
2017年に発表された方策ベースの強化学習。ロボットなどの連続値制御に用いられる。OpenAI標準のアルゴリズム

本書では各ステージの詳細については説明しませんが、以下ではJueWu-MCに特徴的な学習のテクニックをいくつか取り上げます。

A2RL 行動に伴う表現学習

「A2RL」(*Action-aware Representation Learning*、行動に伴う表現の学習)はJueWu-MCが画像認識に取り入れた手法であり、ゲーム内での行動が画面にどう影響するのかを学習します。

Minecraftでは、実行する行動によって画面の変化が異なります。たとえば、ゲーム内でブロックを破壊するとおもに中央付近が変化しますが、カメラを下に動かしたときには画像が全体的に上方向に移動します。

A2RLでは、「ある行動の後に画像のどの部分が変化するのか」を**マスク**(*mask*)として学習します 図6.6 。マスクは、画像を入力として「0または1」から成る白黒画像を出力するCNNです。マスクは「とくに注意すべき場所」を学習しているといえます。

図6.6 画面内の変化を学習する

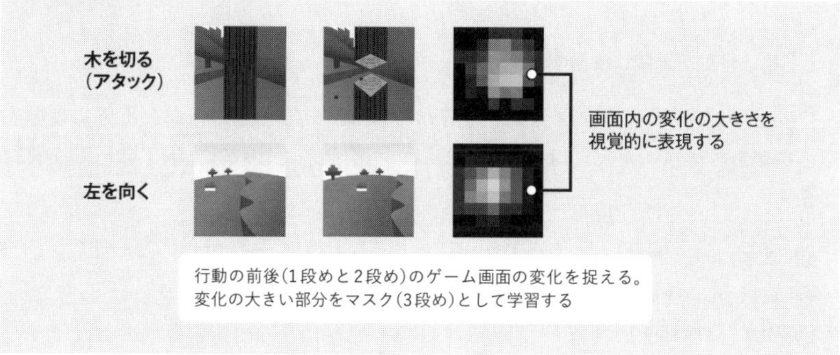

行動の前後(1段めと2段め)のゲーム画面の変化を捉える。
変化の大きい部分をマスク(3段め)として学習する

こうして得られたマスクで入力画像の一部を強調すると、より少ないサンプルから効率的に学習できるようになります。

DSIL 識別器ベースの自己模倣学習

模倣学習の一種である「自己模倣学習」(SIL)に手を加えて、「成功」と「失敗」の二種類の行動から学ぶようにしたものが「DSIL」(*discriminator-based self-imitation learning*)です。

Note

自己模倣学習

自己模倣学習(*Self-imitation learning*)は、2018年に発表された模倣学習の一種。自分自身の過去の良かった行動を模倣します。Actor-Critic型の強化学習と組み合わせます。

DSILではまず普通にゲームをプレイし、その経験をリプレイバッファに保存します。今のステージの課題に「成功」したのか、「失敗」したのかに応じて、リプレイバッファを二つに分けておきます。

ここで、**識別器**(*discriminator*)と呼ばれる新しいネットワークが登場します。識別器は二つのリプレイバッファからデータを読み込んで、結果が「成功＝1」か「失敗＝0」かを予測できるように教師あり学習します。

そうして完成した識別器を用いて、強化学習します。もし出力が「成功＝1」に近ければプラスの報酬(+1)、「失敗=0」に近ければマイナスの報酬(−1)を与えます。

こうして、過去の「成功」と「失敗」の経験をどちらも報酬に変換することで、少ないサンプル数でも強化学習できるようにしたものがDSILです。

EBC 行動を正確に模倣する

Minecraftでアイテムをクラフトするためには、ある一連の行動を正確に模倣する必要があります。たとえば、「木のツルハシ」を作りたければ、以下の行動を実行します。

❶「原木」から「木材」をクラフト
❷「木材」から「作業台」をクラフト
❸「作業台」を地面に設置
❹「作業台」を使って「木のツルハシ」をクラフト

一方、「原木」を入手する手順は、これほど明確ではありません。マップを歩き回って、木を探して攻撃する必要があります。一つ一つの行動に、それほど正確性が要求されるわけでもありません。

前者のような「正確な行動」と、後者のような「長期的な行動」の両方を同じように学習することは難しいので、両者を明確に区別します。

「EBC」(*Ensemble behavior cloning with consistency filtering*、一貫性フィルタリングによる行動クローニングのアンサンブル)は、模倣学習の一種である「BC」を拡張し、前者の「正確な行動」を模倣しやすくします。

Note

BC　行動クローニング

BC（*Behavior cloning*、行動クローニング）は、デモンストレーションをそのまま真似するシンプルな模倣学習。観測データ（入力）に対して、行動データ（出力）を教師あり学習します。

■――一貫性フィルタリング

EBCの準備として、学習用のデータセットを用意します。人は必ずしも最適な行動をしているわけではなく、デモンストレーションには多数の無駄な行動（ノイズ）が含まれます。木を切るときに空振りするシーンがあったとしても、それをそっくり真似る必要はありません。

クラフト時に必要とされるような「正確な行動」の模倣においては、「欠くことのできない必須の行動」を確実に見つけ出す必要があります。そこで、まずステージごとの行動の数をカウントし、そのステージの「典型的な行動パターン」を見つけます。たとえば、ステージ2（木のツルハシを作る）であれば、前述した4つの行動を続けて実行する人が多いでしょう。

次に、この「典型的な行動パターン」だけを切り出した短いデモンストレーションを作成します。そこからは、木を切るシーンなどが取り除かれて、ツルハシを作成するだけの一貫性のある内容になっているはずです。

■――行動クローニングのアンサンブル

続けて、フィルタリングされたデモンストレーションから模倣学習を実行します。ここではBCを使いますが、単純なBCは「未知のデータ」に対して脆弱であるという問題があります。

たとえば、「木のツルハシ」を作るデモンストレーションは、多くの場合は「森林」などからスタートするでしょう。しかし、たまたま「砂漠」などからスタートする状況が発生すると、そのようなデータは学習時にはなかったものなので、エージェントはどうして良いのかわからず、ランダムな行動を選んでしまいます。

こうした問題を軽減するため、EBCではあらかじめ複数のネットワークを用意して、それぞれをBCで学習します。そして、すべてのネットワークで行動を予測し、多数決を取ることで性能が安定します。

EBCはステージ2（木のツルハシを作る）のような、行動に正確性が求められる場面で使われています。

結果　各ステージを安定してクリア

こうした工夫を組み合わせることで、JueWu-MCはサンプル数50万程度の強化学習だけで2020年の優勝チームを大きく上回るスコアを達成しました。

図6.7 は、JueWu-MCが8つの各ステージをどのくらいの確率でクリアしたのかを示したグラフです。ステージ4（鉄鉱石を入手する）までは73.9%以上という高い確率でクリアしている一方で、ステージ7（ダイヤモンドを探す）には一度も成功しておらず、地下でダイヤモンドを見つけることの難しさが伺える結果となりました。

図6.7 ステージごとのクリア率

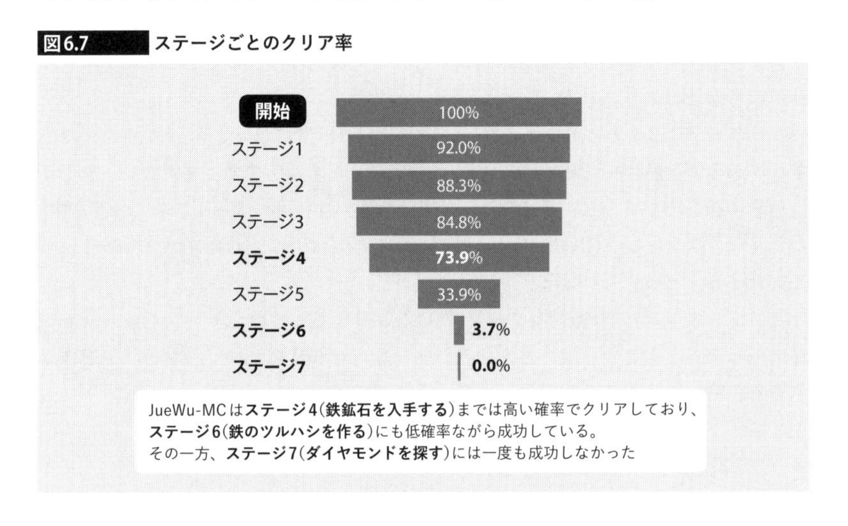

....

以上のように、JueWu-MCは二階層の「階層強化学習」と「模倣学習」とを組み合わせる形のAIでした。ステージの分割や、ステージごとの学習方法はハードコードされており、汎用AIというよりは、コンペティションに最適化された特化AIであるといえます。

サンプル数に制約がある中では仕方のなかった面もあるでしょうが、Minecraftではただ一つのアイテムを手に入れるだけでもこれだけ多くのことを考慮せねばならず、人と同じ行動をAIに学ばせることの大変さが感じられる結果ではないでしょうか。

6.3 MineRL BASALTコンペティション2021

本節では、2021年のMineRL BASALTコンペティションで優勝した「Team KAIROS」の概要を説明します。

[課題]報酬なしで真似をする

「BASALTコンペティション」は、2021年から新しく始まったMineRLのコンペティションです。その最大の特徴は、「強化学習の報酬が一切与えられない」ことです。

強化学習の技術をゲーム以外の現実世界に応用するのは、まだ難しいといわれています。その理由の一つに、「報酬のデザインが難しい」という点があります。現実世界でいくら行動してもゲームのように報酬が得られるわけではないので、AIを開発するにはまず「報酬の設計」が必要です。

多数の行動を必要とする「長期ホライズン」の課題では、「内因性報酬」(4章)や「擬似的な報酬」(5章)のようなAI固有の報酬をうまく作らないと学習できないことを、本書でも見てきました。

今後AIの応用範囲を広げるためには、これまでのように「綿密に設計された報酬」をAIに組み込むだけではなく、「人からのフィードバック」を受け取って学ぶような技術も必要です。いわば「他人から教わって学ぶ」のと同じことをAIでも実現しようということです。

■――コンペティションの四つの課題

BASALTコンペティションでは、表6.5のような課題を達成することが求められます。いずれも課題は自然言語として与えられており、機械的に判定できるような明確な基準はありません。

表6.5 BASALTコンペティションの課題

課題	内容
FindCave	洞窟を見つけて、その中に入りなさい
MakeWaterfall	美しい滝を作って、離れた場所からその景観を眺めなさい
CreateVillageAnimalPen	村の建物の隣に動物の囲いを作り、その中に同じ種類の動物2匹を入れなさい
BuildVillageHouse	村の建物と同じような建物を、適切な場所(道沿いの空き地など)に建築しなさい

URL https://www.aicrowd.com/challenges/neurips-2021-minerl-basalt-competition

もちろん、何の予備知識もなしに、これらの課題を達成するのは不可能なので、学習用のサンプルとして人によるデモンストレーションが与えられます。AIは、それを見て同じことを実行できるかが試されます。

Minecraftにはランダム性があるので、単純に行動を真似しただけでは同じ結果にはなりません。真似るべきは過程あるいは到達地点であり、そこに至る具体的な行動はAIが自分で見つけ出す必要があります。

このコンペティションはかなり難易度の高い課題であり、本書でこれまでに取り上げてきたAIとはまた違ったチャレンジが必要です。

■——— 三つの学習方法　模倣学習、人による比較、訂正

コンペティションでは、具体的に三つの学習方法が提案されています。一つはデモンストレーションを使った模倣学習ですが、後の二つは「比較」または「訂正」によるフィードバックを取り入れることです。

比較（*comparison*）は、AIが行動した結果を人が見て、どの行動が良かったのかをフィードバックとして与えます。AIは、それを報酬としてネットワークを更新します。

訂正（*correction*）は、より具体的なフィードバックとして、AIの特定の動作に対して変更すべき点を伝えます。たとえば、「美しい滝」とは何かをAIは知らないので、具体的にそれがどういうものかを例として与えます。

■——— 入出力と計算リソース

上記以外の点を除くと、BASALTコンペティションのルールは、Diamondコンペティションの「入門トラック」とほぼ同じです。入出力データはエンコードされておらず、スクリプトAIも認められます。学習に用いられる計算リソースも同じで、最大4日間で学習を完了させる必要があります。

■——— 評価方法　人が評価する

このコンペティションには、客観的に評価のできるスコアのようなものはありません。AIの評価をするのは、人間です。AIの行動は動画として公開され、投票によって高評価を集めたものが勝者となります。

Team KAIROS

ここからは、コンペティションの本戦で優勝した「Team KAIROS」（以下、KAIROS）について説明します。KAIROSは、4つの課題のうち2つ（FindCaveとMakeWaterfall）で首位を獲得しました。

Note

Minecraftの階層的タスクを解決するために、人によるフィードバックと知識工学を組み合わせる

本節では、次の論文について解説します。

- V. G. Goecks, N. Waytowich, D. Watkins, and B. Prakash「Combining Learning from Human Feedback and Knowledge Engineering to Solve Hierarchical Tasks in Minecraft」(arXiv, 2021) URL https://arxiv.org/abs/2112.03482

KAIROSの特徴は、現代的な「機械学習の技術」と従来的な「知識工学の技術」とを組み合わせて、AIを開発していることです。これを**ハイブリッド知能**(*hybrid intelligence*)と呼びます。

Note

知識工学　knowledge engineering

人の知識をデータベース化するAIの技術。かつて、第2次AIブームの頃に盛んに研究された「エキスパートシステム」の理論を体系化した学問。

機械学習を用いたAIでは通常、最初から最後まで機械学習のモデルだけで入力から出力までを計算します。そのような実装を、**エンドツーエンド**(*end-to-end*)の機械学習と呼びます。

エンドツーエンドの機械学習では膨大なデータを用意しなければ、うまく学習することができません。BASALTコンペティションのように「人のフィードバック」に頼らざるを得ない状況では、サンプル数が極端に少なくなるので機械学習だけでできることには限界があります。

■――アーキテクチャ　ハイブリッド知能

そこで、KAIROSは機械学習に適したところでは機械学習を使いつつスクリプトで済むところにはスクリプトを用いることで、サンプル効率の良いシステムを作成します。

KAIROSも、二階層の「階層強化学習」と「模倣学習」を用います 図6.8 。「ステートマシン」は、現在の状態を見て次のサブゴールを決定します。そして、サブゴールを達成するために、「サブタスク」のうちの一つが一連の行動を決定します。

図6.8 KAIROSのアーキテクチャ

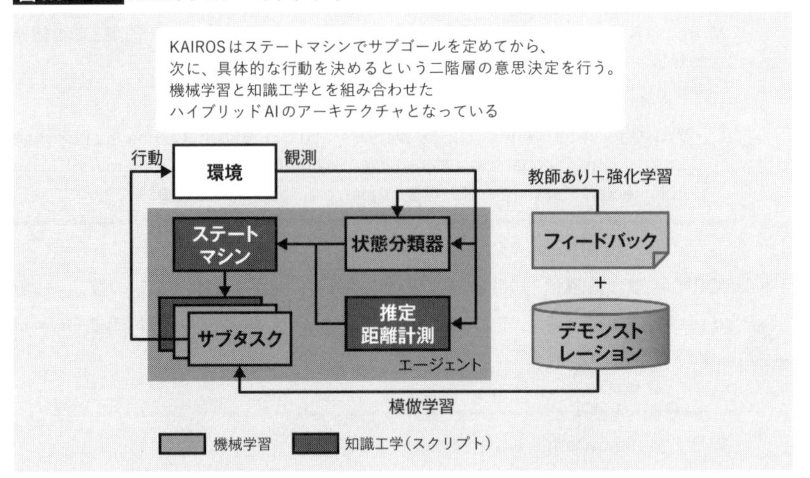

サブタスクの実装には機械学習、もしくはスクリプトが使われます。目の前の課題を解決するためのベストな手段を選ぶという、とても現実的なアプローチであるといえます。

状態分類器 Deep TAMER

KAIROSでは、環境からの観測データは最初に**状態分類器**(*state classifier*)へと渡されます。状態分類器は、ゲーム画面がどのようなシーンであるのかを判別し、表6.6のような12種類の状態を出力します。

表6.6 状態分類器によるシーンの判別

洞窟が見える	目の前に壁がある	村の家が見える
洞窟の中にいる	山の頂上にいる	動物がいる
この先は危険	滝が見える	空き地が見える
山が見える	動物の囲いが見える	囲いの中に動物がいる

状態分類器は、一種の画像認識のモデルであると言えます。KAIROSは独自にWeb UIを開発し、デモンストレーションの中から抽出した画像がいずれの状態であるのかを人が手作業で選択できるるようにしています。

論文では、この方法で8万枚余りのゲーム画面にラベル付けすることで、状態分類器を完成させています。状態分類器の実装には、人のフィードバックを用いて短時間で強化学習のできる「Deep TAMER」が使われます。

Note

Deep TAMER

人によるフィードバック情報を用いて、少ないサンプルから深層強化学習できるようにしたネットワーク。

■ 推定距離計測 これまでに歩いてきた道を覚える

推定距離計測(*estimated odometry*)は、エージェントがこれまでに歩いてきた道のりを記録するトラッカーのようなモジュールです。

BASALTコンペティションでは、地図のどこに何があるのかを覚えておきたいときがあります。たとえば、動物を囲いに入れるためには、動物を見つけてから囲いの場所にまで戻ってくる必要があります。

推定距離計測では、エージェントが実行した行動(前進、ジャンプ、方向転換など)から現在の位置情報を計算し、その位置に何があったのかを履歴として保存します。このモジュールには機械学習は使われず、スクリプトとして実装されます。

■ ステートマシン サブゴールを決定する

KAIROSの**ステートマシン**(*state-machine*)は、次に達成すべきサブゴールを決定するモジュールです。

BASALTコンペティションの各課題は、明示されてはいないものの、いくつもの段階を踏んで行動しなければ達成できません。たとえば、「動物の囲いを作る」のであれば、少なくとも次のような4段階のサブゴールを達成する必要があります。

❶ちょうど良い空き地を見つける
❷囲いを組み立てる
❸動物を探す
❹動物を囲いの中に連れてくる

こうしたサブゴールはそれぞれが難しい課題であり、多数の行動によって達成されるものです。そのため、KAIROSも階層強化学習の考え方を取り入れて、サブゴールごとに個別のモデルを作成しています。

ステートマシンはPythonのtransitionsパッケージ[*5]で実装されており、状態遷移図を使って、次のサブゴールが決められます。そのルールはハードコードされており、デモンストレーションから何かを学習することはありません。

*5 URL https://github.com/pytransitions/transitions

サブタスク　ハイブリッドAI

サブゴールを達成するために、行動を作り出すモジュールが**サブタスク**(*sub-task*)です。サブタスクは実行内容に応じて機械学習、もしくはスクリプトが使い分けられます。

スクリプトは、デモンストレーションにほとんど登場しない行動を実行するのに、とくに役立ちます。たとえば、BASALTコンペティションでは各課題を終了したときに、手持ちの「スノーボールを投げる」ことによってエピソードを終了するルールとなっています。

このような行動は、エピソード中にたった一度しか登場しないため、デモンストレーションだけを見て学習するのは困難です。KAIROSは、そのような行動をスクリプトとして実装しています。

機械学習によるサブタスクは、単純に「BC」(行動クローニング)を用いて模倣学習されており、とくに目新しい点はありません。

結果　エンドツーエンドAIを上回る

論文ではサブタスクの実装として純粋に模倣学習のみ、あるいはスクリプトのみを用いた「エンドツーエンドAI」と、両者を組み合わせた「ハイブリッドAI」とを比較することで性能を検証しています。

AIの性能は人が評価しなければならないので、KAIROSは専用のWebアプリを用いてAIを評価します。スコアを定量的に比較するために、「TrueSkill」レイティングが計算されます。

Note

TrueSkill

対戦ゲームの強さを数値化するためのレイティング手法の一つ。類似の技術として、チェスの強さを評価する「Eloレイティング」が有名ですが、TrueSkillはEloよりも少ない対戦で早く収束する特徴があります。

結果として、ハイブリッドAIはエンドツーエンドAIと比較して、すべての課題で全体的に高いスコアが得られることが確認されました。「人からのフィードバック」のように数の少ないデータから学習しなければならない場合には、ハイブリッドAIが有効であることが確かめられました。

………………………………………………

以上のように、KAIROSも二階層の「階層強化学習」と「模倣学習」を組み合わせる形のAIでした。ある程度の行動は模倣学習により身につけつつも、うまく模倣できない部分はスクリプトとして再実装し、サブタスクをステートマシンによって切り替えるという現実的な実装となっています。

KAIROSは、入力画像から現在の状態を判別するための「状態分類器」の学習に、人からのフィードバックを用いていました。これは前述した「訂正」に当たるフィードバックであり、AIがサブタスクを切り替える要所要所のタイミングで活用されています。

また、最後のTrueSkillによる評価時に用いられているのが「比較」によるフィードバックです。二つの動画を比較して優劣を付けることで、AIを定量的にスコアリングしています。ただし、KAIROSには、比較結果を学習に反映してAIを改善するようなしくみはなさそうです。

Minecraftは単純な模倣学習だけで真似できるゲームではなく、まだまだ改善の余地は多そうです。BASALTコンペティションはまだ始まったばかりなので、今後の展開が楽しみです。

Column

模倣には「高度な認知能力」が必要

「模倣学習」はデモンストレーションを見て「行動を真似る」ための技術ですが、Minecraftの世界では「同じように行動すれば同じ結果になる」とは限りません。

たとえば、Minecraftで「家を作る」という行動を考えます。人間なら間違って屋根から落ちたときには、もう一度屋根に登ってから作業を続けます。しかし、単純に行動を真似るだけのAIでは、屋根から落ちたことに気づきもしないまま、地面に屋根を作ることにもなりかねません。

真似るべきは「行動の結果」であり、そのためには建築がどこまで進んでいるのかを把握できるだけの「高度な認知能力」が必要です。

現在のAIは限られた世界の中で「最適な手順を見つける」とか、「正確に模倣する」とかのタスクは上手くやってのけますが、人間のような認知能力はないので、自分が何をやっているのかわからないまま行動します。

Minecraftの世界でAIが人間の行動を真似るには、少なくとも「人間と同程度の認知能力」が必要であり、その段階に至るまでにはまだ何段階もの技術革新が必要になりそうです。

6.4 今後の展望

本節では、筆者が注目するいくつかの技術を取り上げながら、「汎用AI」の今後の発展の方向性について考えてみます。

オープンエンドな学習環境　終わりのない強化学習

ゲームAIの研究に使われる学習環境は複雑性を増しており、「広大な観測空間と行動空間」の中で、どのようにして知識を身につけていくかがテーマとなってきました。以下では、本書原稿執筆時点で発表時期が新しい学習環境の中からいくつか取り上げて見ていきます。

■——— XLand

本書では解説できませんでしたが、DeepMindは2021年7月に「XLand」と呼ばれる最新のゲームAIを発表しました[*6]。XLandはDeepMindが独自に開発したゲーム環境です。図6.9のような3Dのマップが自動生成され、その中でエージェントは与えられたタスクを実行すべく行動します。

図6.9　XLandの3Dマップ(例)

出典　Open Ended Learning Team et al.「Open-Ended Learning Leads to Generally Capable Agents」(arXiv, 2021)　URL https://arxiv.org/abs/2107.12808
XLandは3Dの仮想的なゲーム空間をランダムに生成し、その中で複数のエージェントが一緒にゲームをプレイする。一つのゲームの中で覚えた知識は、別のゲームでも利用される。

*6　「Generally capable agents emerge from open-ended play」
URL https://deepmind.com/blog/article/generally-capable-agents-emerge-from-open-ended-play

XLandは「Reward-is-enough」仮説(5章のコラム「知能とは何か」を参照)を実証するために作られたかのような仮想空間です。エージェントはその中で自由に動き回り、道具の使い方を覚え、知識を積み上げることでルールの異なる複数のゲームをプレイします。

Atari-57のようなゲームでは、AIは個々のゲームを学習することはできても、一つのゲームで得た知識を別のゲームに生かすことはありません。一方、XLandでは共通の仮想世界の中でいくつものタスクをこなすため、新しいタスクを学ぶたびにエージェントは成長します。

このようなXLandの特徴は、**オープンエンド学習**(*open-ended learning*)と呼ばれています。いわば「ブロック遊び」のように正解のない自由な発想で行動することで、「その世界でできること」を終わることなく学習し続けます。

この論文は50ページ以上にも及ぶ大作で、AlphaStarをさらに発展させたような「Attentionベースのアーキテクチャ」と「マルチエージェント学習」が取り入れられています。

TIP

XLandのゲーム環境

残念ながら、XLandのゲーム環境は本書執筆時点では公開されていないようです。似たようなゲーム環境は「マルチエージェントゲーム」として公開されているものもあります(1章のコラム「マルチエージェントゲーム」を参照)。

■── NetHack Learning Environment NLE

「NetHack」は1987年にリリースされた古典的な「ローグライクゲーム」で、ASCII文字だけでゲーム画面が表示されます 図6.10 。このNetHackを用いた学習環境が、「NetHack Learning Environment」(NLE)として2020年6月にFacebook AI Researchから発表されました。

Note

ローグライクゲーム

ランダムに生成されるダンジョンで、モンスターを倒しながら探索するゲーム。一度倒されるとゲームオーバーで、最初からやり直しとなります。

図6.10 NetHack

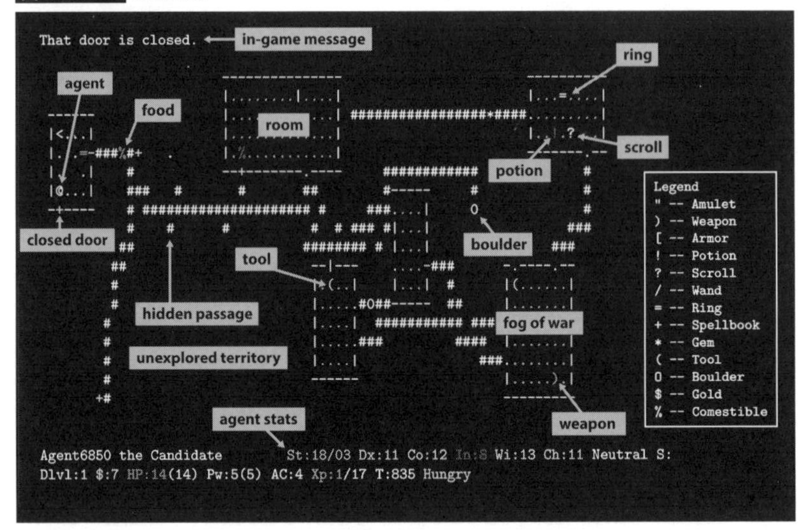

URL https://ai.facebook.com/blog/nethack-learning-environment-to-advance-deep-reinforcement-learning/

NLEの特徴は、軽量であることです。NLEはPythonの拡張パッケージとして開発されており、Pythonの子プロセスとしてゲームが実行されます。入出力がテキストだけなので、余分な計算リソースを使うことなくAIの開発に専念できます。

その一方で、NetHackは人間にとっても恐しく難解なゲームです。初心者がゲームをクリアできるようになるまでには、何年もかかるといわれています。熟練した人であっても、ゲームの開始からクリアまでには10時間くらいかかるようです。Atari-57とは比較にならない桁違いの難しさです。

研究者も近い将来にAIがNetHackをクリアできるとは考えておらず、ゲーム内でのスコアなどを指標として性能が試されます。NetHack本体はあまりにも難し過ぎるので、小さなミニゲームに挑戦できる「MiniHack」というプロジェクトも提供されています。

MiniHackでは、NetHackのごく小さなタスクをAIに学ばせることができます。そうして知識を積み上げた上で、より大きな課題にチャレンジさせることが考えられます。前述した「オープンエンド学習」の舞台として利用できます。

NetHackも世界中の愛好家によって多数のリプレイが公開されており、それらを用いた「模倣学習」も考えられます。「スクリプトAI」や「ハイブリッドAI」も含めて、あらゆる手段を用いた挑戦がこれから試されるでしょう。2021年にはコンペティションも開催されています*7。

*7 URL https://nethackchallenge.com

■——Procgen Benchmark

「Procgen Benchmark」は、2019年12月にOpenAIによって発表されたミニゲーム集です。全部で16のシンプルな2Dゲームが含まれています。Procgen Benchmarkは「Atari-57」に代わるベンチマークとして開発されており、各ゲームはランダムにマップを生成します。

Atari-57では単純に画面入力を行動に結びつけることができましたが、Procgen Benchmarkでは毎回違う画面が生成されるので、AIにはより高度な状況認識能力が求められます。2020年にはコンペティションも開催されています[*8]。

■——Minecraft

Minecraftを舞台としたAI研究も活発化してきています。2022年6月には、MineRLとは別の新しい学習環境として「MineDojo」が発表されました[*9]。MineDojoは、オンラインの動画やテキストデータを用いてMinecraftを学習する「オープンエンド学習」のためのプラットフォームです。

*8 URL https://www.aicrowd.com/challenges/neurips-2020-procgen-competition
*9 URL https://minedojo.org

Column

一般公開された動画からMinecraftを学習する

MineRLとはまた違ったアプローチでMinecraftに挑戦したAIもあります。2022年6月、OpenAIが発表した「VPT」[*a]は、インターネット上に一般公開された大量の動画からMinecraftを学習します。結果として、AIが自力でダイヤモンドを入手して、「ダイヤモンド製の道具」を作ることにも成功しています。

VPTは内部でMineRLを利用しているものの、MineRLのデモンストレーションは使わずに、独自に学習用のデータを集めています。インターネット上の動画には、実行された行動がデータとしては含まれていないため、そのままでは学習するのが困難です。そこでVPTでは、まず最初に学習用の小さな動画（約2000時間）を作成し、そこから「画面」と「行動」（マウスとキーボード）の関係を学習しています。

そのようにして完成したモデルを使って、一般公開された動画（約7万時間[*b]）に対して、「実行された行動」を予測します。そうして予測した行動を「模倣学習」することで、動画と同じように行動できるAIを作り上げています。

VPTは完成したモデルを一般公開しており、2022年のBASALTコンペティションでは、VPTのモデルを活用したAIの提案も募集しています。

*a URL https://openai.com/blog/vpt/
*b MineRLのデモンストレーションが500時間であることを考えると、VPTがいかに大量のデータを学習しているかがわかります。

一方、MineRLは2022年もBASALTコンペティションを開催しています。コンペティションの内容は前回と同じですが、今回は事前に学習済みのモデルを活用することもできるようです(前ページのコラムを参照)。

たとえ一つの課題が達成されても、Minecraftの世界はまだまだ奥が深いので、新しい課題はいくらでも出てきそうです。「建物を作る」のような課題は、人間と同レベルに達するのはいつになるのか見当もつきません。それが達成される頃には、また本を一冊書けるくらいの技術が開発されていそうです。

こうした学習環境の動向を踏まえると、これからのゲームAIでは「階層強化学習」や「オープンエンド学習」のような「段階的に知識を積み上げていく能力」が不可欠となってくるのではないでしょうか。

段階的に知識を積み上げる　階層強化学習と継続学習

本章で取り上げた「階層強化学習」はどれもハードコードされており、「知識の構造そのもの」を学習する能力はありませんでした。サブタスクは個別のモデルとして実装され、汎用性もありませんでした。

何か一つのモデルだけで、段階的に知識を積み上げることはできないものでしょうか。筆者の知る限りでは、このあたりはまだまだ発展途上の分野のようです。以下には、いくつか気になった技術を書き留めておきます。

Option-Critic　サブゴールを切り替える

古典的な強化学習では、複数のサブゴールを切り替えることを**Option**(選択肢)と呼びます。サブゴールごとに方策があるなら、それぞれの方策がOptionです。Optionを変えると一連の行動が変化します。

従来の「Actor-Critic」に手を加えて、Actorを複数のOptionで置き換えたものを「Option-Critic」と呼びます。Option-Criticは2016年頃から研究されていますが、2022年1月にはDeepMindによって「Attention Option-Critic」というAttentionベースのモデルも発表されました。

Optionの概念は前述したXLandにも取り入れられており、ますます重要なキーワードとなりそうです。

マルチホライズン　短期と長期の時系列予測

知識の構造は、「時間の流れ」として捉えることもできます。たとえば、気温には季節に応じた「長期の変化」がある一方で、朝と夜とで「短期の変化」もあります。このような時間軸の違いを組み合わせることを**マルチホライズン**(*multi-horizon*)と呼びます。

マルチホライズンを考慮に入れたモデルとしては「Fast-Slow RNN」が有名で、2018年にDeepMindが発表した「Capture the Flag」のようなゲームAIにも取り入れられています。

2021年12月にGoogle Researchが発表した「Temporal Fusion Transformer」(TFT)では、RNNではなくTransformerを使うことで効率良くマルチホライズンの時系列予測ができるようにもなりました。

階層強化学習のサブゴールを「長期の変化」、個々の行動を「短期の変化」と考えるなら、AIの行動もマルチホライズンの予測として表現できるかもしれません。

■──── Pathways 何百万ものタスクを学習する

本書の原稿執筆時点では詳細が明らかにされていませんが、2021年10月にGoogle Researchが「次世代のAIアーキテクチャ」として発表した「Pathways」も興味深い技術です[*10]。

Pathwaysでは、一つのモデルで「何百万もの小さなタスク」を学習することができるとされています。従来のAIでは、何か新しいことを学習すると以前の知識を忘れてしまう欠点があり、**破局的忘却**(*catastrophic forgetting*)と呼ばれています。学習時にネットワーク全体を書き換えているのだから、当然といえば当然かもしれません。

本章のMineRLのAIは、どれもサブゴールごとに個別のモデルを用意することで破局的忘却を避けていました。しかし、サブゴールの数が増えるとこのやり方は難しくなります。たとえば、Minecraftで家を作るには「床を張る」「柱を立てる」「壁を作る」など、サブゴールはいくらでも小さくできます。そのすべてについてモデルを分けるのは、現実的ではありません。

Pathwaysは、タスクに応じてモデルを「部分的に更新する」ことで、破局的忘却を避けるようです。これは人間の脳にも見られる構造であり、脳は全体のごく一部分しか書き換えないので、新しいことを覚えたからといって古い記憶を失うことはありません。

破局的忘却をすることなく学び続けられる性質は、**継続学習**(*continual learning*)と呼ばれています。PathwaysがゲームAIの開発にそのまま使えるかどうかはわかりませんが、AIが継続的に知識を積み上げていくには、類似のしくみが必須になってくるのではないでしょうか。

*10 「Introducing Pathways: A next-generation AI architecture」
URL https://blog.google/technology/ai/introducing-pathways-next-generation-ai-architecture/

神経科学から学ぶ

DeepMindの創業者であるDemis Hassabisが2017年に発表した論文[*11]には、AIが神経科学からどのように影響を受けてきたかがまとめられています。

論文によると、これまで(2017年当時)に4つの分野で神経科学の知見が取り込まれてきたといいます。「注意」「エピソード記憶」「ワーキングメモリー」「継続学習」の4つです。このうち「継続学習」はすでに取り上げたとおりなので、残りの3つに触れて本書を締め括りましょう。

■――― 注意

注意(*attention*)は文字どおり、人が物事に注意を向ける脳の機能です。入ってきたすべての情報を平等に扱うのではなく、重要度の高い部分に注目して他よりも優先的に扱います。本書で何度も登場した「Attention」(注意機構)とも関連の深い機能です。

論文が発表された2017年当時と比べると、Transformerの登場によってAttentionの重要性はますます高まっています。情報は増えれば増えるほど無駄なデータも増えるので、「不要なものを捨てる」機能が注意であるともいえます。これからのAIには、欠かせない機能の一つとなりそうです。

■――― エピソード記憶

エピソード記憶(*episodic memory*)は先に取り上げたとおり、経験を一時的に記憶する脳のしくみです(4章のコラム「人にとってのエピソード記憶」を参照)。論文では、「DQN」に取り入れられた「経験リプレイ」がエピソード記憶の例として説明されています。

その一方で、本書で見てきたAIはどれも人間のエピソード記憶には遠く及びません。エピソード記憶は本来、経験した直後から知識として使える性質があります。本書のAIでゲーム中に知識を蓄えるのは、「NGU」の「エピソード記憶」(4.6節)だけでした。それ以外はどれも、「経験リプレイ」として蓄えた知識を後から学習に利用しているに過ぎません。

結果として、ほとんどのAIはゲーム中には何も学習せず、何千回もプレイした後からネットワークを更新することで賢くなります。

このような学習方法は、脳のやり方とは大きく異なるのは明らかです。もし今までのやり方で「NetHack」を学習するとしたら、ダンジョンに何千回も潜ってから少し賢くなるようなAIになってしまいます。人間ならもっと効率良く一回のゲームプ

*11 D. Hassabis, D. Kumaran, C. Summerfield, and M. Botvinick「Neuroscience-Inspired Artificial Intelligence」(Neuron, vol. 95, no. 2, 2017)
URL https://doi.org/10.1016/j.neuron.2017.06.011

レイだけで多くの知識を手に入れます。

神経科学の分野では、「海馬」などのエピソード記憶に関わる機能はよく研究されており、ゲームAIにもそろそろ本当のエピソード記憶が取り入れられるのではないでしょうか。

■——ワーキングメモリー

ワーキングメモリー（*working memory*、作業記憶）は、脳の中でも数秒程度しか保持されない、ごく短時間の記憶です。たとえば、はじめて見る電話番号は少しの間なら覚えていられますが、すぐに忘れます。論文では、「LSTM」の短期記憶がワーキングメモリーに該当することを説明しています。

階層強化学習における「メタコントローラー」や、マルチホライズンにおける「長期の変化」など、AIの中でゆっくりと時間変化する要素も一種のワーキングメモリーといえるかもしれません。

人間が何か行動するときには、常にワーキングメモリーに次の予定（サブゴール）を置きつつ目の前の行動を実行します。実際に筋肉を動かすのは小脳に任せて、大脳は次の予定を計画することに使われます（2章のコラム「機械学習と脳の関係」を参照）。

そうした多階層の行動生成ができるようになってくれば、ゲームAIも少しは「人間と同じようなやり方で行動している」といえるかもしれません。

Column

Transformerベースの汎用AI　Gato

2022年5月、DeepMindは「Gato」（ガト）と呼ばれる新しいTransformerベースのAIを発表しました[★a]。

Gatoは、「Atari-57」や「Procgen Benchmark」のようなビデオゲームに加えて、「ロボットアーム」を動かすような機械制御、そして「チャットボット」のような自然言語による対話までをも、一つの共通アーキテクチャで学習できる汎用性の高いAIです。

Gatoは、そのコアとしてTransformerを採用しています。Transformerは自然言語処理であれば「単語の並び」を出力しますが、それに代わって「行動の並び」を生成することによってエージェントを動かします。

Gatoの論文では「教師あり学習」のみが用いられており、「強化学習」は使われません。その意味では、Gatoには「報酬の最大化」を目指すような「知能」はありません（5章のコラム「知能とは何か」を参照）。

とはいえ、Gatoのアーキテクチャを採用しつつ「強化学習」することは可能だと論文では述べられています。汎用性の高いTransformerベースのアーキテクチャを取り入れつつ、それを強化学習によって改善し続けるようなゲームAIがこれから増えてくるかもしれません。

★a 「A Generalist Agent」 URL https://www.deepmind.com/publications/a-generalist-agent

6.5 まとめ

本章では、Minecraftを題材に、未解決のゲームAIの課題を見てきました。

Minecraftは、5章のStarCraft IIにも劣らないほどの**広大な観測空間と行動空間**を持つゲームです。したがって、ランダムな行動だけから学習しようとするのではなく、**人の行動から学ぶ**ようなAIを開発するのが現実的です。

MineRLプロジェクトでは、Minecraftの世界を学ぶために多数の**デモンストレーション**を提供しています。AIは可能な限り多くの知識をデモンストレーションから得ることにより、ゲーム環境の中で実際に行動する回数を減らすような、**サンプル効率の良い強化学習**を実行することが期待されます。

■――― 階層強化学習　ゴールとサブゴールを分ける

Minecraftの世界ではあらゆる行動に階層関係があり、何か一つのゴールに辿り着くためには**複数の小さなサブゴールを次々と達成する**ような性質があります。**階層強化学習**を用いることで、Minecraftの世界における行動を自然な形で表現できます。

本章では、**ゴールの設定**と**サブゴールの方策**とを分離してハードコードした、シンプルな階層強化学習の例を取り上げました。理想的には、一つの汎用的な技術だけで階層的に行動を学習できるといいのですが、このあたりはまだ発展途上の分野であり、新たな研究が待たれるところです。

■――― 汎用AIの研究はどこへ向かうのか

汎用AIの研究には、**人間の脳から学ぶ神経科学的なアプローチ**と、**目の前の技術でできることを増やしていく工学的なアプローチ**との、二種類があります。本書では、おもに後者の工学的なアプローチを紹介しました。

ここ数年、**一つの複雑な世界の中で知識を積み上げて**いけるような**オープンエンド学習**が活発になってきました。膨大な観測データの中から有益な情報を抜き出せるように、**Attention**や**Transformer**の技術が組み込まれる例も増えてきました。

段階的に行動を学習できるような新しい技術の例として、**Option-Critic**、**マルチホライズン**、**Pathways**などの概念を紹介しました。また、神経科学的なアプローチから学べる概念として、**注意**、**エピソード記憶**、**ワーキングメモリー**、**継続学習**の例を取り上げました。

汎用AIの研究がこれからどう進むのかは、まだわかりませんが、少しずつでも着実に研究が進んでいる現状を見ると、今後の発展が楽しみでなりません。

索引

アルファベット

カナ

●著者プロフィール

西田 圭介 Keisuke Nishida

フリーランスのソフトウェアエンジニア。著書に『Googleを支える技術　巨大システムの内側の世界』（技術評論社、2008）、『ビッグデータを支える技術　刻々とデータが脈打つ自動化の世界』（技術評論社、2017）などがある。

装丁・本文デザイン……………… 西岡 裕二
カバードット絵……………… BAN8KU
図版……………… さいとう 歩美
DTP……………… 酒徳 葉子（技術評論社）
校正協力……………… 山野 瞳

Tech × Books plusシリーズ

ゲームから学ぶAI
環境シミュレータ×深層強化学習で広がる世界

2022年8月6日　初版　第1刷発行

著者……………… 西田 圭介
発行者……………… 片岡 巌
発行所……………… 株式会社技術評論社
東京都新宿区市谷左内町21-13
電話　03-3513-6150　販売促進部
　　　03-3513-6177　雑誌編集部
印刷／製本……………… 日経印刷株式会社

ISBN 978-4-297-12972-9 C3055
Printed in Japan

●お問い合わせについて

本書に関するご質問は記載内容についてのみとさせていただきます。本書の内容以外のご質問には一切応じられませんのであらかじめご了承ください。なお、お電話でのご質問は受け付けておりませんので、書面または小社Webサイトのお問い合わせフォームをご利用ください。

〒162-0846
東京都新宿区市谷左内町21-13
㈱技術評論社
『ゲームから学ぶAI』係
URL https://gihyo.jp（技術評論社Webサイト）

ご質問の際に記載いただいた個人情報は回答以外の目的に使用することはありません。使用後は速やかに個人情報を廃棄します。